Der Fräser als Rechner

Berechnungen an den Universal-Fräsmaschinen
und -Teilköpfen
in einfachster und anschaulichster Darstellung
darum zum Selbstunterricht
wirklich geeignet

Von

E. Busch

Mit 69 Textabbildungen
und 14 Tabellen

Berlin
Verlag von Julius Springer
1922

ISBN 978-3-642-89601-9 ISBN 978-3-642-91457-7 (eBook)
DOI 10.1007/978-3-642-91457-7

Softcover reprint of the hardcover 1st edition 1922

Vorwort.

Wie mein Buch „Der Dreher als Rechner", so ist auch das vorliegende Werk in erster Linie für den werktätigen Arbeiter geschrieben. Doch ist zu hoffen, daß es auch dem Techniker manche Anregung bringen wird. Ziel der Ausführungen ist, den Arbeiter zu befähigen, mit Sicherheit nach den üblichen Tabellen, die in verständlicher und anschaulicher Weise nach ihrer Entstehung entwickelt werden, arbeiten zu können. Der intelligente Arbeiter wird nach Durcharbeitung des Stoffes der Tabellen überhaupt nicht mehr bedürfen. Und das ist erst des Arbeiters würdig: Nicht Sklave, sondern Herr sein der Tabellen und damit auch der Maschine!

Dieses hohe Ziel zu erreichen, die Wege zu ihm hin zu ebnen, bezwecken die folgenden Ausführungen, die, ohne irgendwelches Wissen vorauszusetzen, den oft schwierigen Stoff dem Leser in einfacher und doch umfassender Form nahebringen wollen.

Den Gedanken, Hinterdrehbänke, Zahnräder und Vorkalkulation in den Rahmen dieses Buches aufzunehmen, mußte ich leider wieder fallen lassen, da der Umfang des Buches und damit der Preis eine nicht unwesentliche Steigerung erfahren hätten. Ich behalte mir vor, diese Stoffe als 2. Band des „Fräsers als Rechner" in Druck zu geben, falls ein reger Absatz des vorliegenden Werkes die Herausgabe der Fortsetzung rechtfertigt.

Im übrigen sind bei Bearbeitung des Stoffes dieselben Grundsätze maßgebend gewesen, die mich auch bei „Der Dreher als Rechner" leiteten:

1. Die Erfahrungen aus meinem Privatunterrichte sind voll und ganz ausgenutzt worden.

2. Ein vorbereitender Teil, der dem einen Leser notwendiger sein wird als dem anderen, nimmt einen breiten Raum ein.

3. Nichts ist als bekannt vorausgesetzt. Alles wird in einfachster und anschaulichster Form gebracht, zunächst in ausführ-

licher Darstellung, dann in knapper Zusammenfassung. Nie sind das Warum, Wozu, Woher vernachlässigt worden.

4. Der Stoff ist streng gegliedert.

5. Die Lösungen sind möglichst einheitlich gestaltet, um dadurch das Behalten zu erleichtern. Auch die Einheitlichkeit mit dem Buche „Der Dreher als Rechner" ist gewahrt worden.

6. Das Buch enthält in großer Zahl gelöste und zu lösende Aufgaben.

7. Die Ausdrucksweise ist einfach und volkstümlich gehalten.

8. Besonderer Wert wird darauf gelegt, nicht im Rahmen der Tabelle liegende Aufgaben lösen zu können.

9. Zahlreiche Textfiguren und Abbildungen unterstützen das geschriebene Wort.

Magdeburg, im Februar 1922.

E. Busch.

Inhaltsverzeichnis.

I. Allgemeines Rechnen.

A. Einiges aus der Algebra.

B. Einiges aus der Geometrie.

C. Einiges aus der Trigonometrie.

II. Fachrechnen.

A. Die Fräserwerkzeuge.

B. Universalfräsmaschinen und -teilköpfe.

III. Anhang.

Tabellenverzeichnis.

I. Allgemeines Rechnen.

Einleitung.

Über Zweck und Ziel dieses Buches berichtet bereits das Vorwort. Es soll an dieser Stelle nicht wiederholt werden. Die Fräserei stellt an den Arbeiter, will er nicht ein mechanisches Werkzeug seiner Maschine und ein Sklave der beigegebenen Tabellen sein, bedeutende Ansprüche nach der rechnerischen Seite hin, mehr noch als die Dreherei. Wissensgebiete werden angeschnitten, die ihn in der Schule nicht gelehrt wurden. Darum wird es ihm auch so schwer, meistens sogar unmöglich, nach Büchern zu arbeiten, die diesen Stoff des Fachwissens bereits behandeln. Unwillig werden dann solche Bücher beiseite gelegt. Von Ingenieuren für Ingenieure und Techniker geschrieben, kommen diese Werke wegen ihrer hohen Voraussetzungen für den Arbeiter an der Fräsmaschine kaum in Betracht. Darum knüpft das vorliegende Buch an das vorhandene Wissen an, um in lückenloser und anschaulicher Darstellungsweise den Leser mit dem arithmetischen, algebraischen, mathematischen und trigonometrischen Stoff bekannt zu machen, soweit er beherrscht werden muß, um das im speziellen Teil Behandelte zu verstehen. Dieser allgemeine Teil enthält demnach nichts Überflüssiges. Er muß mit aller Sorgfalt durchgearbeitet werden. Nach dem Muster der gebotenen Aufgaben sind selbstgewählte in reicher Zahl zu lösen, bis vollständige Sicherheit herrscht. Der allgemeine Teil ist als eine Erweiterung des gleichartigen Teiles meines Buches „Der Dreher als Rechner" aufzufassen. Sollte es nötig sein, und nach meinen Erfahrungen wird es meistens nötig sein, so wird sich der Leser nach diesem Buche die notwendigen Kenntnisse aus der Bruchrechnung, die dort ausführlich behandelt wird, aneignen müssen. Ferner wird es unerläßlich sein, die Wechselräderberechnung, die auch in der Fräserei eine nicht unbedeutende Rolle spielt, nach vorgenanntem Buche durchzuarbeiten.

Je stärker das Gefühl der Sicherheit im allgemeinen Rechnen ist, mit desto größerer Freudigkeit wird man sich dem speziellen

Teile zuwenden. Der Mut wird wachsen; man wird wieder mit Interesse die beiseite gelegten „Hand- und Lehrbücher der Fräserei" hervorholen, um diesmal, das glaube ich voraussagen zu können, mit Erfolg in den Wissensstoff derselben einzudringen.

A. Einiges aus der Algebra.

1. Wesen und Zweck der Formeln.

Lehrbücher und Ingenieurkalender verwerten zu ihren Berechnungen **Formeln.** Dem Techniker kommt infolge seiner Vorbildung die Fähigkeit zu, nach diesen zu arbeiten. Zweck der nachfolgenden Zeilen ist es, auch den **Arbeiter** an der Fräsmaschine dahin zu bringen, solche Formeln zu verstehen, um dann nach ihnen arbeiten zu können.

Der Umfang eines Kreises wird gefunden, indem man den Durchmesser mit 3,14 malnimmt. Das sucht man nun äußerst kurz und übersichtlich darzustellen. Den Ausdruck „Umfang" deutet man durch irgendeinen Buchstaben an, durch A oder B, C, M, R, D, S, a, d, c usw. Wir wollen den Buchstaben U wählen, weil er am besten an das Wort Umfang erinnert. Ebenso wählt man für „Durchmesser" einen beliebigen Buchstaben, etwa das D.

Die Zahl 3,14 hat ihr bestimmtes Zeichen, nämlich den griechischen Buchstaben π (sprich „Pi").

Wo wir also in Formeln das Zeichen π antreffen, da ist stets die Zahl 3,14 gemeint.

Kurz und knapp können wir nun sagen:

$$\boldsymbol{U = D \cdot \pi}. \quad \text{(Sprich: „}U\text{ gleich }D\text{ mal Pi".)}$$

Diesen Ausdruck nennen wir eine Formel. Die Buchstaben darin bedeuten nicht nur bestimmte Sachen (Umfang, Durchmesser), sondern geben auch die Größenwerte dieser Sachen an, doch nicht in **bestimmten** Zahlen, sondern ganz **allgemein.** Die **bestimmten** Zahlen ergeben sich erst aus der gestellten Aufgabe. Da die Buchstaben den Größenwert nur allgemein andeuten, heißen sie **allgemeine Zahlen.** Die Wissenschaft, die sich dieser allgemeinen Zahlen neben den bestimmten Zahlen im Rechnen bedient, heißt **Algebra.**

Wesen der Formeln: Die Formeln geben in allgemeinen Zahlengrößen (Buchstaben) den Gang einer Ausrechnung klar und über sichtlich an. Sie lassen die **Form** der Ausrechnung genau erkennen; daher auch der Name **Formel.**

Ein zweites Beispiel möge das Erkannte nochmals erläutern.

Aufgabe: Wieviel Zinsen bringen 1600 ℳ zu 5% in 60 Tagen?

Lösung: Schulgemäß würde die Aufgabe in folgender Weise gelöst werden:

100 ℳ bringen in 365 Tg. 5 ℳ Zinsen.
1600 „ „ „ 60 „ ? „ „

Wenn 100 ℳ in 365 Tg. 5 ℳ Zinsen bringen, dann bringt 1 ℳ in 365 Tg. den hundertsten Teil dieser Zinsen, also $\frac{5}{100}$. 1600 ℳ bringen 1600 mal soviel, also $\frac{5 \cdot 1600}{100}$. Soviel Zinsen würden sie in 365 Tg. bringen, in 1 Tg. demnach den 365. Teil; also $\frac{5 \cdot 1600}{100 \cdot 365}$. In 60 Tg. bringen sie dann 60 mal soviel, also $\frac{5 \cdot 1600 \cdot 60}{100 \cdot 365}$, gekürzt $\frac{1 \cdot 16 \cdot 60}{1 \cdot 73} = \frac{960}{73} = 13{,}15$ ℳ.

Für die Schule ist solche Umständlichkeit zwar nötig; ein Beamter wird sich in seinem Berufe eines solchen langweiligen Verfahrens nicht bedienen; denn Zeit ist dort Geld!

Sehen wir zu, wie wir auch hier zu einer Formel kommen können!

Für Zinsen sagen wir kurz z, für Kapital k, für die Zeit t, für Zinsfuß oder Prozent p.

Wie der vorher ausführlich entwickelte Bruch $\frac{5 \cdot 1600 \cdot 60}{100 \cdot 365}$ zeigt, stehen über dem Bruchstrich die Prozente (5), also p, dann das Kapital (1600), also k, endlich die Zeit (60), also z. Unter dem Bruchstrich stehen die unveränderlichen Werte 100 und 365.

Rechnen wir, wie oben geschehen ist, den Bruch aus, so erhalten wir die Zinsen (13,15 ℳ), also z.

Folglich können wir sagen:

$$z = \frac{p \cdot k \cdot t}{100 \cdot 365}.$$

(Sprich: z gleich p mal k mal t geteilt durch 100 mal 365.)

So haben wir wiederum eine Formel erhalten.

Sind mir die betreffenden Formeln bekannt, so gestaltet sich das Rechnen darnach ziemlich einfach. Wohl ist aber zu merken, daß man nie damit zufrieden sein darf, eine Formel auswendig zu können; Wert hat eine Formel erst dann, wenn man weiß, wie sie entstanden ist, wenn ich sie mir selbst *entwickeln* kann.

Wie rechnen wir nach solchen Formeln?

Wir erinnern uns der zuerst entwickelten Formel

$$U = D \cdot \pi .$$

Es soll der Umfang eines Kreises, der 154 mm Durchmesser hat, berechnet werden.

Statt der Buchstaben setzen wir nun die entsprechenden *bestimmten* Zahlen ein. Bis auf die eine Größe, die ausgerechnet werden soll, müssen alle allgemeinen Zahlengrößen durch bestimmte ersetzt werden können, sonst ist die Aufgabe nicht zu lösen.

U soll gesucht werden, bleibt also als Buchstabe stehen.
D ist laut der gestellten Aufgabe 154 mm.
π ist stets 3,14. Also

$$U = 154 \cdot 3{,}14$$

das ist

$$U = 483{,}56 \text{ mm}.$$

Beispiel: Der Durchmesser beträgt 52,4 mm. Wie groß ist der Umfang?

Lösung:

$$U = D \cdot \pi$$
$$U = 52{,}4 \cdot 3{,}14$$
$$U = 164{,}536 .$$

1. Aufgabe: Der Durchmesser eines Kreises ist

a) 26 mm	d) 49,5 mm	g) 48,25 mm	k) 1025 mm
b) 94 ,,	e) 72,2 ,,	h) 250 ,,	l) 16,25 ,,
c) 85 ,,	f) 125,6 ,,	i) 167 ,,	m) 842 ,,

Wie groß ist der Umfang?

Da der Durchmesser genau doppelt so groß ist wie der Halbmesser oder Radius, den wir r nennen wollen, so können wir sagen $D = 2r$, d. h. der Durchmesser ist 2 mal der Radius.

Bisher hieß unsere Formel $U = D \cdot \pi$. Vertauschen wir D mit $2r$, so lautet die Formel jetzt

$$U = 2r \cdot \pi .$$

Beispiel: Der Radius eines Kreises ist 75 mm. Wie groß ist der Umfang?

Lösung:

$$U = 2r \cdot \pi$$
$$U = 2 \cdot 75 \cdot 3{,}14$$
$$U = 150 \cdot 3{,}14 = 471 \text{ mm.}$$

2. Aufgabe: Der Radius eines Kreises ist

a) 39 mm	d) 74,5 mm	g) 144,4 mm	k) 132,6 mm
b) 14 ,,	e) 126,2 ,,	h) 69,5 ,,	l) 7,2 ,,
c) 126 ,,	f) 258 ,,	i) 81,4 ,,	m) 48,29 ,,

Wie groß ist der Umfang?

Beispiel: Wieviel Zinsen bringt ein Kapital von 840 ℳ zu $4\frac{1}{2}\%$ in 140 Tagen?

Lösung:

$$z = \frac{p \cdot k \cdot t}{100 \cdot 365} = \frac{4{,}5 \cdot 840 \cdot 140}{100 \cdot 365},$$

gekürzt $\frac{0{,}9 \cdot 42 \cdot 28}{1 \cdot 73} = \frac{1058{,}4}{73} = 1058{,}4 : 73 = 14{,}498 = \mathbf{14{,}50}$ **ℳ.**

3. Aufgabe:

	Kapital	Zinsfuß	Zeit
a)	1250 ℳ	4 %	40 Tg.
b)	768 ,,	$3\frac{1}{2}$,,	123 ,,
c)	2425 ,,	$3\frac{1}{3}$,,	250 ,,
d)	79,80 ,,	5 ,,	96 ,,
e)	156,30 ,,	$2\frac{1}{2}$,,	125 ,,
f)	25380 ,,	$3\frac{3}{4}$,,	270 ,,
g)	67,40 ,,	$4\frac{1}{4}$,,	164 ,,

Wie groß sind die Zinsen (z)?

Diese Beispiele werden genügen, um zu zeigen, daß unter Anwendung von Formeln sich die Ausrechnung recht einfach, man kann sagen mechanisch gestaltet. Doch sei der Wichtigkeit wegen nochmals betont:

Arbeite nie nach unverstandenen Formeln!

Die Anwendungsmöglichkeit der Formeln geht aber noch weiter! Ist mir die Formel

$$1) \qquad z = \frac{p \cdot k \cdot t}{100 \cdot 365}$$

bekannt, so kann ich aus dieser Hauptformel rein rechnerisch folgende Nebenformeln ableiten:

$$2)\quad p = \frac{z \cdot 100 \cdot 365}{k \cdot t},$$

$$3)\quad k = \frac{z \cdot 100 \cdot 365}{p \cdot t},$$

$$4)\quad t = \frac{z \cdot 100 \cdot 365}{p \cdot k}.$$

Kleide diese Formeln in Worte ein! Z. B.

Formel 2:) Der Zinsfuß (p) wird gefunden, indem die Zinsen (z) mit 100 und 365 multipliziert werden. Dieses Produkt muß dann durch das Produkt aus Kapital (k) und Zeit (t) dividiert werden.

Das Ziel der folgenden Ausführungen soll nun sein, den Leser zu befähigen, solche Umwandlungen vornehmen zu können. Dazu ist aber nötig, einige Kenntnisse aus der Algebra zu erwerben.

2. Die vier Grundrechnungsarten.

1) $9 + 36 = 45$.

Beide Zahlen sollen wir zusammenzählen oder addieren. Es handelt sich um eine Addition.

Die Zahlen 9 und 36, die addiert werden sollen, nennt man Posten oder Summanden. Das Ergebnis aus einer Addition wird Summe genannt. 45 ist demnach die Summe.

$$9 + 8 + 40 + 5 = 62$$
$$8 + 40 + 9 + 5 = 62$$
$$40 + 9 + 5 + 8 = 62.$$

Diese Aufgaben lassen erkennen, **daß die Reihenfolge der Posten geändert werden darf,** ohne daß dadurch das Ergebnis ein falsches wird.

2) $56 - 25 = 31$.

Die zweite Zahl soll von der ersten abgezogen oder subtrahiert werden. Es handelt sich um eine Subtraktion.

Die 56 (die Zahl, von der abgezogen wird) nennt man Minuend.

Die 25 (die Zahl, welche abgezogen wird) nennt man Subtrahend.

Das Ergebnis 31 wird Unterschied oder Differenz genannt.

Eine Differenz findet man dadurch, daß man die **kleinere** Zahl von der **größeren** abzieht. Dabei braucht die kleine Zahl nicht immer **hinten** zu stehen. Z. B.

Welches ist die Differenz von 29 und 36?

Antwort: 7; denn 36 — 29 ist 7.

Welches ist die Differenz von 86 und 125?

Antwort: 39; denn 125 — 86 ist 39.

1. Aufgabe: Bestimme die Differenz zwischen

a)	18	und	12;	e)	0,3426	und	1,84594;
b)	3,6	„	9,2;	f)	3,461	„	1,9073;
c)	16,245	„	4,729;	g)	52,9	„	46,094;
d)	6,3028	„	0,00927;	h)	100,453	„	8,30945

Löse nach folgendem Muster!

Aufgabe: Unterschied zwischen 0,6432 und 9,4157.

Lösung: 9,4157 (die größere Zahl muß oben stehen)

$$\begin{array}{r} 9{,}4157 \\ -\,0{,}6432 \\ \hline 8{,}7725 \end{array}$$

3) $8 \cdot 12 = 96$.

Die 8 soll mit der 12 malgenommen oder multipliziert werden. Das Zeichen des Malnehmens ist der Punkt. In der Algebra ist es nicht üblich, ein „×“ zu setzen; also nicht $8 \times 12 =$, sondern $8 \cdot 12 =$.

Die Zahlen 8 und 12, die malgenommen werden sollen, heißen Faktoren. Das Ergebnis (96) wird Produkt genannt.

$$8 \cdot 12 = 96$$
$$12 \cdot 8 = 96.$$

Die **Reihenfolge** der Faktoren ist gleichgültig!

4) $56 : 8 = 7$.

Die 56 soll durch 8 geteilt oder dividiert werden. Es handelt sich um eine Division.

Die 56 (die Zahl, die geteilt werden soll) wird Dividendus genannt.

Die 8 (die Zahl, die die Teilung vornimmt) heißt Divisor. Das Ergebnis (7) heißt Quotient.

$$56 : 8 = 7.$$
$$8 : 56 = \tfrac{8}{56} = \tfrac{1}{7}.$$

Dividendus und Divisor dürfen also nicht vertauscht werden!

Präge folgende Ausdrücke fest ein:

1. Addition, Posten oder Summanden, Summe.
2. Subtraktion, Differenz.
3. Multiplikation, Faktoren, Produkt.
4. Division, Dividendus, Divisor, Quotient.

(Ausführliche Behandlung der gemeinen Brüche und Dezimalbrüche siehe „Der Dreher als Rechner", Teil I.)

3. Das Bilden der Quadrate.

$5 \cdot 5 = 25$.

$9 \cdot 9 = 81$.

In diesen Aufgaben wird ein Faktor mit sich selbst malgenommen. Er ist *zweimal* als Faktor gesetzt. Das deutet man in der Algebra so an, daß man *hinter* den Faktor *oben* eine *kleiner* geschriebene *Zwei* setzt. Also

$5 \cdot 5$	oder	5^2	$a \cdot a$	oder	a^2
$9 \cdot 9$	„	9^2	$m \cdot m$	„	m^2
$14 \cdot 14$	„	14^2	$d \cdot d$	„	d^2
$1{,}2 \cdot 1{,}2$	„	$1{,}2^2$	$\pi \cdot \pi$	„	π^2.

Lies obige Ausdrücke folgendermaßen:

5^2 = „fünf hoch zwei";

9^2 = „neun hoch zwei";

a^2 = „a hoch zwei" usw.

Eine Zahl mit sich selbst malzunehmen, kann man auch durch Zeichnung darstellen. (Abb. 1.)

$5 \cdot 5 =$

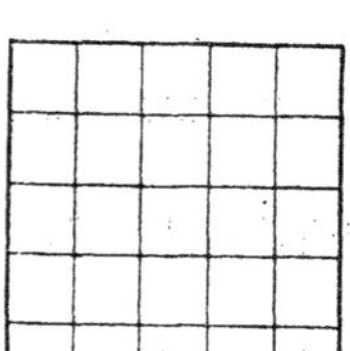

Abb. 1.

Wir zeichnen ein Quadrat, teilen die Seiten in je fünf Teile und ziehen die dadurch möglichen wagerechten und senkrechten Linien. Es ergeben sich 25 kleine Quadrate, was dem Ergebnis von $5 \cdot 5$ entspricht; denn $5 \cdot 5$ ist auch 25.

Würden wir die Quadratseiten in 8 Teile teilen, so würden wir $8 \cdot 8 = 64$ kleine Quadrate erhalten.

Da wir das Malnehmen einer Zahl mit sich selbst durch ein Quadrat veranschaulichen können, so nennen wir diese Rechenoperation auch **das Bilden der Quadrate.**

5^2 liest man nicht nur „fünf hoch zwei", sondern auch „5 Quadrat".

$9^2 = 9$ Quadrat; $a^2 = a$ Quadrat;

$\pi^2 =$ Pi Quadrat; $\pi^2 d^2 =$ Pi Quadrat d Quadrat.

1. Aufgabe: Lies in doppelter Form:

a)	b)	c)
121^2	r^2	$18{,}25^2$
m^2	$\pi^2 d^2$	$9{,}06^2$
d^2	l^2	$1{,}005^2$
$16{,}4^2$	n^2	$195{,}6^2$

Muster: $121^2 = 121$ hoch zwei oder 121 Quadrat.

2. Aufgabe: Wie heißt das Quadrat von

a)	b)	c)
7	3,5	a
12	12,9	m
4	8,25	$d\pi$
0,2	0,09	rv
1,26	0,3492	t
94,3	0,0018	p.

Muster: 1) $7^2 = 7 \cdot 7 = 49$.

2) $0{,}029^2 = \begin{array}{l} 0{,}029 \cdot 0{,}029 \\ \hline \quad 261 \\ \quad 58 \\ \hline 0{,}000841 \end{array}$.

3) Das Quadrat von a heißt a^2.

4) Das Quadrat von gh heißt $gh \cdot gh = g \cdot g \cdot h \cdot h = g^2 h^2$; denn die Reihenfolge der Faktoren ist ja gleichgültig (s. Seite 7).

3. Aufgabe: Lerne die Quadrate von 1 bis 10 auswendig!

1^2;	2^2;	3^2;	4^2;	5^2;	6^2;	7^2;	8^2;	9^2;	10^2
1 ;	4 ;	9 ;	16 ;	25 ;	36 ;	49 ;	64 ;	81 ;	100

4. Die Quadratwurzeln.

$5 \cdot 5 =$

In dieser Aufgabe sind die Faktoren gegeben, und ich soll das Quadrat suchen.

Es kann nun aber auch das Quadrat gegeben sein, und ich soll den Faktor suchen, der mit sich selbst malgenommen wurde. Diesen Faktor nennt man die **Wurzel.** Man sagt, **aus einem gegebenen Quadrat soll die Wurzel gezogen werden.**

Das Zeichen für das Quadratwurzelziehen ist $\sqrt{}$

Also $\sqrt{25} = 5$; $\sqrt{49} = 7$; $\sqrt{100} = 10$.

$\sqrt{1{,}44} = 1{,}2$; $\sqrt{a^2} = a$; $\sqrt{m^2} = m$; $\sqrt{\pi^2 d^2} = \pi d$.

$\sqrt{25} = 5$ Sprich: „Wurzel aus 25 gleich 5.

1. Aufgabe: Lerne auswendig!

$$\sqrt{1} = 1; \quad \sqrt{16} = 4; \quad \sqrt{49} = 7$$
$$\sqrt{4} = 2; \quad \sqrt{25} = 5; \quad \sqrt{64} = 8$$
$$\sqrt{9} = 3; \quad \sqrt{36} = 6; \quad \sqrt{81} = 9.$$

Wir wollen nun auch lernen, Wurzeln aus großen und unbequemen Zahlen zu ziehen.

a) $1 \cdot 1 = 1$ bis $9 \cdot 9 = 81$ } Einstellige Wurzeln (Faktoren) ergeben also 1- oder 2stellige Quadrate.

$10 \cdot 10 = 100$, $99 \cdot 99 = 9801$ } 2stellige Wurzeln ergeben 3- oder 4stellige Quadrate.

$100 \cdot 100 = 10000$, $999 \cdot 999 = 998001$ } 3stellige Wurzeln ergeben 5- oder 6stellige Quadrate.

Umgekehrt können wir dann aber auch sagen:

1-	oder	2stellige	Quadrate	ergeben	1stellige	Wurzeln
3-	„	4 „	„	„	2 „	„
5-	„	6 „	„	„	3 „	„

usw.

So kann man einer Zahl sofort ansehen, wievielstellig die Wurzel wird. Ich teile sie durch kleine Striche in Gruppen von je 2 Stellen ab; soviel Gruppen es werden, soviel Stellen bekommt die Wurzel.

Beginne bei dem Gruppenabstreichen jedoch stets bei den Einern resp. bei dem Komma.

Z. B.

$$\sqrt{19463} = \sqrt{1|94|63}$$
$$\sqrt{7296854} = \sqrt{7|29|68|54}$$
$$\sqrt{624{,}19857} = \sqrt{6|24{,}\|19|85|7}$$
$$\sqrt{2168{,}391} = \sqrt{21|68{,}\|39|1}.$$

2. Aufgabe: Teile in Gruppen

$\sqrt{186259}$ $\sqrt{40639{,}271}$ $\sqrt{0{,}003914}$

$\sqrt{82{,}00391}$ $\sqrt{71624{,}689}$ $\sqrt{1374{,}63915}$.

(Falls ein Dezimalbruch in Gruppen zu teilen ist, kommt der erste Strich dahin, wo das Komma ist; dann wird nach rechts und links hin weiter gruppiert.)

Merke: Um die Quadratwurzel ziehen zu können, teile ich die gegebene Zahl von den Einern resp. vom Komma aus in Gruppen von je 2 Ziffern.

b) Wir wollen von der 14 das Quadrat bilden!

Die Zahl 14 zerlegen wir vorteilhaft in 10 und 4 (siehe Abb. 2). Strecke dh sei 10 lang; Strecke hc sei 4 lang. Ziehen wir nun zu den Quadratseiten parallel die Seiten gh und ei, so wird das Quadrat $abcd$ in 4 Teile zerlegt; es entstehen ein großes Quadrat, ein kleines Quadrat und 2 Rechtecke, die gleich groß sind.

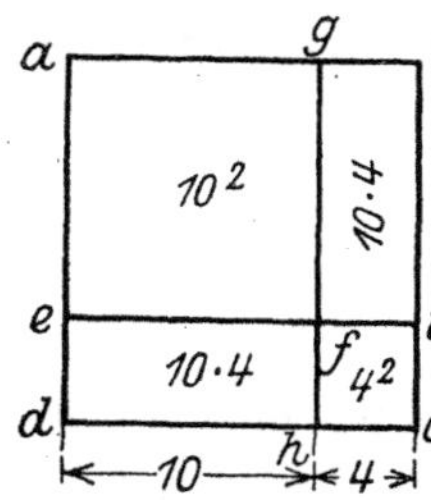

Abb. 2.

Die Seiten des großen Quadrats sind 10 lang; das Quadrat ist demnach $10 \cdot 10$ oder 10^2.

Die Seiten des kleinen Quadrats sind 4 lang; das Quadrat ist demnach $4 \cdot 4$ oder 4^2.

Die Seiten eines Rechtecks sind 10 und 4 lang. Der Inhalt ist demnach $10 \cdot 4$. Da zwei solcher Rechtecke vorhanden sind, sind beide zusammen $2 \cdot 10 \cdot 4$ groß.

In Abb. 3 haben wir statt bestimmter Zahlen allgemeine Zahlen gesetzt. Es entstehen dieselben Teile. Sie heißen diesmal

$$a^2,\ b^2 \text{ und } 2\text{mal } ab, \text{ kurz } 2ab.$$

Diese vier Stücke sind in jedem Quadrat enthalten.

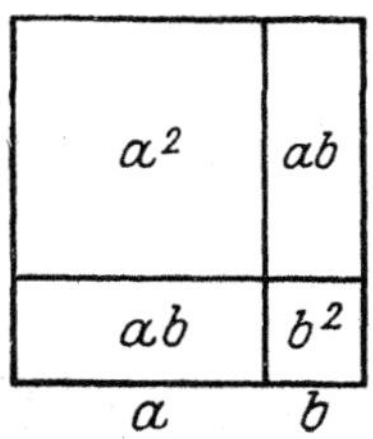

Abb. 3.

Merke: Jedes Quadrat enthält $a^2 + b^2 + 2ab$ oder anders geordnet: $\mathbf{a^2 + 2ab + b^2}$.

Sind diese Stücke in jedem Quadrat enthalten, so können wir sie auch herausholen oder herausziehen! **Das ist die Kunst des Quadratwurzelziehens, daß wir nach der Formel $a^2 + 2ab + b^2$**

ein Stück nach dem andern aus dem gegebenen Quadrate herausziehen, fortnehmen, abziehen.

Beispiel 1. Wie heißt die Wurzel des Quadrates 8836?

$\sqrt{8836}$. Wir teilen in Gruppen ab, also $\sqrt{88|36}$.

Jetzt suchen wir aus der 1. Gruppe (88) a^2 heraus, um es von der Zahl abzuziehen. Da die Zahl 88 heißt, kann a^2 nur 81 sein; denn das nächste Quadrat wäre 100, das können wir schon nicht mehr abziehen.

Die Wurzel aus 81 heißt 9. a ist also 9. (Siehe Aufgabe 1.) Das schreibt man so auf:

$$\begin{array}{rl} \sqrt{88|36} = \overset{a}{9} \\ a^2\,81 \\ \hline 7 \end{array}$$

Sprich: Wurzel aus $88 = 9$; denn $9 \cdot 9 = 81$. a ist also 9; a^2 ist 81. Wir ziehen a^2 (81) ab; es bleibt 7.

Wie bei einer Divisionsaufgabe holen wir nun die nächste Stelle, das ist die 3, herunter; also

$$\begin{array}{rl} \sqrt{88|36} = \overset{a}{9} \\ a^2\,81 \\ \hline 73 \end{array}$$

Jetzt müssen wir die beiden Rechtecke (siehe Abb. 3), das ist $2\,ab$, abziehen.

a kennen wir schon; a ist ja $= 9$; $2\,a$ sind also 18. b ist mir noch unbekannt. Wir finden b, wenn wir 73 durch 18 teilen; denn ein unbekannter Faktor wird gefunden, wenn man durch den bekannten Faktor teilt. (Siehe „Dreher als Rechner", S. 108.)

Also:

$$\begin{array}{rl} & \sqrt{88|36} = \overset{a}{9}\,\overset{b}{4} \\ a^2 = & 81 \\ \hline & 73 : 18 \text{ (das ist } 2\,a) \\ 2\,ab = & 72 \\ \hline & 16 \end{array}$$

Als b haben wir eine 4 erhalten. Da jetzt b bekannt ist, können wir $2\,ab$ abziehen.

$2\,ab$ sind $2 \cdot 9 \cdot 4 = 72$.

Ziehen wir die 72 von 73 ab, so bleibt als Rest eine 1. Jetzt holen wir die 6 herunter, dadurch erhalten wir 16.

Nun muß noch b^2 abgezogen werden.

Da $b = 4$ ist, so ist $b^2 = 4^2 = 4 \cdot 4 = 16$.

Diese 16 ziehen wir von der 16 ab; als Rest bleibt 0. Das Exempel „ging auf“.

Die ganze Lösung sieht demnach so aus:

$$\begin{array}{rl} & \sqrt{88|36} = \overset{a}{9}\,\overset{b}{4} \\ a^2 = & 81 \\ & \overline{73} : 18 \text{ (das sind } 2\,a) \\ 2\,ab = & 72 \\ & \overline{16} \\ b^2 = & 16 \\ & \overline{0} \end{array}$$

Die Wurzel aus der Quadratzahl 8836 heißt somit 94.

Beispiel 2. Wie heißt die Quadratwurzel aus 3249?

$$\begin{array}{rl} & \sqrt{32|49} = \overset{a}{5}\,\overset{b}{7} \\ a^2 = & 25 \\ & \overline{74} : 10 \text{ (das ist } 2\,a) \\ 2\,ab = & 70 \\ & \overline{49} \\ b^2 = & 49 \\ & \overline{0} \end{array}$$

1. Abteilen in Gruppen.

2. Zuerst den Wert für a^2 abziehen, dann für $2\,ab$, zuletzt für b^2.

(a muß 5 sein; denn 6 wäre schon zu hoch, da $6 \cdot 6 = 36$ ist. 36 ist von 32 aber nicht abzuziehen. Um von 74 die $2\,ab$ abziehen zu können, muß erst wieder b gefunden werden. Wir teilen zu diesem Zwecke durch $2\,a$. Da $a = 5$ ist, so sind $2\,a = 10$. $74 : 10 = 7$; folglich ist $b = 7$. Das schreiben wir oben hinter die Gleichheitsstriche nach der 5 usw.)

Beispiel 3.

$$\begin{array}{rl} & \sqrt{3|24} = \overset{a}{1}\,\overset{b}{} \\ a^2 = & 1 \\ & \overline{22} : 2 \text{ (das ist } 2\,a) \end{array}$$

Als b würden wir eine 11 erhalten. Das geht natürlich nicht. Wie bei der Division kann nie mehr als 9 herauskommen. Nehmen wir an, es ginge 9 mal.

$$\begin{array}{rl}
 & \sqrt{3|24} = \overset{a}{1}\;\overset{b}{9} \\
a^2 = & \underline{1} \\
 & 22 : 2 \\
2\,ab = & \underline{18} \\
 & 44 \\
b^2 = & \underline{81} \text{ (geht nicht abzuziehen)}
\end{array}$$

$2\,ab$ konnte ich abziehen; es blieb noch ein Rest von 4, der nach dem Herunterholen der 4 zu 44 wird. Von dieser Zahl ist noch b^2, also $9 \cdot 9 = 81$, abzuziehen. Das ist nicht möglich. Folglich ist die 9 als b zu hoch.

22 : 2 geht nur 8 mal!

$$\begin{array}{rl}
 & \sqrt{3|24} = \overset{a}{1}\;\overset{b}{8} \\
a^2 = & \underline{1} \\
 & 22 : 2 \text{ (das ist } 2\,a) \\
2\,ab = & \underline{16} \\
 & 64 \\
b^2 = & \underline{64} \\
 & 0
\end{array}$$

Merke: Das b^2 muß bestimmt abgezogen werden können. Ist das manchmal nicht der Fall, so müssen wir das b kleiner nehmen!

3. Aufgabe: Suche die Quadratwurzel aus

a) 5329	b) 7921	c) 5625	d) 7744
e) 3249	f) 625	g) 9801	h) 3721

Beispiel 4.

$$\begin{array}{rl}
 & \sqrt{1|53|76} = \underbrace{\overset{a}{1}\;\overset{b}{2}}_{a}\;\overset{b}{4} \\
a^2 = & \underline{1} \\
 & 05 : 2 \text{ (das ist } 2\,a) \\
2\,ab = & \underline{4} \\
 & 13 \\
b^2 = & \underline{4} \\
 & 97 : 24 \text{ (das ist } 2\,a) \\
2\,ab = & \underline{96} \\
 & 16 \\
b^2 = & \underline{16} \\
 & 0
\end{array}$$

1. Abteilen in Gruppen. An der Zahl der Gruppen erkennen wir bereits, daß das Ergebnis aus drei Ziffern bestehen wird.

2. Nachdem $b^2 = 4$ von 13 abgezogen worden ist, bleibt ein

Rest von 9. Die Lösung ist aber noch nicht beendet. Aus der 3. Gruppe (76) muß noch die 3. Stelle der Wurzel gefunden werden. Diese 3. Stelle nennen wir wieder b. Die bisher gefundenen Stellen fassen wir zusammen und nennen jetzt die 12 das a.

$2a$ sind demnach 24. Um b zu finden, teilen wir die 97 durch 24, das ist 4. Das neue b heißt also 4. Nun können wir wieder $2ab$, nämlich $2 \cdot 12 \cdot 4 = 96$ abziehen. Es bleibt 1. Nach Herunterholen der 6 wird es 16. Davon ist b^2, das ist $4 \cdot 4 = 16$, abzuziehen. Die Lösung „geht auf“.

Beispiel 5.

$$\begin{array}{rl}
 & \sqrt{95|64|84} = \underbrace{\overset{a}{9}\,\overset{b}{7}}_{a}\,\overset{b}{8} \\
a^2 = & \underline{81} \\
 & 146 : 18 \text{ (das ist } 2a) \\
2ab = & \underline{126} \\
 & 204 \\
b^2 = & \underline{49} \\
 & 1558 : 194 \text{ (das ist } 2a) \\
2ab = & \underline{1552} \\
 & 64 \\
b^2 = & 64
\end{array}$$

1. Gruppen abteilen.

2. Man könnte zunächst annehmen, 146 : 18 ginge 8 mal; denn $8 \cdot 18$ ist 144. Es bliebe Rest 2, die nach dem Herunterholen der 4 zu 24 wird. Von 24 ist jedoch $b^2 = 64$ nicht abzuziehen. Also ist b nicht 8, sondern 7. (Siehe auch Beispiel 3.)

Beispiel 6.

$$\begin{array}{rl}
 & \sqrt{57|19|89|69} = \underbrace{\underbrace{\overset{a}{7}\,\overset{b}{5}}_{a}\,\overset{b}{6}}_{a}\,\overset{b}{3} \\
a^2 = & \underline{49} \\
 & 81 : 14 \text{ (d.i. } 2a) \\
2ab = & \underline{70} \\
 & 119 \\
b^2 = & \underline{25} \\
 & 948 : 150 \text{ (das ist } 2a) \\
2ab = & \underline{900} \\
 & 489 \\
b^2 = & \underline{36} \\
 & 4536 : 1512 \text{ (das ist } 2a) \\
2ab = & \underline{4536} \\
 & 09 \\
b^2 = & 9
\end{array}$$

1. Gruppen abteilen.

2. Die Wurzel wird 4stellig. Nachdem zum erstenmal b^2 abgezogen wurde, sind, um das neue b zu finden, die 7 und die 5 zusammenzufassen und a zu nennen. $2a$ also $= 150$.

3. Diese Zusammenfassung ist noch einmal zu wiederholen, um die letzte Wurzelstelle zu finden, und zwar sind diesmal drei Stellen zum neuen a zu vereinigen. $a = 756$; $2a = 1512$ usw.

Vergiß nicht, nach jedem Abziehen eine neue Stelle herunterzuholen.

Sind in andern Aufgaben noch mehr Gruppen vorhanden, so erfolgen immer wieder die Zusammenziehungen, um den neuen Teiler zu erhalten.

4. Aufgabe: Wie heißt die Quadratwurzel aus

a) 61009	b) 956484	c) 298116
d) 104976	e) 582169	f) 54756

Alle Lösungen gingen bisher auf. Das wird in der Praxis meistens nicht der Fall sein. Das macht die Lösung aber nicht schwieriger. Der Weg bleibt derselbe. Auch das Auftreten von Dezimalbrüchen ändert den Gang der Rechnung nicht, nur ist zur rechten Zeit das Komma zu setzen. Einige Beispiele mögen folgen.

Beispiel 7.

$$\sqrt{4|62,|91} = \overset{a}{2}\,\overset{b}{1},\overset{b}{5}\,\overset{b}{1}\,\overset{b}{5}$$

$$\begin{array}{rl}
a^2 = & \underline{4} \\
& 06 : 4\ (\text{d.i.}\ 2a) \\
2ab = & \underline{\ 4} \\
& 22 \\
b^2 = & \underline{\ 1} \\
& 219 : 42\ (\text{das ist } 2a) \\
2ab = & \underline{210} \\
& 91 \\
b^2 = & \underline{25} \\
& 660 : 430\ (\text{das ist } 2a) \\
2ab = & \underline{430} \\
& 2300 \\
b^2 = & \underline{\ \ 1} \\
& 22990 : 4302\ (\text{das ist } 2a) \\
2ab = & \underline{21510} \\
& 14800 \\
b^2 = & 25 \quad \text{usw.}
\end{array}$$

1. Gruppen abteilen, vom Komma aus nach links und rechts!

2. Zur rechten Zeit das Komma setzen, d. h. dann, wenn ich die erste Stelle nach dem Komma herunterhole!

3. Die Lösung geht nicht auf; es wird fast stets genügen, wenn wir bis 3 Stellen nach dem Komma rechnen.

4. Enthält die gegebene Zahl nach dem Komma nicht genug Stellen, so hole ich Nullen herunter. Durch Anhängen von Nullen kann man sich ja einen Dezimalbruch beliebig verlängern.

Beispiel 8.

$$\sqrt{28} = \underbrace{\overset{a}{5},\ \overset{b}{2}}_{a}\ \overset{b}{9}$$

$a^2 = 25$

30 : 10 (das ist $2a$)

$2ab = 20$

100

$b^2 = 4$

960 : 104 (das ist $2a$)

$2ab = 936$

240

81

159 usw.

1. Die 28 denke ich mir als Dezimalbruch geschrieben, d. h. ich setze ein Komma und schreibe beliebig viel Nullen dahinter. Also 28,|00|00|00. Nun hole ich stets Nullen herunter.

2. 30 : 10 geht nicht 3 mal! (Siehe Beispiel 3.)

5. Aufgabe: Suche die Quadratwurzel aus

a) 7,1468	b) 69	c) 2	d) 3,14
e) 2,54	f) 1468,5	g) 92,6	h) 7
i) $3\frac{1}{2}$	k) $9\frac{4}{5}$	l) $216\frac{3}{4}$	m) $8\frac{1}{3}$

Ein gemeiner Bruch wird vorher zum Dezimalbruch gemacht. Statt Wurzel aus $3\frac{1}{2}$ also $\sqrt{3{,}5}$; statt $\sqrt{9\frac{4}{5}} = \sqrt{9{,}8}$ usw.

(Über Verwandeln von gemeinen Brüchen in Dezimalbrüche siehe „Der Dreher als Rechner", § 11.)

Beispiel 9.

$$\sqrt{23|04|00|00} = \overset{a}{4}\ \overset{b}{8}\ 0\ 0$$

$a^2 = 16$

70 : 8 (das ist $2a$)

$2ab = 64$

64

$b^2 = 64$

0

1. Gruppen abteilen.

2. Nach der zweiten Gruppe ging die Wurzel bereits auf. Es sind aber noch 2 Gruppen, die nur Nullen aufweisen, zu erledigen. Jede dieser Gruppen ergibt als Wurzel **eine** Null, so daß das Endergebnis nicht 48 heißen darf, sondern **4800**!

Beispiel 10.

$$\sqrt{0,|00|00|03|92} = 0,0\,0\,\overset{a}{1}\,\overset{b}{9}$$

$$\begin{array}{rl} a^2 = & 1 \\ & 29 : 2 \text{ (das ist } 2a) \\ 2ab = & 18 \\ & 112 \\ b^2 = & 81 \\ & 31 \quad \text{usw.} \end{array}$$

1. Gruppen abteilen.

2. Jede Gruppe muß eine Stelle für die Wurzel ergeben. Die Wurzel aus den 0 Ganzen ist Null, also 0,

Aus den ersten beiden Gruppen nach dem Komma ergeben sich auch Nullen, und zwar aus jeder Gruppe eine Null, also 0,00.

Jetzt erst beginnt das Wurzelzeichen nach gewohnter Weise.

6. Aufgabe: Ziehe die Quadratwurzel aus

a) 640000 b) 28090000 c) 16900

d) 0,0058 e) 0,0000914 f) 0,00245

Beispiel 11.

$\sqrt{a} =$ (Setze für $a = 56{,}2$ ein.) Also

$$\sqrt{56{,}2} = \overset{a}{7},\overset{b}{4}\,\overset{b}{9}\,\overset{b}{6}$$

$$\begin{array}{rl} a^2 = & 49 \\ & 72 : 14 \text{ (nicht 5 mal! Warum nicht?)} \\ 2ab = & 56 \\ & 160 \\ b^2 = & 16 \\ & 1440 : 148 \text{ (das ist } 2a) \\ 2ab = & 1332 \\ & 1080 \\ b^2 = & 81 \\ & 9990 : 1498 \text{ (das ist } 2a) \quad \text{usw.} \end{array}$$

Beispiel 12.

$7{,}4\sqrt{d} =$ (Für d setze 39 ein.)

Also $7{,}4\sqrt{39} =$, d. h. das Ergebnis aus $\sqrt{39}$ soll mit 7,4 malgenommen werden. Das Malzeichen (·) wird ja in der Algebra meistens nicht gesetzt.

$$
\begin{array}{rl}
\sqrt{39} & = \overset{a}{6},\ \overset{b}{2}\ \overset{b}{4}\ \overset{b}{4} \\
a^2 & = 36 \\
 & \ 30:12 \\
2ab & = 24 \\
 & \ \ 60 \\
b^2 & = \ \ 4 \\
 & \ 560 : 124 \\
2ab & = 496 \\
 & \ \ 640 \\
b^2 & = \ \ 16 \\
 & \ 6240 : 1248 \quad \text{usw.}
\end{array}
$$

Das Ergebnis 6,244 ist nun mit 7,4 malzunehmen.

$$
\begin{array}{r}
6{,}244 \\
\times 7{,}4 \\
\hline
2\,4976 \\
43\,708 \\
\hline
46{,}2056
\end{array}
$$

7. Aufgabe: Löse folgende Aufgaben:

a) $\sqrt{x} =$ (Für x setze 74,1);
b) $\sqrt{p} =$ („ p „ 126);
c) $\sqrt{r} =$ („ r „ 119);
d) $\sqrt{b} =$ („ b „ 84,2);
e) $7\sqrt{d} =$ (d sei 28)
f) $4{,}2\sqrt{d} =$ (d „ 94)
g) $16{,}4\sqrt{d} =$ (d „ 125,6)
h) $12{,}5\sqrt{d} =$ (d „ 42,5).

Beachte beim Quadratwurzelziehen folgendes:

1. Teile richtig in Gruppen ab!
2. Vergiß das Herunterholen neuer Stellen nicht!
3. b^2 muß stets abzuziehen sein!
4. Setze das Komma zur rechten Zeit!

5. Klammerausdrücke.

In mathematischen Aufgaben kommt es häufig vor, daß innerhalb einer Aufgabe zunächst eine andere Aufgabe zu lösen ist. Z. B.:

Die Summe von $25 + 26$ soll von 100 abgezogen werden.

Zunächst müßte ich $25 + 26$ addieren. Um diese erste Aufgabe als solche anzudeuten, schließt man sie in Klammern ein, also $(25 + 26)$.

Dieser Ausdruck ist von 100 abzuziehen, also $100 - (25 + 26)$. Oder:

Aufgabe: Die Differenz von 0,6924 und 0,6895 soll mit 260 malgenommen werden.

Lösung: Wir stellen die Differenz fest, indem wir die kleinere Zahl von der größeren abziehen. Also

$$0{,}6924 - 0{,}6895\,.$$

Diesen Ausdruck, der eine Aufgabe für sich bildet, schließen wir in Klammern ein. Also

$$(0{,}9624 - 0{,}6895)\,.$$

Mit dieser Differenz soll 260 multipliziert werden. Also

$$260 \cdot (0{,}6924 - 0{,}6895) =$$

Merke: **Aufgaben, die Klammerausdrücke enthalten, werden gelöst, indem man zunächst den Wert innerhalb der Klammer ausrechnet! Mit dem gefundenen Wert wird die Aufgabe weiter gelöst.**

Beispiele:

a) $64 + (39 - 15) =$
1) $39 - 15 = 24$
2) $64 + 24 = 88$

b) $35 - (29 - 20) =$
1) $29 - 20 = 9$
2) $35 - 9 = 26$

c) $66 - (39 + 15) =$
1) $39 + 15 = 54$
2) $66 - 54 = 12$

d) $36 \cdot (25 - 23) =$
1) $25 - 23 = 2$
2) $36 \cdot 2 = 72$

1. Aufgabe:

a)
$25 + (60 - 50) =$
$139 - (68 - 25) =$
$42 - (15 + 16) =$
$73 + (8 + 45) =$
$16 \cdot (25 - 8) =$
$3 \cdot (19 + 6) =$
$2 \cdot (24 + 36) =$
$7 \cdot (18 + 29) =$

b)
$69 \cdot (4{,}45 - 1{,}63) =$
$128 \cdot (2{,}416 - 1{,}9) =$
$76 \cdot (16{,}3 - 9{,}5) =$
$114 \cdot (1{,}009 - 0{,}968) =$
$38 \cdot (0{,}00521 - 0{,}00325) =$
$51 \cdot (0{,}00684 - 0{,}00681) =$
$8 \cdot (0{,}91 - 0{,}894) =$
$25 \cdot (23{,}258 - 3{,}361) =$

Beispiele zur folgenden 2. Aufgabe:

a) $14 \cdot (a - d) =$ (a sei 35; d sei 18).

Also $14 \cdot (35 - 18) =$

1) $35 - 18 = 17$

2) $14 \cdot 17 = 238$.

b) $46 \cdot (m - r) =$ (m sei 2,425; r sei 1,432).

Also $46\,(2{,}425 - 1{,}432) =$

1)
$$\begin{array}{r} 2{,}425 \\ -\,1{,}432 \\ \hline 0{,}993 \end{array}$$

2)
$$\begin{array}{r} 46 \cdot 0{,}993 \\ \hline 138 \\ 4\,14 \\ 41\,4 \\ \hline 45{,}678 \end{array}$$

2. Aufgabe: Löse nach vorstehenden Mustern:

a) $129 \cdot (v - r) =$ ($v = 69$; $r = 54$)

b) $81 \cdot (d - r) =$ ($d = 38$; $r = 27{,}9$)

c) $316 + (m + g) =$ ($m = 27$; $g = 155$)

6. Von den Gleichungen.

$25 + 19 = 44$.

Diesen Ausdruck wird der Leser eine gelöste Aufgabe nennen. Der Mathematiker nennt ihn eine **Gleichung.** Zwei Gleichheitsstriche verbinden die rechte und die linke Seite einer Gleichung. Beide Seiten müssen ihrem Werte nach vollständig gleich sein. **Verändere ich eine Seite einer Gleichung, so muß die andere Seite dieselbe Änderung erfahren,** sonst würde es keine Gleichung bleiben; rechte und linke Seite würden in ihrem Werte nicht mehr übereinstimmen. Verkleinere ich z. B. vorstehende Gleichung auf der linken Seite um 10, so muß von der rechten Seite ebenfalls 10 abgezogen werden. Also

$$25 + 19 - 10 = 44 - 10\,.$$

Jetzt ist es eine Gleichung geblieben; denn der Wert beider Seiten beträgt 34.

$$34 = 34\,.$$

$x + 35 = 54$.

Auch das ist eine Gleichung. Sie unterscheidet sich von der zuerst angeführten dadurch, daß eine Zahlengröße ihrem Werte nach nicht bekannt ist, während die anderen Werte ziffernmäßig bekannt sind. **Die Gleichung hat also eine Unbekannte.** Sie heißt x. Ebensogut könnte natürlich eine andere allgemeine Zahl, d. h. ein anderer Buchstabe, gewählt werden. Doch ist es in der Algebra üblich, die Unbekannte durch x zu bezeichnen.

Eine Gleichung, in der eine Größe unbekannt ist, muß gelöst werden: der Wert dieser Größe muß ziffernmäßig festgestellt werden.

Gelöst ist eine solche Gleichung dann, wenn x auf der einen Seite der Gleichung, sei es rechts oder links, allein steht, während alle anderen Größen Platz auf der anderen Seite gefunden haben.

So wollen wir nun die einfachsten Gesetze kennen lernen, nach denen wir das dem x anhaftende Beiwerk entfernen!

a) $\boldsymbol{x + 35 = 54}$.

x muß von dem Posten 35 befreit werden. Ich muß die 35 fortnehmen, abziehen. Dann heißt die linke Seite nur noch x. x steht allein, wie es sein muß. Jetzt muß aber mit der rechten Seite dieselbe Veränderung vorgenommen werden; auch von dieser Seite sind 35 abzuziehen. Die Gleichung heißt nun

$$x = 54 - 35\,.$$

Die 35 ist von der linken Seite verschwunden, aber nicht spurlos; sie ist gleichsam nur untergetaucht, um auf der rechten Seite wieder zu erscheinen, und zwar mit entgegengesetztem Vorzeichen, d. h. aus „+" wird „—".

1) $x + 16 = 100$
$x = 100 - 16$
$x = 84\,.$

2) $48 + x = 63$
$x = 63 - 48$
$x = 15\,.$

3) $x + 12 = 45$
$x = 45 - 12$
$x = 33$

4) $x + 3{,}18 = 24$
$x = 24 - 3{,}18$
$x = 20{,}82\,.$

5) $x + a = m\,.$

x ist die Unbekannte. a und m sind zwar ihrem bestimmten Werte nach auch nicht bekannt; doch ergibt sich ihr ziffernmäßiger Wert aus einer gestellten Aufgabe, die z. B. heißen könnte: Zu einer Zahl lege ich 25 und erhalte 116. Die Unbekannte, zu der ich 25 lege, wäre x; die 25, die ich zulege, wäre a; das Ergebnis 116 wäre m.

a und m sind also tatsächlich bekannte Größen. Darum müssen sie auch als solche behandelt werden, d. h. a muß von x entfernt werden. Also

$$x + a = m$$
$$x = m - a\,.$$

Damit ist die Aufgabe schon gelöst.

6) $r + x = v$
$x = v - r\,.$

7) $x + d = p$
$x = p - d\,.$

8) $a + x + q = r$
$x = r - a - q\,.$

9) $md + x = gh$
$x = gh - md\,.$

b) $\boldsymbol{x - 29 = 96\,.}$

Soll die -29 auf der linken Seite verschwinden, so muß ich auf dieser Seite 29 zulegen; die linke Seite heißt dann:

$$x - 29 + 29 =$$

$-29 + 29$ heben sich auf; so steht x jetzt allein.

Soll die Gleichung richtig bleiben, so müssen auch auf der rechten Seite 29 zugelegt werden. Also

$$x - 29 = 96$$
$$x - 29 + 29 = 96 + 29$$
$$x = 125 \quad (\text{denn } 96 + 29 = 125).$$

Die -29 ist demnach wieder untergetaucht, um auf der anderen Seite mit entgegengesetztem Vorzeichen zu erscheinen, d. h. aus „$-$" ist „$+$" geworden.

1) $x - 7 = 68$
$x = 68 + 7$
$x = 75\,.$

2) $x - 35 = 174$
$x = 174 + 35$
$x = 209\,.$

3) $x - 41 = 69$
$x = 69 + 41$
$x = 110\,.$

4) $x - 173 = 80$
$x = 80 + 173$
$x = 253\,.$

5) $x - a = v$
$x = v + a\,.$

6) $x - 4f = 6m$
$x = 6m + 4f\,.$

7) $-gh + x = -rz$
$x = -rz + gh\,.$

8) $x - bdf = rh$
$x = rh + bdf\,.$

Regel: Die Unbekannte wird von den ihr anhaftenden Posten befreit, indem die Posten mit entgegengesetzten Vorzeichen auf die andere Seite gebracht werden.

1. Aufgabe: Löse folgende Gleichungen!

a) $x + 25 = 39$ b) $x - 17 = 69$

$x + 47 = 58$. $x - 19 = 102$.

c) $x + 45 = 63$ d) $x + a = r$

$x - 69 = 25$ $x - d = m$

$x - 17 = 15$ $x + v = b$

$x - 46 = 79$ $x + t = gh$

$x - 4{,}5 = 8{,}7$ $x + m = 3f$

$x + 1{,}46 = 9{,}25$ $x + r + v = a$

$x - 2{,}14 = 12{,}913$ $x - mf = gh$

$x - 3{,}1528 = 16{,}217$. $x + g - t = v + r$.

c) $8x + 56$.

In dieser Aufgabe ist x mit dem Faktor 8 behaftet. Soll der Faktor 8 auf der linken Seite verschwinden, so muß die linke Seite durch 8 geteilt werden; also $\frac{8x}{8}$. Nun kann 8 gegen 8 gekürzt werden. Es bleibt x.

Nun muß aber auch die rechte Seite durch 8 geteilt werden; also $\frac{56}{8}$. Die Gleichung heißt jetzt

$$x = \tfrac{56}{8}.$$

Der auf der linken Seite untergetauchte Faktor 8 ist auf der anderen Seite als Divisor wieder erschienen.

1) $12x = 72$ 2) $5x = 105$ 3) $1{,}2x = 8{,}4$

$x = \frac{72}{12}$ $x = \frac{105}{5}$ $x = \frac{8{,}4}{1{,}2}$

$x = 6$. $x = 21$. $x = 7$.

4) $mx = d$ 5) $rx = b + d$ 6) $bx = tr - pq$

$x = \frac{d}{m}$. $x = \frac{b+d}{r}$. $x = \frac{tr - pq}{b}$.

7) $brx = v + d$ 8) $(a - b)x = rv$ 9) $(2r + m)x = a - b$

$x = \frac{v+d}{br}$. $x = \frac{rv}{(a-b)}$. $x = \frac{a-b}{(2r+m)}$.

2. Aufgabe: Löse nach vorstehenden Mustern:

a)	b)
$tx = d$	$rx = m - z$
$5x = 40$	$dx = 8m$
$7x = 63$	$bx = 4d - 5a$
$6{,}4x = 2{,}56$	$vx = m$
$8{,}5x = 34$	$(a - b)x = f$
$32x = 48$	$(m - r)x = 4d$
$3{,}2x = 125{,}4$	$(r + d)x = m + 5$
$12{,}5x = 69{,}42$	$(2g - v)x = 5r + v$
$9{,}42x = 725\,.$	$(z + 3g)x = 28\,.$

d) $\frac{x}{9} = 63\,.$

Das x ist diesmal mit dem Divisor 9 verknüpft. Soll diese 9 verschwinden, so muß die linke Seite mit 9 multipliziert werden, also $\frac{x \cdot 9}{9}$. Nun ist 9 gegen 9 zu kürzen, und es bleibt nur x.

Die rechte Seite muß jetzt ebenfalls mit 9 malgenommen werden. Sie heißt dann $63 \cdot 9$. Also

$$x = 63 \cdot 9\,.$$

Verschwindet auf der einen Seite ein Divisor, so taucht er auf der anderen Seite als Faktor auf.

Regel: Ein Faktor auf der einen Seite wird zum Divisor auf der anderen Seite.

Ein Divisor auf der einen Seite wird zum Faktor auf der anderen Seite.

1) $\frac{x}{3} = 4$	2) $\frac{x}{16} = 5$	3) $\frac{x}{a} = m$	4) $\frac{x}{2r} = \pi$
$x = 4 \cdot 3$	$x = 5 \cdot 16$	$x = ma$	$x = \pi \cdot 2r$
$x = 12\,.$	$x = 80\,.$	oder $x = am\,.$	$x = 2r\pi\,.$

(Die Reihenfolge der Faktoren ist gleichgültig. Seite 7 unter 3.)

5) $\frac{x}{2v} = 4bd$	6) $\frac{x}{6z} = 1{,}2r$
$x = 4bd \cdot 2v$	$x = 1{,}2r \cdot 6z$
$x = 8bdv\,.$	$x = 7{,}2rz\,.$

3. Aufgabe: Löse nach vorstehenden Mustern:

a) $\frac{x}{7} = 4$ b) $\frac{x}{a} = d$ c) $\frac{x}{2a} = 8r$

$\frac{x}{8} = 2{,}5$ $\frac{x}{g} = mr$ $\frac{x}{2{,}5r} = 3h$

$\frac{x}{1{,}4} = 4{,}6$ $\frac{x}{v} = 3d$ $\frac{x}{1{,}4a} = bd$

$\frac{x}{9{,}5} = 7$ $\frac{x}{rz} = 8v$ $\frac{x}{5{,}1m} = rn$

$\frac{x}{1{,}57} = 2{,}316\,.$ $\frac{x}{bm} = 4d\,.$ $\frac{x}{3{,}75} = 1{,}2dr\,.$

e) $\mathbf{\frac{54}{x} = 6\,.}$

In dieser Gleichung steht x im Nenner. Aus diesem muß es zunächst herausgeschafft werden. Das wird uns nicht schwer fallen; wir brauchen es nur auf die andere Seite zu schaffen; dort wird es laut unserer Regel zum Faktor. Also

$$\frac{54}{x} = 6$$

$$54 = 6 \cdot x\,.$$

Das x ist jetzt zwar eine g a n z e Zahl geworden; aber es hat einen Faktor bei sich, der entfernt werden muß. Der F a k t o r 6 wird auf die andere Seite als D i v i s o r gebracht. Nun ist die Gleichung gelöst. Also

1) $\frac{54}{x} = 6$
$54 = 6x$
$\frac{54}{6} = x$
$9 = x\,.$

2) $\frac{42}{x} = 21$
$42 = 21 \cdot x$
$\frac{42}{21} = x$
$2 = x\,.$

3) $\frac{a}{x} = b$
$a = bx$
$\frac{a}{b} = x\,.$

4) $\frac{mn}{x} = r$
$mn = rx$
$\frac{mn}{r} = x\,.$

5) $\frac{gv}{x} = 5d$
$gv = 5dx$
$\frac{gv}{5d} = x\,.$

6) $\frac{t\pi}{x} = n$
$t\pi = nx$
$\frac{t\pi}{n} = x\,.$

Regel: Das x wird aus dem Nenner gebracht, indem es auf die a n d e r e Seite als Faktor gesetzt wird.

4. Aufgabe:

a) $\frac{65}{x} = 5$ b) $\frac{s}{x} = t$ c) $\frac{rm}{x} = 8{,}1z$

$\frac{81}{x} = 27$ $\frac{u}{x} = rm$ $\frac{6bd}{x} = 5{,}4e$

$\frac{4{,}5}{x} = 9$ $\frac{3d}{x} = 2{,}4$ $\frac{28r}{x} = 3dz$

$\frac{12{,}4}{x} = 31\,.$ $\frac{4{,}5m}{x} = 4d\,.$ $\frac{2{,}54n}{x} = 8v\,.$

f) Zusammengesetzte Aufgaben.

1) $\frac{4x}{3} + 25 = 36\,.$

Das x hat in dieser Aufgabe sowohl einen Posten als auch einen Faktor und Divisor bei sich. Alles Beiwerk muß entfernt werden!

Zuerst werden stets die Posten entfernt!

Also $$\frac{4x}{3} = 36 - 25$$

$$\frac{4x}{3} = 11\,.$$

Dann beseitigt man den Divisor!

Also $$4x = 11 \cdot 3$$

$$4x = 33\,.$$

Endlich muß der Faktor verschwinden!

Also $$x = \tfrac{33}{4}$$

$$x = 8\tfrac{1}{4}\,.$$

Die Gleichung ist nun gelöst!

2) $\frac{1{,}2x}{4} - 9 = 2\,.$

a) Posten fortschaffen: $\frac{1{,}2x}{4} = 2 + 9$

$$\frac{1{,}2x}{4} = 11\,.$$

b) Divisor fort: $1{,}2x = 11 \cdot 4$

$$1{,}2x = 44\,.$$

c) Faktor fort: $x = \frac{44}{1{,}2} = 44 : 1{,}2 = 440 : 12 = 36\tfrac{2}{3}\,.$

3) $\frac{ax}{b} - c = d$.

a) Posten fort: $\frac{ax}{b} = d + c$.

b) Divisor fort: $ax = (d + c)b$.

Die ganze rechte Seite muß ja mit b malgenommen werden, nicht nur das d oder das c. d und c gelten als ein Ausdruck; darum müssen sie auch in Klammern gesetzt werden.

c) Faktor fort: $x = \frac{(d + c)\,b}{a}$.

Beachte, daß wiederum die ganze rechte Seite durch a geteilt werden muß. Der Bruchstrich muß demnach ganz durchgezogen werden.

4) $\frac{rgx}{d} + pq = m$.

a) Posten fort: $\frac{rgx}{d} = m - pq$.

b) Divisor fort: $rgx = (m - pq)d$.

c) Faktoren fort: $x = \frac{(m - pq)d}{rg}$.

5. Aufgabe: Wie groß ist x?

a) $m + \frac{x}{r} = v$

$25 + \frac{x}{5} = 49$

$364 = \frac{x}{8} + 274$.

b) $3x + 29 = 65$

$\frac{6x}{5} - 3 = 12$

$d + 3x = m$.

c) $az + \frac{x}{v} = t$

$x\pi - d = w$

$\frac{xh}{2} = i$.

d) $r + m - 4x = p$

$74 = \frac{4x}{7} + 66$

$176 = 269 + 3x$.

Anmerk.: Sollte es zunächst stören, wenn das x auf der rechten Seite steht, so kann man ja ohne weiteres rechte und linke Seite der Gleichung vertauschen; falsch wird sie dadurch nicht.

Also $74 = \frac{4x}{7} + 66$ ist genau dasselbe wie $\frac{4x}{7} + 66 = 74$.

Damit hätten wir das uns gesteckte Ziel, einfache Gleichungen lösen zu können, erreicht. Die erworbenen Kenntnisse reichen vollkommen aus, um den Darlegungen im II. Teil dieses Buches folgen zu können.

B. Einiges aus der Geometrie.

7. Gleichheit, Ähnlichkeit, Kongruenz.

Da nach meinen Erfahrungen, die ich im Privatunterrichte gemacht habe, auch in der **Geometrie** die für das Verstehen des II. Teiles dieses Buches notwendigen Kenntnisse teils nicht mehr vorhanden sind, teils infolge ungünstiger Schulverhältnisse gar nicht vorhanden waren, so sei auch aus diesem Wissenszweige das Notwendige klar und anschaulich vorgeführt.

Über die einfachsten Grundbegriffe (Linie, Winkel, Winkelbenennung, Winkelmessung usw.) findet der Leser Ausführlicheres in meinem Buche „Der Dreher als Rechner", § 37.

1. Von der Größe der drei Winkel eines Dreiecks sagt ein Lehrsatz folgendes:

1. Lehrsatz: Die Summe der Dreieckswinkel beträgt 2 *R* oder 180°.

Behauptung: $\angle o + \angle m + \angle n = 2\,R$ (d. h. = 2 Rechte).

Beweis: Zum Beweise ziehen wir Seite RS parallel zu Seite DC. Dann betragen $\angle p + \angle o + \angle q$ zusammen $2\,R$ als Nebenwinkel. (Siehe § 37 „Der Dreher als Rechner".)

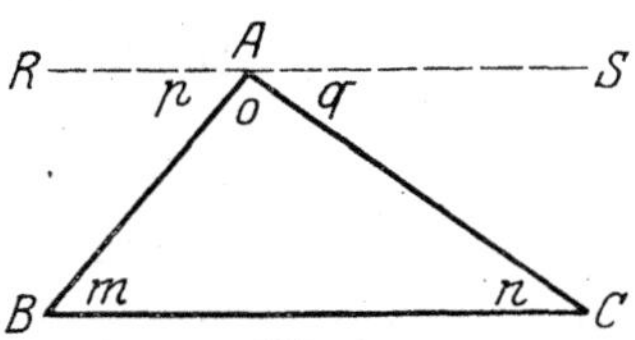

Abb. 4.

Für $\angle p$ können wir $\angle m$ einsetzen, da sie als Wechselwinkel gleich sind, ebenso für $\angle q$ den $\angle n$ aus demselben Grunde. (Siehe § 37, „Der Dreher als Rechner".)

Folglich betragen auch $\angle o + \angle m + \angle n$ 2 Rechte.

2. a) Die beiden Figuren (Abb. 5) haben denselben Inhalt; die eine hat $3 \cdot 3 = 9$ Quadrate Inhalt, die andere $2 \cdot 4\frac{1}{2} = 9$ Quadrate derselben Größe. Von solchen Figuren sagt man, **sie sind**

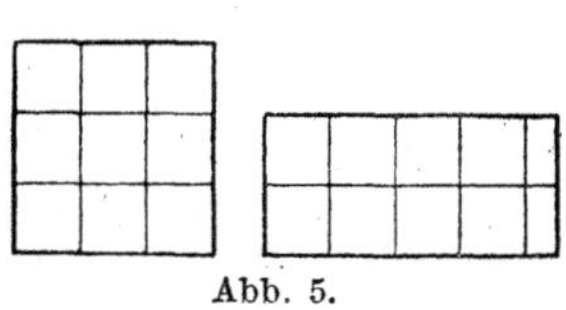
Abb. 5.

gleich. Das Zeichen für die Gleichheit sind die Gleichheitsstriche (=).

Also **Figur A = Figur B.**

b) In Abb. 6 haben die beiden Dreiecke **dieselbe Form,** ihr Inhalt ist aber verschieden. Dann sagt man, die Figuren sind **ähnlich.** Das Zeichen für die Ähnlichkeit ist die liegende S-Form (∾).

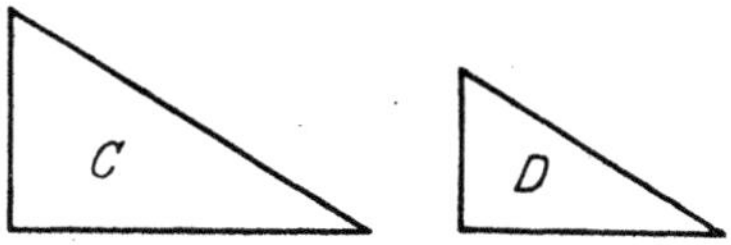

Abb. 6.

Also Figur $C \backsim$ Figur D.

c) Figuren E und F in Abb. 7 stimmen in ihrer **Form** überein; sie sind ∾. Sie haben aber auch gleichen Inhalt; denn wenn ich Figur F ausschneiden und auf E legen würde, so würden sich beide Figuren decken. Dann sagt man, die Figuren sind **kongruent.** Das Zeichen für die Kongruenz ist ≌.

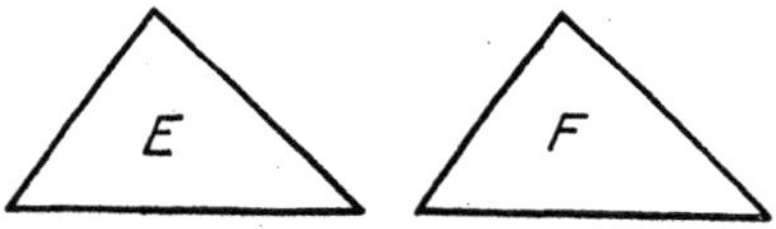

Abb. 7.

Merke: Figuren sind gleich, wenn sie gleichen Inhalt haben. Sie sind ähnlich, wenn sie gleiche Form haben.

Sie sind kongruent, wenn Inhalt und Form gleich sind, wenn sie sich also decken.

C. Einiges aus der Trigonometrie.

8. Die Winkelfunktionen.

Vielen der Leser wird der Begriff „Trigonometrie“ vollständig unbekannt sein; wird doch diese Wissenschaft in den einfachen Schulen nicht gelehrt, selbst in ihren einfachsten Gesetzen nicht. Für das volle Verständnis der nachfolgenden Ausführungen ist es aber nötig, sich die einfachsten Gesetze der Trigonometrie zu eigen zu machen.

Das Wort Trigonometrie setzt sich aus den Wörtern Trigono-metrie zusammen. „Tri“ heißt drei (Trio, Triangel, Trikolore), „Gono“ heißt Winkel; „metrie“ bedeutet messen. Trigonometrie heißt demnach wörtlich: Dreiwinkel messen. Ein „Dreiwinkel“ ist ein Dreieck.

Die Trigonometrie beschäftigt sich demnach mit der Berechnung des Dreiecks. Was die Geometrie durch Konstruktion löst, das verrichtet die Trigonometrie durch Berechnung.

Für uns wird es genügen, die trigonometrische Berechnung des **rechtwinkligen Dreiecks** zu beherrschen.

1. Die Größe eines Winkels kann nach Graden bestimmt werden. (Siehe § 37, „Der Dreher als Rechner".) Ich kann sagen: Winkel $a = 29°$ (Abb. 8). Wie aus § 37 des erwähnten Buches ebenfalls schon bekannt ist, kann die Größe des Winkels a auch durch das Verhältnis der Senkrechten DE zu dem Schenkelabschnitt AE bestimmt werden: Winkel $a = \frac{DE}{AE}$. Oder, wenn wir die Zahlen dafür einsetzen: Winkel $a = \frac{22}{40} = \frac{11}{20} = 11 : 20 = 0{,}5500$.

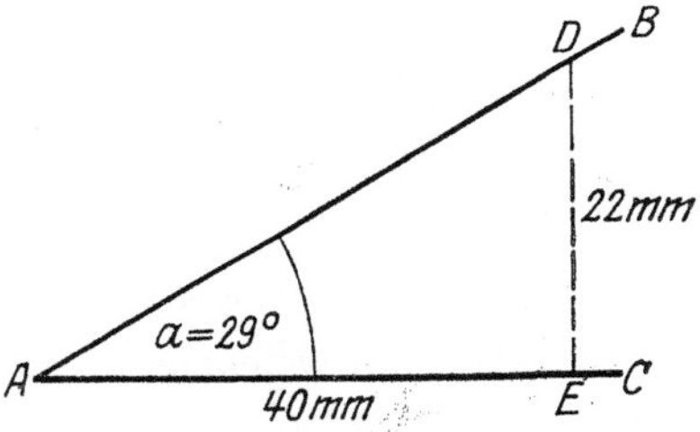

Abb. 8.

Dieses Verhältnis der gegenüberliegenden Kathete (DE) zur anliegenden Kathete nennen wir die **Tangente** des Winkels, kurz Tangens. Das Zeichen für Tangens ist **tang.** Also

$$\text{tang}\, a = \frac{DE}{AE} = \frac{22}{40} = \frac{11}{20} = 11 : 20 = 0{,}5500.$$

An welcher Stelle die Senkrechte auf AC errichtet wird, ist ganz gleichgültig. Das können wir uns leicht beweisen!

Angenommen, die Senkrechte wäre nicht in E, sondern in G errichtet worden, so wäre $\triangle DAE \sim \triangle FAG$. (Siehe Seite 30.) Folglich können wir das Verhältnis aufstellen:

$$DE : AE = FG : AG$$

oder $\frac{DE}{AE} = \frac{FG}{AG}$,

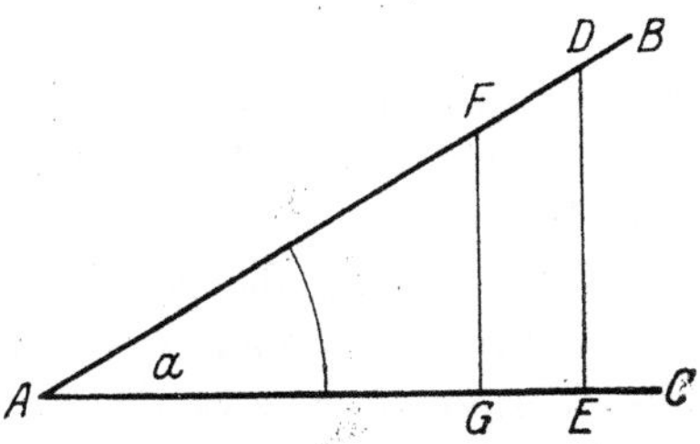

Abb. 9.

das will sagen, daß die beiden Verhältnisse (Brüche) gleich sind.

1. Aufgabe: Zeichne spitze Winkel irgendwelcher Größe und Lage und bestimme tang dieses Winkels.

Z. B.

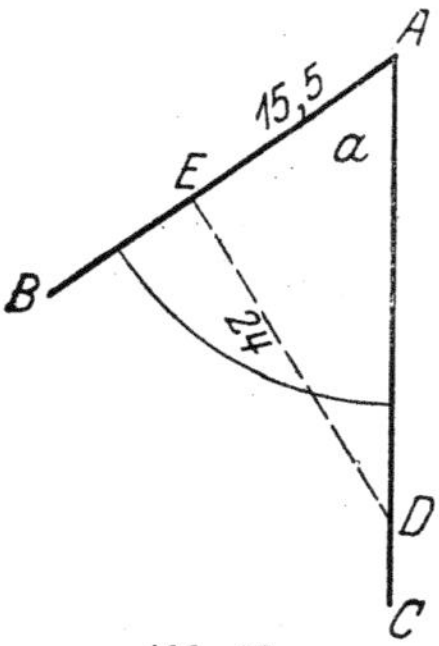

$$\text{tang } a = \frac{DE}{AE} = \frac{24}{15{,}5} = 240 : 155 = 1{,}5484\,.$$

Abb. 10.

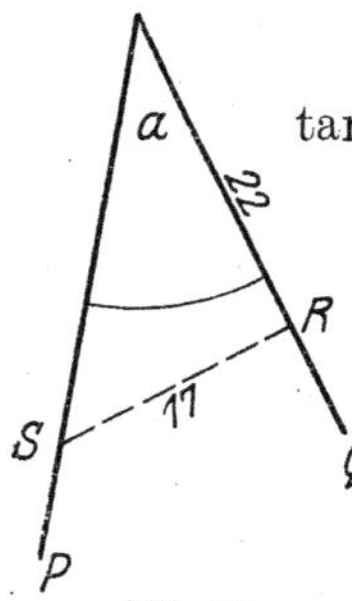

$$\text{tang } a = \frac{RS}{OR} = \frac{17}{22} = 17 : 22 = 0{,}7727\,.$$

Abb. 11.

Zunächst ist auf einem Schenkel des Winkels eine Senkrechte zu errichten, auf welchem ist ganz gleich. Es kann durch genaue Konstruktion mittels Zirkels oder Transporteurs geschehen; bequemer verfahre ich aber, wenn ich ein rechtwinkliges Stück

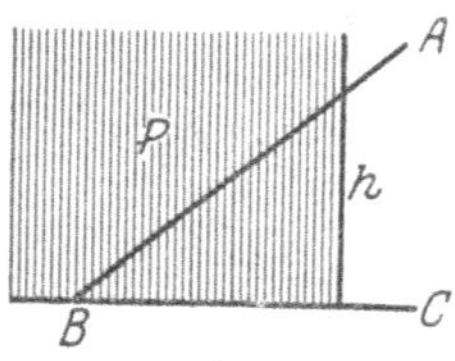

Abb. 12.

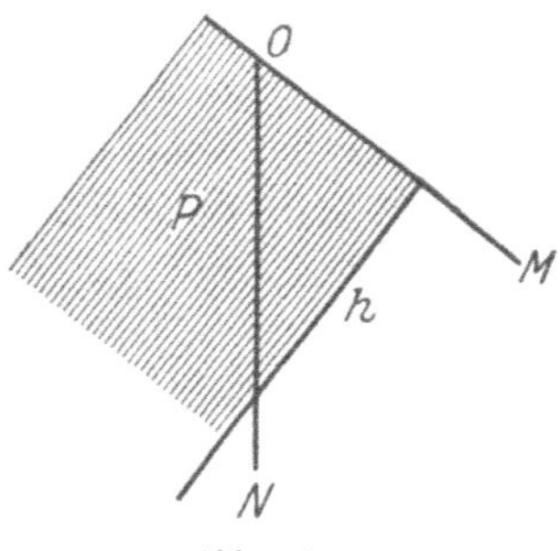

Abb. 13.

Papier (jede Buchseite weist ja rechte Winkel auf!) anlege und die Höhe ziehe. (Siehe Abb. 12 und 13: P = Papierbogen, h = Höhe.)

Nun setze ich die gegenüberliegende Kathete ins Verhältnis zur anliegenden, und zwar in Buchstaben, und nachdem ich die Längen ausgemessen habe, in Zahlen. Übe an vielen Aufgaben!

Merke: Unter Tangens eines Winkels versteht man das Verhältnis der gegenüberliegenden Kathete zur anliegenden Kathete.

2. Aufgabe: Berechne, wie groß tang a ist, wenn in Abb. 8

Seite DE = 24 mm,	Seite AE = 48 mm ist.
= 26,2 „	= 34 „
= 19,5 „	= 96 „
= 48,1 „	= 51 „
= 72,8 „	= 125 „
= 6,4 „	= 160 „
$= m$	$= v$
$= d$	$= x$
$= r$	$= d$

Z. B.: DE sei 52 mm, AE sei 28,4 mm.

Lösung: $\operatorname{tang} a = \frac{DE}{AE} = \frac{52}{28{,}4} = 52 : 28{,}4 = 520 : 284 = 1{,}8309.$

Geht ein Dezimalbruch nicht auf, so rechne bis zur vierten Dezimalstelle!

2. Die Größe des Winkels a kann aber ebenfalls noch durch das Verhältnis der anliegenden Kathete zur gegenüberliegenden Kathete bestimmt werden. Ich kann sagen (Abb. 8):

$$\angle a = \frac{AE}{DE} = \frac{40}{22} = 40 : 22 = 1{,}8181.$$

Das nennen wir die Kotangente (Ko-tangente) des Winkels a; kurz Kotangens; Zeichen dafür **cotg.**

Merke: Unter cotg eines Winkels verstehen wir das Verhältnis der anliegenden Kathete zur gegenüberliegenden Kathete.

3. Aufgabe: Zeichne spitze Winkel irgendwelcher Größe und Lage und bestimme cotg dieser Winkel! (Siehe Bemerk. zu Aufgabe 1.)

4. Aufgabe: Benutze die Angaben aus 2. Aufgabe und bestimme cotg!

Z. B.: DE sei 52 mm, AE sei 28,4 mm.

Lösung:

$$\operatorname{cotg} a = \frac{AE}{DE} = \frac{28{,}4}{52} = 28{,}4 : 52 = 284 : 520 = 0{,}5461.$$

3. Die Größe des Winkels a (Abb. 14) kann ferner durch das Verhältnis der gegenüberliegenden Kathete zur Hypotenuse bestimmt werden.

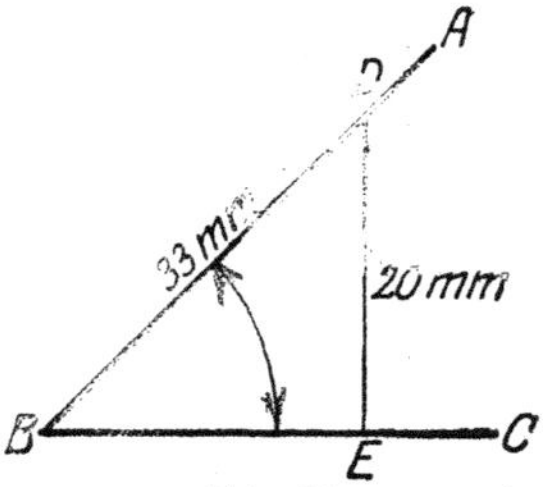

Abb. 14.

$$\text{Winkel } a = \frac{DE}{DB} = \tfrac{20}{33} = 20 : 33 = 0{,}6060.$$

Das nennt man den **Sinus** des Winkels a; Zeichen dafür **sin.**

Merke: Unter sin eines Winkels versteht man das Verhältnis der gegenüberliegenden Kathete zur Hypotenuse.

5. **Aufgabe:** Zeichne spitze Winkel irgendwelcher Größe und Lage und bestimme sin dieser Winkel durch Buchstaben und, nach Ausmessen der Linien, durch Zahlen! (Siehe Bemerk. zu Aufgabe 1.)

6. **Aufgabe:** Wie groß ist sin a, wenn in Abb. 14

Seite DB =	56 mm ist;	Seite DE sei	39 mm
=	162,4 „		74 „
=	225,8 „		81,5 „
=	49 „		26 „
=	53,7 „		15 „
=	125 „		72,9 „
=	186,5 „		25,4 „
=	75,4 „		18,5 „

Z. B.: Seite DE sei 28 mm; Seite DB sei 52 mm.

Lösung:

$$\sin a = \frac{DE}{DB} = \tfrac{28}{52}, \text{ gekürzt } \tfrac{7}{13} = 7 : 13 = 0{,}3846.$$

4. Endlich kann die Größe des Winkels a (Abb. 14) noch dadurch angegeben werden, daß man die anliegende Kathete ins Verhältnis zur Hypotenuse setzt. Das nennt man den Kosinus (Ko-sinus) des Winkels a; Zeichen dafür **cos.**

$$\cos a = \frac{BE}{BD} = \tfrac{27}{33}, \text{ gekürzt } \tfrac{9}{11} = 9 : 11 = 0{,}8181.$$

Merke: Unter cos eines Winkels versteht man das Verhältnis der anliegenden Kathete zur Hypotenuse.

7. Aufgabe: Zeichne spitze Winkel irgendwelcher Größe und Lage und bestimme cos durch Buchstaben und, nach Ausmessen der Längen, durch Zahlen.

8. Aufgabe: Wie groß ist $\cos a$, wenn in Abb. 18

Seite BD =	56 mm ist;	Seite BE sei	75 mm
=	84 ,,		129,4 ,,
=	32,6 ,,		39,5 ,,
=	128 ,,		52,8 ,,
=	77 ,,		114 ,,
=	16 ,,		253 ,,
=	112,5 ,,		81,4 ,,
=	94,6 ,,		36,5 ,,

Z. B.: Seite $BD = 84$ mm; Seite BE sei 30,6 mm.

Lösung: $$\cos a = \frac{BE}{BD} = \frac{30{,}6}{84} = 30{,}6 : 84 = 0{,}3643\,.$$

Zusammenfassung: Außer nach Graden, Minuten und Sekunden kann die Größe eines Winkels nach Errichten eines Lotes noch durch das Verhältnis der Katheten untereinander oder zur Hypotenuse bestimmt werden. Darnach unterscheidet man

sin	(gegenüberlieg.	Kath. : Hypotenuse)
cos	(anliegende	Kath. : Hypotenuse)
tang	(gegenüberlieg.	Kath. : anliegenden Kath.)
cotg	(anliegende	Kath. : gegenüberlieg. Kath.).

Das nennt man die vier Winkelfunktionen.

9. Die trigonometrischen Tabellen.

Um die Größe eines Winkels genau anzugeben, würden die Winkelfunktionen genügen; jedoch kann man sich von der Größe eines Winkels, dessen Funktion bekannt ist, keine rechte Vorstellung machen. So gibt man nach wie vor die Größe eines Winkels in Graden, Minuten und Sekunden an. Diese Angaben sind für das trigonometrische Rechnen aber direkt nicht zu verwerten. Darum haben sich Gelehrte der schwierigen Arbeit unterzogen, Tabellen aufzustellen, aus denen man

1. sofort die Grade und Minuten eines Winkels ablesen kann, wenn eine seiner Funktionen bekannt ist;
2. sofort eine der Funktionen finden kann, wenn die Größe des Winkels nach Graden und Minuten bekannt ist.

Tabelle 1. **Tafel der Sinus, Kosinus, Tangenten und Kotangenten** von 10 zu 10 Minuten für alle Winkel zwischen 0—90°.

G	M	sin	tang			G	M	sin	tang			G	M	sin	tang		
0	0	0,0000	0,0000	60		6	0	0,1045	0,1051	60		12	0	0,2079	0,2126	60	
	10	0,0029	0,0029	50			10	0,1074	0,1080	50			10	0,2108	0,2156	50	
	20	0,0058	0,0058	40			20	0,1103	0,1110	40			20	0,2136	0,2186	40	
	30	0,0087	0,0087	30			30	0,1132	0,1139	30			30	0,2164	0,2217	30	
	40	0,0116	0,0116	20			40	0,1161	0,1169	20			40	0,2193	0,2247	20	
	50	0,0145	0,0145	10			50	0,1190	0,1198	10			50	0,2221	0,2278	10	
	60	0,0175	0,0175	0	89		60	0,1219	0,1228	0	83		60	0,2250	0,2309	0	77
1	0	0,0175	0,0175	60		7	0	0,1219	0,1228	60		13	0	0,2250	0,2309	60	
	10	0,0204	0,0204	50			10	0,1248	0,1257	50			10	0,2278	0,2339	50	
	20	0,0233	0,0233	40			20	0,1276	0,1287	40			20	0,2306	0,2370	40	
	30	0,0262	0,0262	30			30	0,1305	0,1317	30			30	0,2334	0,2401	30	
	40	0,0291	0,0291	20			40	0,1334	0,1346	20			40	0,2363	0,2432	20	
	50	0,0320	0,0320	10			50	0,1363	0,1376	10			50	0,2391	0,2462	10	
	60	0,0349	0,0349	0	88		60	0,1392	0,1405	0	82		60	0,2419	0,2493	0	76
2	0	0,0349	0,0349	60		8	0	0,1392	0,1405	60		14	0	0,2419	0,2493	60	
	10	0,0378	0,0378	50			10	0,1421	0,1435	50			10	0,2447	0,2524	50	
	20	0,0407	0,0407	40			20	0,1449	0,1465	40			20	0,2476	0,2555	40	
	30	0,0436	0,0437	30			30	0,1478	0,1495	30			30	0,2504	0,2586	30	
	40	0,0465	0,0466	20			40	0,1507	0,1524	20			40	0,2532	0,2617	20	
	50	0,0494	0,0495	10			50	0,1536	0,1554	10			50	0,2560	0,2648	10	
	60	0,0523	0,0524	0	87		60	0,1564	0,1584	0	81		60	0,2588	0,2679	0	75
3	0	0,0523	0,0524	60		9	0	0,1564	0,1584	60		15	0	0,2588	0,2679	60	
	10	0,0552	0,0553	50			10	0,1593	0,1614	50			10	0,2616	0,2711	50	
	20	0,0581	0,0582	40			20	0,1622	0,1644	40			20	0,2644	0,2742	40	
	30	0,0610	0,0612	30			30	0,1650	0,1673	30			30	0,2672	0,2773	30	
	40	0,0640	0,0641	20			40	0,1679	0,1703	20			40	0,2700	0,2805	20	
	50	0,0669	0,0670	10			50	0,1708	0,1733	10			50	0,2728	0,2836	10	
	60	0,0698	0,0699	0	86		60	0,1736	0,1763	0	80		60	0,2756	0,2867	0	74
4	0	0,0698	0,0699	60		10	0	0,1736	0,1763	60		16	0	0,2756	0,2867	60	
	10	0,0727	0,0729	50			10	0,1765	0,1793	50			10	0,2784	0,2899	50	
	20	0,0756	0,0758	40			20	0,1794	0,1823	40			20	0,2812	0,2931	40	
	30	0,0785	0,0787	30			30	0,1822	0,1853	30			30	0,2840	0,2962	30	
	40	0,0814	0,0816	20			40	0,1851	0,1883	20			40	0,2868	0,2994	20	
	50	0,0843	0,0846	10			50	0,1880	0,1914	10			50	0,2896	0,3026	10	
	60	0,0872	0,0875	0	85		60	0,1908	0,1944	0	79		60	0,2924	0,3057	0	73
5	0	0,0872	0,0875	60		11	0	0,1908	0,1944	60		17	0	0,2924	0,3057	60	
	10	0,0901	0,0904	50			10	0,1937	0,1974	50			10	0,2952	0,3089	50	
	20	0,0929	0,0934	40			20	0,1965	0,2004	40			20	0,2979	0,3121	40	
	30	0,0958	0,0963	30			30	0,1994	0,2035	30			30	0,3007	0,3153	30	
	40	0,0987	0,0992	20			40	0,2022	0,2065	20			40	0,3035	0,3185	20	
	50	0,1016	0,1022	10			50	0,2051	0,2095	10			50	0,3062	0,3217	10	
	60	0,1045	0,1051	0	84		60	0,2079	0,2126	0	78		60	0,3090	0,3249	0	72
		cos	cotg	M	G			cos	cotg	M	G			cos	cotg	M	G

G	M	sin	tang		
18	0	0,3090	0,3249	60	
	10	0,3118	0,3281	50	
	20	0,3145	0,3314	40	
	30	0,3173	0,3346	30	
	40	0,3201	0,3378	20	
	50	0,3228	0,3411	10	
	60	0,3256	0,3443	0	71
19	0	0,3256	0,3443	60	
	10	0,3283	0,3476	50	
	20	0,3311	0,3508	40	
	30	0,3338	0,3541	30	
	40	0,3365	0,3574	20	
	50	0,3393	0,3607	10	
	60	0,3420	0,3640	0	70
20	0	0,3420	0,3640	60	
	10	0,3448	0,3673	50	
	20	0,3475	0,3706	40	
	30	0,3502	0,3739	30	
	40	0,3529	0,3772	20	
	50	0,3557	0,3805	10	
	60	0,3584	0,3839	0	69
21	0	0,3584	0,3839	60	
	10	0,3611	0,3872	50	
	20	0,3638	0,3906	40	
	30	0,3665	0,3939	30	
	40	0,3692	0,3973	20	
	50	0,3719	0,4006	10	
	60	0,3746	0,4040	0	68
22	0	0,3746	0,4040	60	
	10	0,3773	0,4074	50	
	20	0,3800	0,4108	40	
	30	0,3827	0,4142	30	
	40	0,3854	0,4176	20	
	50	0,3881	0,4210	10	
	60	0,3907	0,4245	0	67
23	0	0,3907	0,4245	60	
	10	0,3934	0,4279	50	
	20	0,3961	0,4314	40	
	30	0,3987	0,4348	30	
	40	0,4014	0,4383	20	
	50	0,4041	0,4417	10	
	60	0,4067	0,4452	0	66
		cos	cotg	M	G

G	M	sin	tang		
24	0	0,4067	0,4452	60	
	10	0,4094	0,4487	50	
	20	0,4120	0,4522	40	
	30	0,4147	0,4557	30	
	40	0,4173	0,4592	20	
	50	0,4200	0,4628	10	
	60	0,4226	0,4663	0	65
25	0	0,4226	0,4663	60	
	10	0,4253	0,4699	50	
	20	0,4279	0,4734	40	
	30	0,4305	0,4770	30	
	40	0,4331	0,4806	20	
	50	0,4358	0,4841	10	
	60	0,4384	0,4877	0	64
26	0	0,4384	0,4877	60	
	10	0,4410	0,4913	50	
	20	0,4436	0,4950	40	
	30	0,4462	0,4986	30	
	40	0,4488	0,5022	20	
	50	0,4514	0,5059	10	
	60	0,4540	0,5095	0	63
27	0	0,4540	0,5095	60	
	10	0,4566	0,5132	50	
	20	0,4592	0,5169	40	
	30	0,4617	0,5206	30	
	40	0,4643	0,5243	20	
	50	0,4669	0,5280	10	
	60	0,4695	0,5317	0	62
28	0	0,4695	0,5317	60	
	10	0,4720	0,5354	50	
	20	0,4746	0,5392	40	
	30	0,4772	0,5430	30	
	40	0,4797	0,5467	20	
	50	0,4823	0,5505	10	
	60	0,4848	0,5543	0	61
29	0	0,4848	0,5543	60	
	10	0,4874	0,5581	50	
	20	0,4899	0,5619	40	
	30	0,4924	0,5658	30	
	40	0,4950	0,5696	20	
	50	0,4975	0,5735	10	
	60	0,5000	0,5774	0	60
		cos	cotg	M	G

G	M	sin	tang		
30	0	0,5000	0,5774	60	
	10	0,5025	0,5812	50	
	20	0,5050	0,5851	40	
	30	0,5075	0,5890	30	
	40	0,5100	0,5930	20	
	50	0,5125	0,5969	10	
	60	0,5150	0,6009	0	59
31	0	0,5150	0,6009	60	
	10	0,5175	0,6048	50	
	20	0,5200	0,6088	40	
	30	0,5225	0,6128	30	
	40	0,5250	0,6168	20	
	50	0,5275	0,6208	10	
	60	0,5299	0,6249	0	58
32	0	0,5299	0,6249	60	
	10	0,5324	0,6289	50	
	20	0,5348	0,6330	40	
	30	0,5373	0,6371	30	
	40	0,5398	0,6412	20	
	50	0,5422	0,6453	10	
	60	0,5446	0,6494	0	57
33	0	0,5446	0,6494	60	
	10	0,5471	0,6536	50	
	20	0,5495	0,6577	40	
	30	0,5519	0,6619	30	
	40	0,5544	0,6661	20	
	50	0,5568	0,6703	10	
	60	0,5592	0,6745	0	56
34	0	0,5592	0,6745	60	
	10	0,5616	0,6787	50	
	20	0,5640	0,6830	40	
	30	0,5664	0,6873	30	
	40	0,5688	0,6916	20	
	50	0,5712	0,6959	10	
	60	0,5736	0,7002	0	55
35	0	0,5736	0,7002	60	
	10	0,5760	0,7046	50	
	20	0,5783	0,7089	40	
	30	0,5807	0,7133	30	
	40	0,5831	0,7177	20	
	50	0,5854	0,7221	10	
	60	0,5878	0,7265	0	54
		cos	cotg	M	G

G	M	sin	tang		
36	0	0,5878	0,7265	60	
	10	0,5901	0,7310	50	
	20	0,5925	0,7355	40	
	30	0,5948	0,7400	30	
	40	0,5972	0,7445	20	
	50	0,5995	0,7490	10	
	60	0,6018	0,7536	0	53
37	0	0,6018	0,7536	60	
	10	0,6041	0,7581	50	
	20	0,6065	0,7627	40	
	30	0,6088	0,7673	30	
	40	0,6111	0,7720	20	
	50	0,6134	0,7766	10	
	60	0,6157	0,7813	0	52
38	0	0,6157	0,7813	60	
	10	0,6180	0,7860	50	
	20	0,6202	0,7907	40	
	30	0,6225	0,7954	30	
	40	0,6248	0,8002	20	
	50	0,6271	0,8050	10	
	60	0,6293	0,8098	0	51
39	0	0,6293	0,8098	60	
	10	0,6316	0,8146	50	
	20	0,6338	0,8195	40	
	30	0,6361	0,8243	30	
	40	0,6383	0,8292	20	
	50	0,6406	0,8342	10	
	60	0,6428	0,8391	0	50
40	0	0,6428	0,8391	60	
	10	0,6450	0,8441	50	
	20	0,6472	0,8491	40	
	30	0,6494	0,8541	30	
	40	0,6517	0,8591	20	
	50	0,6539	0,8642	10	
	60	0,6561	0,8693	0	49
41	0	0,6561	0,8693	60	
	10	0,6583	0,8744	50	
	20	0,6604	0,8796	40	
	30	0,6626	0,8847	30	
	40	0,6648	0,8899	20	
	50	0,6670	0,8952	10	
	60	0,6691	0,9004	0	48
		cos	cotg	M	G

G	M	sin	tang		
42	0	0,6691	0,9004	60	
	10	0,6713	0,9057	50	
	20	0,6734	0,9110	40	
	30	0,6756	0,9163	30	
	40	0,6777	0,9217	20	
	50	0,6799	0,9271	10	
	60	0,6820	0,9325	0	47
43	0	0,6820	0,9325	60	
	10	0,6841	0,9380	50	
	20	0,6862	0,9435	40	
	30	0,6884	0,9490	30	
	40	0,6905	0,9545	20	
	50	0,6926	0,9601	10	
	60	0,6947	0,9657	0	46
44	0	0,6947	0,9657	60	
	10	0,6967	0,9713	50	
	20	0,6988	0,9770	40	
	30	0,7009	0,9827	30	
	40	0,7030	0,9884	20	
	50	0,7050	0,9942	10	
	60	0,7071	1,0000	0	45
45	0	0,7071	1,0000	60	
	10	0,7092	1,0058	50	
	20	0,7112	1,0117	40	
	30	0,7133	1,0176	30	
	40	0,7153	1,0235	20	
	50	0,7173	1,0295	10	
	60	0,7193	1,0355	0	44
46	0	0,7193	1,0355	60	
	10	0,7214	1,0416	50	
	20	0,7234	1,0477	40	
	30	0,7254	1,0538	30	
	40	0,7274	1,0599	20	
	50	0,7294	1,0661	10	
	60	0,7314	1,0724	0	43
47	0	0,7314	1,0724	60	
	10	0,7333	1,0786	50	
	20	0,7353	1,0850	40	
	30	0,7373	1,0913	30	
	40	0,7392	1,0977	20	
	50	0,7412	1,1041	10	
	60	0,7431	1,1106	0	42
		cos	cotg	M	G

G	M	sin	tang		
48	0	0,7431	1,1106	60	
	10	0,7451	1,1171	50	
	20	0,7470	1,1237	40	
	30	0,7490	1,1303	30	
	40	0,7509	1,1369	20	
	50	0,7528	1,1436	10	
	60	0,7547	1,1504	0	41
49	0	0,7547	1,1504	60	
	10	0,7566	1,1571	50	
	20	0,7585	1,1640	40	
	30	0,7604	1,1708	30	
	40	0,7623	1,1778	20	
	50	0,7642	1,1847	10	
	60	0,7660	1,1918	0	40
50	0	0,7660	1,1918	60	
	10	0,7679	1,1988	50	
	20	0,7698	1,2059	40	
	30	0,7716	1,2131	30	
	40	0,7735	1,2203	20	
	50	0,7753	1,2276	10	
	60	0,7771	1,2349	0	39
51	0	0,7771	1,2349	60	
	10	0,7790	1,2423	50	
	20	0,7808	1,2497	40	
	30	0,7826	1,2572	30	
	40	0,7844	1,2647	20	
	50	0,7862	1,2723	10	
	60	0,7880	1,2799	0	38
52	0	0,7880	1,2799	60	
	10	0,7898	1,2876	50	
	20	0,7916	1,2954	40	
	30	0,7934	1,3032	30	
	40	0,7951	1,3111	20	
	50	0,7969	1,3190	10	
	60	0,7986	1,3270	0	37
53	0	0,7986	1,3270	60	
	10	0,8004	1,3351	50	
	20	0,8021	1,3432	40	
	30	0,8039	1,3514	30	
	40	0,8056	1,3597	20	
	50	0,8073	1,3680	10	
	60	0,8090	1,3764	0	36
		cos	cotg	M	G

G	M	sin	tang		
54	0	0,8090	1,3764	60	
	10	0,8107	1,3848	50	
	20	0,8124	1,3934	40	
	30	0,8141	1,4019	30	
	40	0,8158	1,4106	20	
	50	0,8175	1,4193	10	
	60	0,8192	1,4281	0	35
55	0	0,8192	1,4281	60	
	10	0,8208	1,4370	50	
	20	0,8225	1,4460	40	
	30	0,8241	1,4550	30	
	40	0,8258	1,4641	20	
	50	0,8274	1,4733	10	
	60	0,8290	1,4826	0	34
56	0	0,8290	1,4826	60	
	10	0,8307	1,4919	50	
	20	0,8323	1,5013	40	
	30	0,8339	1,5108	30	
	40	0,8355	1,5204	20	
	50	0,8371	1,5301	10	
	60	0,8387	1,5399	0	33
57	0	0,8387	1,5399	60	
	10	0,8403	1,5497	50	
	20	0,8418	1,5597	40	
	30	0,8434	1,5697	30	
	40	0,8450	1,5798	20	
	50	0,8465	1,5900	10	
	60	0,8480	1,6003	0	32
58	0	0,8480	1,6003	60	
	10	0,8496	1,6107	50	
	20	0,8511	1,6212	40	
	30	0,8526	1,6319	30	
	40	0,8542	1,6426	20	
	50	0,8557	1,6534	10	
	60	0,8572	1,6643	0	31
59	0	0,8572	1,6643	60	
	10	0,8587	1,6753	50	
	20	0,8601	1,6864	40	
	30	0,8616	1,6977	30	
	40	0,8631	1,7090	20	
	50	0,8646	1,7205	10	
	60	0,8660	1,7321	0	30
		cos	cotg	M	G

G	M	sin	tang		
60	0	0,8660	1,7321	60	
	10	0,8675	1,7437	50	
	20	0,8689	1,7556	40	
	30	0,8704	1,7675	30	
	40	0,8718	1,7796	20	
	50	0,8732	1,7917	10	
	60	0,8746	1,8040	0	29
61	0	0,8746	1,8040	60	
	10	0,8760	1,8165	50	
	20	0,8774	1,8291	40	
	30	0,8788	1,8418	30	
	40	0,8802	1,8546	20	
	50	0,8816	1,8676	10	
	60	0,8829	1,8807	0	28
62	0	0,8829	1,8807	60	
	10	0,8843	1,8940	50	
	20	0,8857	1,9074	40	
	30	0,8870	1,9210	30	
	40	0,8884	1,9347	20	
	50	0,8897	1,9486	10	
	60	0,8910	1,9626	0	27
63	0	0,8910	1,9626	60	
	10	0,8923	1,9768	50	
	20	0,8936	1,9912	40	
	30	0,8949	2,0057	30	
	40	0,8962	2,0204	20	
	50	0,8975	2,0353	10	
	60	0,8988	2,0503	0	26
64	0	0,8988	2,0503	60	
	10	0,9001	2,0655	50	
	20	0,9013	2,0809	40	
	30	0,9026	2,0965	30	
	40	0,9038	2,1123	20	
	50	0,9051	2,1283	10	
	60	0,9063	2,1445	0	25
65	0	0,9063	2,1445	60	
	10	0,9075	2,1609	50	
	20	0,9088	2,1775	40	
	30	0,9100	2,1943	30	
	40	0,9112	2,2113	20	
	50	0,9124	2,2286	10	
	60	0,9135	2,2460	0	24
		cos	cotg	M	G

G	M	sin	ta[illegible]		
66	0	0,9135	2,2460	60	
	10	0,9147	2,2637	50	
	20	0,9159	2,2817	40	
	30	0,9171	2,2998	30	
	40	0,9182	2,3183	20	
	50	0,9194	2,3369	10	
	60	0,9205	2,3559	0	23
67	0	0,9205	2,3559	60	
	10	0,9216	2,3750	50	
	20	0,9228	2,3945	40	
	30	0,9239	2,4142	30	
	40	0,9250	2,4342	20	
	50	0,9261	2,4545	10	
	60	0,9272	2,4751	0	22
68	0	0,9272	2,4751	60	
	10	0,9283	2,4960	50	
	20	0,9293	2,5172	40	
	30	0,9304	2,5386	30	
	40	0,9315	2,5605	20	
	50	0,9325	2,5826	10	
	60	0,9336	2,6051	0	21
69	0	0,9336	2,6051	60	
	10	0,9346	2,6279	50	
	20	0,9356	2,6511	40	
	30	0,9367	2,6746	30	
	40	0,9377	2,6985	20	
	50	0,9387	2,7228	10	
	60	0,9397	2,7475	0	20
70	0	0,9397	2,7475	60	
	10	0,9407	2,7725	50	
	20	0,9417	2,7980	40	
	30	0,9426	2,8239	30	
	40	0,9436	2,8502	20	
	50	0,9446	2,8770	10	
	60	0,9455	2,9042	0	19
71	0	0,9455	2,9042	60	
	10	0,9465	2,9319	50	
	20	0,9474	2,9600	40	
	30	0,9483	2,9887	30	
	40	0,9492	3,0178	20	
	50	0,9502	3,0475	10	
	60	0,9511	3,0777	0	18
		cos	cotg	M	G

G	M	sin	tang		
72	0	0,9511	3,0777	60	
	10	0,9520	3,1084	50	
	20	0,9528	3,1397	40	
	30	0,9537	3,1716	30	
	40	0,9546	3,2041	20	
	50	0,9555	3,2371	10	
	60	0,9563	3,2709	0	17
73	0	0,9563	3,2709	60	
	10	0,9572	3,3052	50	
	20	0,9580	3,3402	40	
	30	0,9588	3,3759	30	
	40	0,9596	3,4124	20	
	50	0,9605	3,4495	10	
	60	0,9613	3,4874	0	16
74	0	0,9613	3,4874	60	
	10	0,9621	3,5261	50	
	20	0,9628	3,5656	40	
	30	0,9636	3,6059	30	
	40	0,9644	3,6470	20	
	50	0,9652	3,6891	10	
	60	0,9659	3,7321	0	15
75	0	0,9659	3,7321	60	
	10	0,9667	3,7760	50	
	20	0,9674	3,8208	40	
	30	0,9681	3,8667	30	
	40	0,9689	3,9136	20	
	50	0,9696	3,9617	10	
	60	0,9703	4,0108	0	14
76	0	0,9703	4,0108	60	
	10	0,9710	4,0611	50	
	20	0,9717	4,1126	40	
	30	0,9724	4,1653	30	
	40	0,9730	4,2193	20	
	50	0,9737	4,2747	10	
	60	0,9744	4,3315	0	13
77	0	0,9744	4,3315	60	
	10	0,9750	4,3897	50	
	20	0,9757	4,4494	50	
	30	0,9763	4,5107	30	
	40	0,9769	4,5736	20	
	50	0,9775	4,6382	10	
	60	0,9781	4,7046	0	12
		cos	cotg	M	G

G	M	sin	tang		
78	0	0,9781	4,7046	60	
	10	0,9787	4,7729	50	
	20	0,9793	4,8430	40	
	30	0,9799	4,9152	30	
	40	0,9805	4,9894	20	
	50	0,9811	5,0658	10	
	60	0,9816	5,1446	0	11
79	0	0,9816	5,1446	60	
	10	0,9822	5,2257	50	
	20	0,9827	5,3093	40	
	30	0,9833	5,3955	30	
	40	0,9838	5,4845	20	
	50	0,9843	5,5764	10	
	60	0,9848	5,6713	0	10
80	0	0,9848	5,6713	60	
	10	0,9853	5,7694	50	
	20	0,9858	5,8708	40	
	30	0,9863	5,9758	30	
	40	0,9868	6,0844	20	
	50	0,9872	6,1970	10	
	60	0,9877	6,3138	0	9
81	0	0,9877	6,3138	60	
	10	0,9881	6,4348	50	
	20	0,9886	6,5606	40	
	30	0,9890	6,6912	30	
	40	0,9894	6,8269	20	
	50	0,9899	6,9682	10	
	60	0,9903	7,1154	0	8
82	0	0,9903	7,1154	60	
	10	0,9907	7,2687	50	
	20	0,9911	7,4287	40	
	30	0,9914	7,5958	30	
	40	0,9918	7,7704	20	
	50	0,9922	7,9530	10	
	60	0,9925	8,1443	0	7
83	0	0,9925	8,1443	60	
	10	0,9929	8,3450	50	
	20	0,9932	8,5555	40	
	30	0,9936	8,7769	30	
	40	0,9939	9,0098	20	
	50	0,9942	9,2553	10	
	60	0,9945	9,5144	0	6
		cos	cotg	M	G

G	M	sin	tang		
84	0	0,9945	9,5144	60	
	10	0,9948	9,7882	50	
	20	0,9951	10,078	40	
	30	0,9954	10,385	30	
	40	0,9957	10,712	20	
	50	0,9959	11,059	10	
	60	0,9962	11,430	0	5
85	0	0,9962	11,430	60	
	10	0,9964	11,826	50	
	20	0,9967	12,251	40	
	30	0,9969	12,706	30	
	40	0,9971	13,197	20	
	50	0,9974	13,727	10	
	60	0,9976	14,301	0	4
86	0	0,9976	14,301	60	
	10	0,9978	14,924	50	
	20	0,9980	15,605	40	
	30	0,9981	16,350	30	
	40	0,9983	17,169	20	
	50	0,9985	18,075	10	
	60	0,9986	19,081	0	3
87	0	0,9986	19,081	60	
	10	0,9988	20,206	50	
	20	0,9989	21,470	40	
	30	0,9990	22,904	30	
	40	0,9992	24,542	20	
	50	0,9993	26,432	10	
	60	0,9994	28,636	0	2
88	0	0,9994	28,636	60	
	10	0,9995	31,242	50	
	20	0,9996	34,368	40	
	30	0,9997	38,188	30	
	40	0,9997	42,964	20	
	50	0,9998	49,104	10	
	60	0,99985	57,290	0	1
89	0	0,99985	57,290	60	
	10	0,99989	68,750	50	
	20	0,99993	85,940	40	
	30	0,99996	114,59	30	
	40	0,99998	171,89	20	
	50	0,99999	343,77	10	
	60	1,0000	infin.	0	0
		cos	cotg	M	G

a) **1. Einrichtung der Tafel:** In der 1. Spalte (G) finden wir die Grade angegeben. In der 2. Spalte stehen die Minuten. Diese beiden Spalten sind jedoch nur zu verwerten, wenn Sinus und Tangens gesucht werden sollen. In der 3. Spalte finden wir den Sinus bis zur 4. Dezimalstelle ausgerechnet; in der 4. Spalte stehen die Zahlen für tang.

1. Beispiel: Wie heißt sin 2° 40′?

Lösung: In der 1. Spalte suchen wir die 2°. Haben wir den Abschnitt gefunden, so suchen wir in demselben die Zahl 40 in Spalte 2. Neben dieser 40 finden wir in Spalte 3 den sin.
sin 2° 40′ ist also 0,0465.

2. Beispiel: Wie heißt der sin von 56° 10′?

Lösung: Suche in Spalte 1 die 56° auf!
Suche in diesem Fach in Spalte 2 die 10′ auf!
Lies aus der **3. Spalte den Sinus** ab!

$$\sin 56^\circ 10' = 0{,}8307.$$

3. Beispiel: Wie heißt tang von 28° 30′?

Lösung: Suche in Spalte 1 die 28° auf!
Suche in Spalte 2 dieses Faches die 30′ auf!
Lies aus der **4. Spalte die Tangente** ab!

$$\tan 28^\circ 30' = 0{,}5430.$$

4. Beispiel: Wie heißt tang von 86° 20′?

Lösung: Suche in Spalte 1 die 86° auf!
Suche in Spalte 2 dieses Faches 20′ auf!
Lies aus der **4. Spalte tang** ab!

$$\tan 86^\circ 20' = 15{,}605.$$

9. Aufgabe: Bestimme sin von

a) 25° 20′	b) 74° 30′	c) 60° 0′
36° 10′	15° 10′	14° 50′
14° 40′	1° 40′	54° 0′

10. Aufgabe: Bestimme **tang** von

a) 20° 10′	b) 89° 0′	c) 15° 20′
66° 40′	72° 50′	45° 30′
52° 50′	0° 30′	60° 50′

Treten in Aufgaben 12′, 18′, 27′ usw. auf, so runden wir ab; also 10′, 20′, 30′ usw.

Sollen wir jedoch **cos oder cotg** bestimmen, so können wir Spalte 1 und 2 nicht verwerten. **Es gelten Spalten 5 und 6.** In Spalte 6 finden wir die Grade, in Spalte 5 die Minuten! Nicht versehen! Es geht rückwärts!

5. Beispiel: Wie heißt cos von 31° 10′?

Lösung: Suche in Spalte 6 die 31°!
Suche in Spalte 5 dieses Faches die 10′!
Lies in **Spalte 3 den cos** ab!

$$\cos 31^\circ 10' = 0{,}8557.$$

6. Beispiel: Wie heißt cotg von 5° 30′?

Lösung: Suche in Spalte 6 die 5° auf!
Suche in Spalte 5 dieses Faches die 30′ auf!
Lies in **Spalte 4 cotg** ab!

$$\operatorname{cotg} 5^\circ 30' = 10{,}385.$$

11. Aufgabe: Bestimme **cos** von

a)	11° 20′	b)	2° 20′	c)	18° 30′
	48° 0′		15° 10′		75° 0′
	90° 0′		47° 50′		81° 0′

12. Aufgabe: Bestimme **cotg** von

a)	48° 10′	b)	0° 50′	c)	74° 20′
	62° 0′		42° 30′		44° 30′
	17° 20′		16° 10′		6° 10′

2. **Umgekehrt ist es nun auch möglich, die Größe des Winkels nach Graden und Minuten zu finden, wenn eine seiner Funktionen bekannt ist.**

Wir gehen jetzt den Weg nur in umgekehrter Folge!

7. Beispiel: sin eines Winkels ist 0,9408. Wie groß ist der Winkel?

Lösung: Suche in Spalte 3 (das ist ja die Sinusspalte!) die Zahl 0,9408. Ist diese nicht vorhanden, so nimmt man die zunächstliegende.

0,9408 ist nicht vorhanden, wohl aber 0,9407.

Als den dazugehörenden Winkel lesen wir aus Spalte 1 und 2 die Zahlen 70° 10′ ab.

8. Beispiel: sin = 0,0639. Wie groß ist der Winkel?

Lösung: Suche in Spalte 3 die Zahl 0,0639 auf! Lies aus Spalte 1 und 2 die Grade und Minuten ab!

$$\sin 0{,}0639 = 3^\circ 40'.$$

9. Beispiel: tang = 1,5436. Wie groß ist der Winkel?

Lösung: Suche in Spalte 4 (Tangensspalte) 1,5436 auf! Lies aus Spalte 1 und 2 die Grade und Minuten ab!

tang 1,5436 = 57° 0′. (Die nächstliegende Zahl ist 1,5399!)

13. Aufgabe: Wie groß ist der Winkel, dessen **sin** =

a) 0,0568	b) 0,7682	c) 0,9021	
0,1420	0,0394	0,6874	
0,3695	0,2145	0,5536	ist?

14. Aufgabe: Wie groß ist der Winkel, dessen **tang** =

a) 1,2946	b) 3,5701	c) 0,6509	
3,2108	6,1405	0,0836	
0,9145	0,8423	1,5888	ist?

10. Beispiel: cos eines Winkels ist 0,5685. Wie groß ist der Winkel?

Lösung: Suche in Spalte 3 (es ist ja die Kosinusspalte!) die Zahl 0,5685 auf! Die nächstliegende Zahl ist 0,5688.

Aus Spalte **5** und **6** lesen wir den dazugehörenden Winkel ab. Also **55° 20′**.

11. Beispiel: cotg = 4,3921. Wie groß ist der Winkel?

Lösung: Suche in Spalte 4 (Kotangensspalte) die Zahl 4,3921 auf! (Nächstliegende = 4,3897!) Aus Spalte **5** und **6** lesen wir ab **12° 50′**.

15. Aufgabe: Wie groß ist der Winkel, dessen **cos** =

a) 0,5164	b) 0,0412	c) 0,3333	
0,9215	0,6184	0,6555	
0,4625	0,1142	0,1926	ist?

16. Aufgabe: Wie groß ist der Winkel, dessen **cotg** =

a) 0,5722	b) 14,9250	c) 0,5328	
1,1433	8,7613	3,5555	
0,9584	2,1406	1,0694	ist?

10. Berechnungen am rechtwinkligen Dreieck.

Nach Abb. 15 wäre

$$\sin a = \frac{AC}{AB}.$$

Dieser Ausdruck ist eine Gleichung, die aus 3 Größen besteht: 1. $\sin a$, 2. AC, 3. AB. Nun wissen wir, daß eine Gleichung zu lösen ist, wenn außer einer unbekannten Größe die anderen Größen bekannt sind (Seite 22).

Sind in obiger Gleichung 2 Stücke bekannt, so kann demnach jedesmal das dritte, unbekannte, Stück gefunden werden.

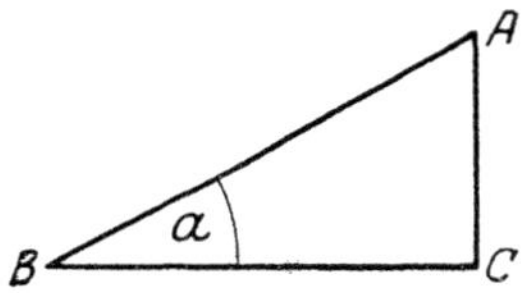

Abb. 15.

Die beiden bekannten Stücke können zwei Seiten sein oder eine Seite und ein spitzer Winkel.

I. 2 Seiten sind bekannt.
Die Größe des spitzen Winkels wird gesucht.

1. Beispiel: In Abb. 15 sei Seite $AC = 26$ mm, Seite $AB = 48$ mm. Wie groß ist $\angle a$?

Lösung: Da Hypotenuse und die dem $\angle a$ gegenüberliegende Kathete bekannt sind, läßt sich **sin** a bilden. $\sin a = \frac{AC}{AB}$. Wir setzen die bekannten Zahlen ein: $\sin a = \frac{26}{48} = \frac{13}{24}$

$$13 : 24 = 0{,}5416; \text{ also } \mathbf{\sin a = 0{,}5416}.$$

Aus der Tabelle für Winkelfunktionen suche ich nun den zu sin 0,5416 gehörenden Winkel. Wir lesen dort ab: 32° 50′ (Beispiel 7 und 8 auf Seite 42).

$\angle a$ ist demnach 32° 50′ groß.

2. Beispiel: Seite AC (Abb. 16) sei 16 mm, Seite BC sei 44 mm. Wie groß ist $\angle a$?

Lösung: Da anliegende und gegenüberliegende Kathete bekannt sind, können wir nach Belieben tang oder cotg benutzen. Wir wählen tang.

$$\operatorname{tang} a = \frac{BC}{AC} = \frac{44}{16} = \frac{11}{4} = 11 : 4 = 2{,}7500.$$

Für tang 2,7500 lesen wir aus der Tafel die Winkelgröße 70° 0′ ab. (Siehe Beispiel 9, Seite 43.)

Also $\angle a = 70° \, 0'$.

3. Beispiel: NM sei 90 mm; NO sei 480 mm. Wie groß ist $\angle a$? (Abb. 17).

Lösung: Hypotenuse (NO) und anliegende Kathete (NM) sind bekannt; folglich können wir den cos des $\angle a$ bilden.

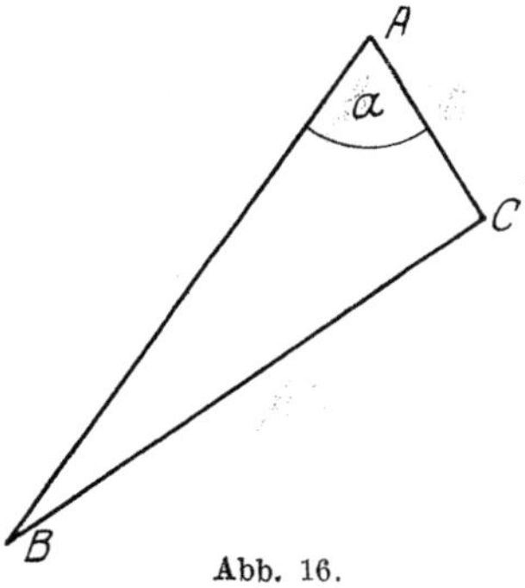

Abb. 16.

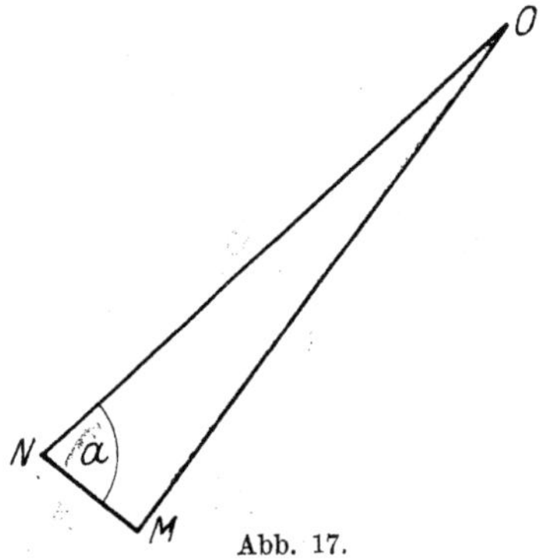

Abb. 17.

$$\cos a = \frac{NM}{NO} = \tfrac{90}{480}\,,\ \text{gekürzt}\ \tfrac{3}{16} = 3 : 16 = 0{,}1875\,.$$

Für cos 0,1875 lesen wir aus der Tafel die Winkelgröße 79° 10′ ab. (Achte darauf, Spalte 5 und 6 zu benutzen! Siehe Beispiel 10, Seite **43**!)

Also $\angle a = 79°\ 10'$.

4. Beispiel: Seite $HG = 155$ mm; $FH = 90$ mm. Wie groß ist $\angle a$? (Abb. **18**).

Lösung: Da anliegende Kathete (FH) und gegenüberliegende Kathete (HG) bekannt sind, können wir tang oder cotg bilden. Wir wählen diesmal cotg.

$$\operatorname{cotg} a = \frac{FH}{GH} = \tfrac{90}{155} = \tfrac{18}{31} = 18 : 31 = 0{,}5806\,.$$

Für cotg 0,5806 lesen wir als Winkelgröße 59° 50′ ab. (Siehe Beispiel 11, Seite **43**.)

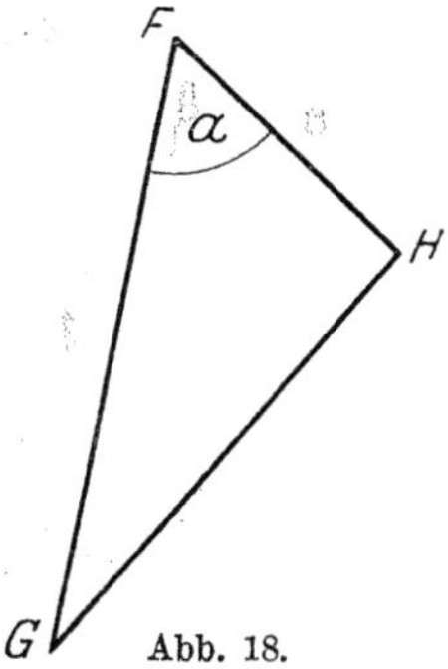

Abb. 18.

1. Aufgabe: Bei den nachfolgenden Aufgaben benutze die Bezeichnungen nach Abb. **19**, d. h.: die Hypotenuse soll stets c genannt sein, die eine Kathete a, die andere b.

Für die Winkelbezeichnungen sind diesmal griechische Buchstaben gewählt worden, damit der Leser auch mit diesen, die sehr häufig in Fachbüchern angewandt werden, bekannt wird.

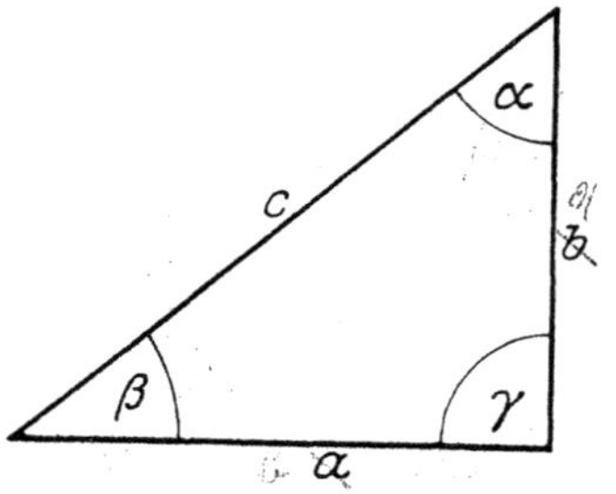

Abb. 19.

α heißt Alpha (1. Buchstabe im griechischen Alphabet),

β heißt Beta (2. Buchstabe im griechischen Alphabet),

γ heißt Gamma (3. Buchstabe im griechischen Alphabet).

Nun zu den Aufgaben! Gegeben sind

a)	$a = 58$;	$b = 45$;	wie groß ist $\angle\beta$?
b)	$c = 125$;	$a = 90$;	,, ,, ,, $\angle\alpha$?
c)	$b = 60$;	$c = 81$;	,, ,, ,, $\angle\alpha$?
d)	$a = 54{,}2$;	$c = 84$;	,, ,, ,, $\angle\beta$?
e)	$b = 156$;	$c = 220$;	,, ,, ,, $\angle\beta$?
f)	$c = 34$;	$b = 21{,}4$;	,, ,, ,, $\angle\alpha$?
g)	$a = 81{,}2$;	$b = 65$;	,, ,, ,, $\angle\beta$?
h)	$a = 184$;	$c = 268$;	,, ,, ,, $\angle\alpha$?
i)	$c = 140{,}5$;	$a = 56$;	,, ,, ,, $\angle\beta$?
k)	$c = 210$;	$b = 125$;	,, ,, ,, $\angle\alpha$?

Z. B.: $a = 58$; $b = 45$; wie groß ist $\angle\beta$?

Lösung: Von $\angle\beta$ ist b die gegenüberliegende Kathete, a die anliegende Kathete. Ich kann tang oder cotg bilden. Wir wählen tang. Also

$$\operatorname{tang}\beta = \frac{b}{a}, \quad \text{die Zahlen eingesetzt} = \tfrac{45}{58} = 45 : 48.$$

$$45 : 48 = 0{,}7586.$$

Aus der Tabelle lesen wir für tang 0,7586 den Winkel **37° 10′** ab.

Merke: 1. Stelle fest, welcher Art die bekannten Seiten sind. (Ob Hypotenuse, anliegende oder gegenüberliegende Kathete).

2. Daraus ergibt sich, welche Funktion gebildet werden muß. (Sind beide Katheten bekannt, dann **kann** ich tang oder cotg wählen; sind Hypotenuse und anliegende

Kathete bekannt, so **muß** ich cos nehmen; sind Hypotenuse und gegenüberliegende Kathete bekannt, so **muß** ich sin nehmen.

3. Stelle die Funktion als Dezimalbruch (4 Stellen nach dem Komma) fest.

4. Lies aus der trigonometrischen Tafel den Winkel ab.

II. **Eine Seite und ein spitzer Winkel sind bekannt.**

5. Beispiel: Gegeben $b = 28$ mm; $\angle\beta = 46°$. Wie groß ist Seite c?

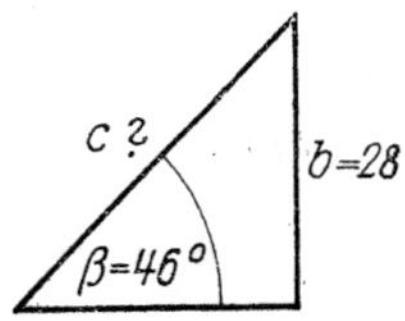

Abb. 20.

Lösung: Da gegenüberliegende Kathete und Hypotenuse in Frage kommen, ist **sin** zu wählen. Also $\sin\beta = \frac{b}{c}$. Wir setzen die bekannten Werte ein!

1. $\sin\beta$ ist bekannt; denn da der Winkel 46° beträgt, können wir aus der Tabelle für diesen Winkel den sin ablesen. (Siehe Seite 41, Beispiele 1 und 2). $\sin 46° = 0{,}7193$.

2. b ist auch bekannt. $b = 28$.

3. c ist die Unbekannte. Wir können sie weiter c nennen, aber als Unbekannte auch x. Nun sieht die Gleichung so aus:

$$0{,}7193 = \frac{28}{x}.$$

Diese Gleichung lösen wir nach den Gesetzen, die wir Seite 26 unter e) feststellten (siehe daselbst!).

$$0{,}7193 = \frac{28}{x}.$$

x aus dem Nenner schaffen: $0{,}7193 \cdot x = 28$;

den Faktor 0,7193 fortschaffen: $x = \frac{28}{0{,}7193}$.

$$28 : 0{,}7193 = 280000 : 7193 = 38{,}9.$$

Die Unbekannte x (oder c) ist also **38,9 mm.**

6. Beispiel: Gegeben sind $a = 84$ mm; $\angle\alpha = 56°\,10'$; wie groß ist Seite b?

Lösung: Da die beiden Katheten in Frage kommen, können wir **tang oder cotg** bilden. Wir wählen tang. Also

$$\operatorname{tang}\alpha = \frac{a}{b}. \quad \text{Zahlen eingesetzt:} \quad \operatorname{tang} 56°\,10' = \frac{84}{b}.$$

Aus der Tabelle finden wir für tang 56° 10′ den Wert 1,4919.

Die Unbekannte soll diesmal ihren Namen b behalten! Also

$$1{,}4919 = \frac{84}{b}.$$

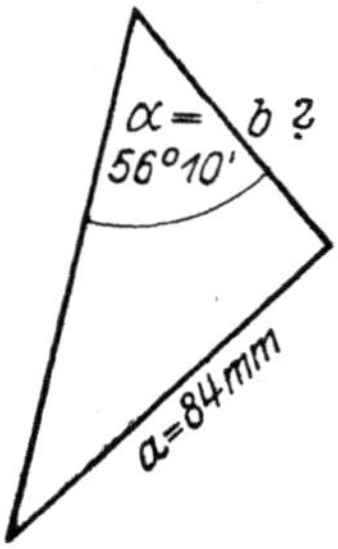

Abb. 21.

b aus dem Nenner geschafft: $1{,}4919 \cdot b = 84$;

den Faktor 1,4919 fortschaffen: $b = \dfrac{84}{1{,}4919}$.

$$84 : 1{,}4919 = 840000 : 14919 = 56{,}3.$$

b ist also **56,3 mm** lang.

7. Beispiel: Gegeben sind $c = 120$ mm; $\angle\beta = 38^\circ\,40'$; wie groß ist a?

Lösung: Da Hypotenuse und anliegende Kathete in Frage kommen, ist **cos** zu wählen.

$\cos\beta = \dfrac{a}{c}$. Die Werte eingesetzt: $\cos 38^\circ\,40' = \dfrac{a}{120}$.

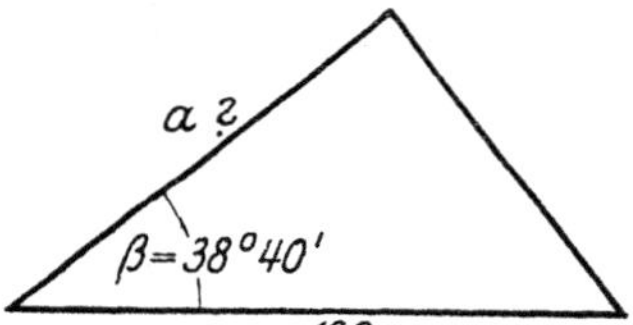

Abb. 22.

(a ist die Unbekannte.)

Aus der Tabelle finden wir für $\cos 38^\circ\,40'$ den Wert 0,7808. (Spalte 5 und 6! Rückwärts die Tabelle!) Also

$$0{,}7808 = \frac{a}{120}.$$

a vom Divisor befreit: $0{,}7808 \cdot 120 = a$.

$$93{,}6960 = a.$$

Seite a ist also **93,69 mm** lang.

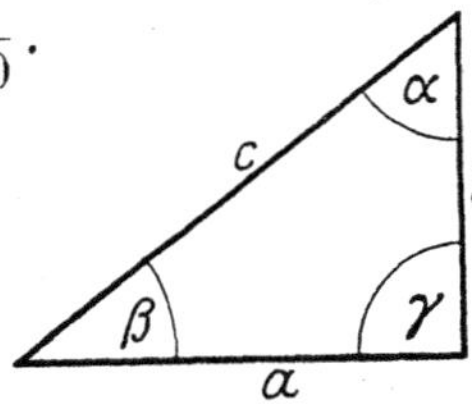

Abb. 23.

2. Aufgabe: (Benutze die Benennungen aus Abb. 23.) Gegeben sind:

a)	$a =$ 66 mm;	$\angle\alpha = 64^\circ$;	wie groß ist Seite c?
b)	$c =$ 125 „ ;	$\angle\alpha = 38^\circ\,20'$;	„ „ „ „ a?
c)	$b =$ 98 „ ;	$\angle\beta = 56^\circ\,10'$;	„ „ „ „ a?
d)	$c =$ 236 „ ;	$\angle\alpha = 24^\circ\,50'$;	„ „ „ „ b?
e)	$a =$ 29,4 „ ;	$\angle\beta = 48^\circ$;	„ „ „ „ b?
f)	$a =$ 58,2 „ ;	$\angle\beta = 32^\circ\,10'$;	„ „ „ „ c?
g)	$c =$ 156,5 „ ;	$\angle\beta = 74^\circ$;	„ „ „ „ a?
h)	$b =$ 270,1 „ ;	$\angle\alpha = 52^\circ\,40'$;	„ „ „ „ c?
i)	$b =$ 96,5 „ ;	$\angle\alpha = 18^\circ\,50'$;	„ „ „ „ a?
k)	$a =$ 364 „ ;	$\angle\beta = 28^\circ$;	„ „ „ „ c?

11. Berechnung des ungleichseitigen Dreiecks. Der Sinussatz.

Lehrsatz: In jedem Dreieck verhalten sich die Seiten wie die sin der gegenüberliegenden Winkel.

Behauptung: 1. Seite b : Seite $c = \sin\beta : \sin\gamma$.

Beweis: Zum Beweise ziehen wir die Höhe h.

$$\sin\beta \text{ ist nun } = \frac{h}{c}; \quad \sin\gamma = \frac{h}{b}.$$

(Siehe Abschnitt C: Einiges aus der Trigonometrie!)

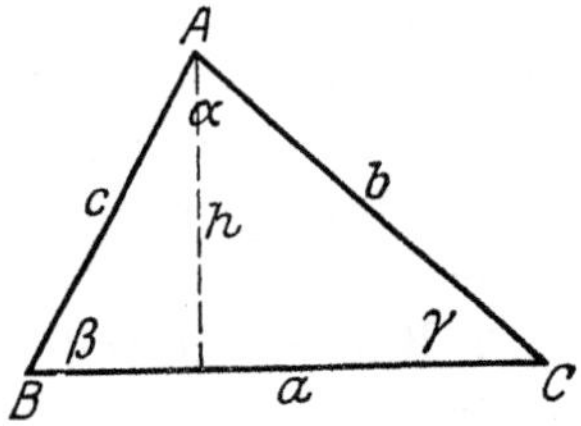

Abb. 24.

Wir teilen die erste Gleichung durch die zweite:

$$\sin\beta \text{ geteilt durch } \sin\gamma = \frac{\sin\beta}{\sin\gamma}.$$

$$\text{Ferner } \frac{h}{c} \text{ geteilt durch } \frac{h}{b} = \frac{h}{c} \cdot \frac{b}{h} = \frac{hb}{ch}, \text{ gekürzt } = \frac{b}{c}.$$

Da wir Gleiches durch Gleiches geteilt haben, erhalten wir wieder Gleiches; folglich $\frac{\sin\beta}{\sin\gamma} = \frac{b}{c}$ oder als Verhältnis geschrieben:

$$1) \quad \boldsymbol{\sin\beta : \sin\gamma = b : c}.$$

Ebenso läßt sich beweisen:

$$2) \quad \sin\beta : \sin\alpha = b : a,$$

und auch

$$3) \quad \sin\gamma : \sin\alpha = c : a.$$

Führe die Beweise selbständig aus! Benutze für 2) die Höhe von C nach AB gezogen, für 3) die Höhe von B nach AC gezogen!

Die unter 1., 2., 3. genannten Gleichungen sind zugleich Proportionen. (Siehe § 18 „Der Dreher als Rechner“.) Falls drei Glieder gegeben sind, ist demnach stets das fehlende Glied zu finden.

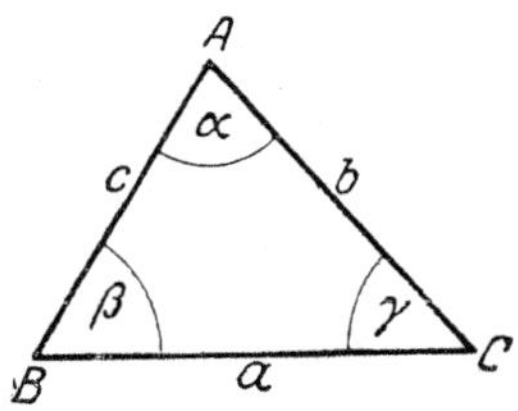

Abb. 25.

1. Beispiel: Seite a sei 58 mm, Seite b sei 50 mm. Winkel α sei 48°. Wie groß ist $\angle\beta$?

Lösung: Nach dem Sinussatz läßt sich folgende Proportion aufstellen:

$$\sin\alpha : \sin\beta = a : b.$$

Also in Zahlen $\quad \sin 48° : \sin\beta = 58 : 50.$

Den Wert für sin 48° finden wir aus der Tafel für die Winkelfunktionen, sin 48° = 0,7431. Also

$$0{,}7431 : \sin\beta = 58 : 50\,.$$

Wir lösen nach den Gesetzen der Proportion!

Produkt der äußeren Glieder = 50 · 0,7431 = 37,1550.

37,1550 geteilt durch das innere Glied = 37,1550 : 58 = 0,6406; sin β ist demnach 0,6406. Den dazugehörenden Winkel finden wir aus der Tabelle: **$\angle\beta$ = 39° 50′**.

Wichtiger wird für uns sein, eine unbekannte Seite suchen zu können, wenn zwei Winkel und eine Seite gegeben sind.

2. Beispiel: Seite $a = 120$. $\angle\alpha = 57°$; $\angle\beta = 64°$. Wie groß ist Seite b?

Lösung: Nach dem Sinussatz läßt sich aus diesen drei bekannten und dem einen unbekannten Stück folgende Proportion aufstellen:

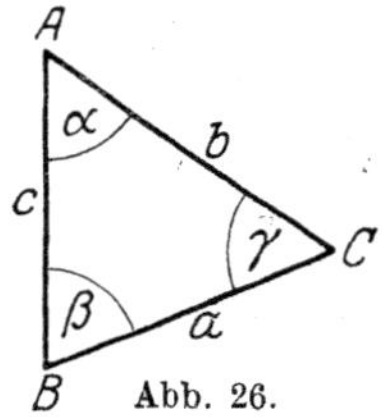

Abb. 26.

$$\sin\alpha : \sin\beta = a : b\,.$$

Werte eingesetzt: sin 57° : sin 64° = 120 : b.

Für sin 57° finden wir aus der Tabelle 0,8387.

„ „ 64° „ „ „ „ „ 0,8988.

Also 0,8387 : 0,8988 = 120 : b.

Wir lösen die Proportion:

Produkt der inneren Glieder:

$$120 \cdot 0{,}8988 = 107{,}8560\,.$$

107,8560 geteilt durch das bekannte äußere Glied:

$$107{,}8560 : 0{,}8387 =$$
$$1078560 : 8387 = \mathbf{128{,}6\ mm.}$$

3. Beispiel: In Abb. 26 sei Seite $b = 80$ mm. $\angle\gamma = 26°$; $\angle\beta = 81°$. Wie groß ist c?

Lösung: Laut Sinussatz ergibt sich folgende Proportion:

$$\sin\gamma : \sin\beta = c : b\,.$$

In Zahlenwerten: sin 26° : sin 81° = c : 80.

Laut Tabelle: 0,4384 : 0,9877 = c : 80.

Gelöst: 1) 0,4384 · 80 = 35,0720.

2) 35,0720 : 0,9877 =

350720 : 9877 = 35,5.

Also Seite **c = 35,5 mm.**

1. Aufgabe:

a) Seite $a = 25{,}2$; $\angle \alpha = 48°$; $\angle \beta = 62°$; wie groß ist Seite b?
b) „ $a = 10{,}5$; $\angle \alpha = 57°$; $\angle \beta = 48°$; „ „ „ „ b?
c) „ $a = 12{,}4$; $\angle \alpha = 54°$; $\angle \beta = 50°$; „ „ „ „ b?
d) „ $b = 24$; $\angle \beta = 29°$; $\angle \alpha = 86°$; „ „ „ „ a?
e) „ $c = 35$; $\angle \gamma = 68°$; $\angle \alpha = 72°$; „ „ „ „ a?

II. Fachrechnen.

Nachdem im I. Teile des Buches das geistige Handwerkszeug zum Verständnis des II. Teiles zusammengetragen wurde, kann nunmehr zum Fachrechnen übergegangen werden. Ratsam ist es, dem Lehrgange des Buches genau zu folgen, da der Leser dann nicht in Gefahr läuft, irgendwelche Darlegungen als unverständlich zu halten. Erläutert ist *jede* Schwierigkeit, wenn nicht in diesem Buche, so in dem oft erwähnten Werke des Verfassers „Der Dreher als Rechner". Entsprechende Hinweise und Fußnoten werden den Leser meistens darauf aufmerksam machen, wo er die Erläuterungen finden wird.

Während im „Dreher als Rechner" gänzlich auf den Abdruck von Tabellen verzichtet wurde, glaubte ich auf dem Gebiete der Fräserei einen anderen Standpunkt einnehmen zu müssen. Zwei Gründe führten mich zu dem Entschluß:

Der behandelte Stoff ist weit schwieriger als der der einfachen Dreherei; dementsprechend sind die Tabellen auch weit komplizierter. Es ist möglich, daß trotz ausführlichster und anschaulichster Darlegung der eine oder andere Leser nicht zu folgen vermag. Wenn es ihm dann auch nicht vergönnt ist, in das *innerste* Wesen der Tabellen hineinblicken zu können, so wird er sie jedoch sicher *äußerlich* verstehen lernen, um sich ihrer mechanisch bedienen zu können. Aber auch dem Leser, der den durch das Buch gebotenen Stoff ganz in sich aufzunehmen vermochte, werden die gebrachten Tabellen nicht wertlos sein. Seine selbst errechneten Ergebnisse vermag er auf Richtigkeit mit den Angaben der Tabelle zu vergleichen unter Berücksichtigung der Tatsache, daß die Angaben der Tabelle häufig nicht die einzige Lösungsmöglichkeit sind. Ferner werden ihm die Tabellen sehr gelegen kommen, wenn Zeitmangel ein selbständiges Ausrechnen unmöglich machen sollte.

A. Die Fräser.

Eine lange Entwicklungszeit haben die Fräser durchmachen müssen, ehe sie zu der jetzigen Vollkommenheit herausgebildet wurden.

Größe, Zahl und Form der Zähne waren einer fortwährenden Wandlung unterworfen. Als vollkommenster Fräser gilt zur Zeit der hinterdrehte Fräser, der den gerieften Fräser fast zu verdrängen schien.

Nach der Lage der Schneidzähne unterscheidet man bekanntlich Mantelfräser, Stirnfräser und Hohlfräser.

Für Fräser bis 15 mm Breite benutzt man zumeist gerade Nuten, während man bei größerer Breite spiralgewundene Schneidzähne anwendet, um den Kraftaufwand gleichmäßiger zu gestalten und die Spanabhebung zu begünstigen. Eine weitere Verbesserung hat man diesen Fräsern dadurch gegeben, daß man die spiralgewundenen Nuten durch senkrecht zu ihnen stehende Quernuten gliederte.

Ist die Breite eines Fräsers nur gering im Verhältnis zum Durchmesser, so bezeichnet man den Fräser als Scheibenfräser. Ist die Länge eine größere, so redet man von einem Walzenfräser. Sind die Zähne gleich den Gängen einer Schnecke angeordnet, so wird der Fräser Schneckenradfräser genannt. Dem Schneckenradfräsers ähnlich ist der Abwälzfräser. Um besondere Profile herzustellen, benutzt man die Profilfräser.

12. Berechnung der Zähnezahl, der Teilung und der Zahnhöhe.

a) Ebensowenig wie die Form der Zähne ist auch die Zahl derselben willkürlich gewählt worden. Die Praxis des Fräsens hat bestimmte Formen als zweckmäßigste erkannt. So ist man zu bestimmten Formeln gekommen, die bei der Herstellung der Fräser zur Anwendung kommen. Den Abstand von Zahn bis Zahn nennt man die Teilung; als Abkürzung dafür wollen wir t setzen. Wenn man die Teilung mit der Anzahl der Zähne malnimmt, so ergibt sich der Umfang des Fräsers. Für Zahl der Zähne sagen wir kurz z; den Umfang nennen wir U, den Durchmesser d. Wäre in Abb. 27 die Teilung (also die Strecke ab) 11 mm, wären ferner 24 Zähne vorhanden, so würde der Umfang $11 \cdot 24 = 264$ mm betragen. Aus dem Umfang findet man den Durchmesser, wenn man durch π, d. i. 3,14, teilt.

$$264 : 3{,}14 = 26400 : 314 = 84 \text{ mm}.$$

Drücken wir das bisher Erkannte in knappen Formeln aus!

$$1) \quad \boldsymbol{U = z \cdot t}.$$

(Sprich: Den Umfang erhalte ich, indem ich die Zähnezahl mit der Teilung multipliziere.)

$$2) \quad \boldsymbol{d = \frac{U}{\pi}},$$

oder, da wir für U noch $z \cdot t$ sagen können,

$$3) \quad \boldsymbol{d = \frac{z \cdot t}{\pi}}.$$

Kleide Formel 2 und 3 nach Muster 1 in Worte!

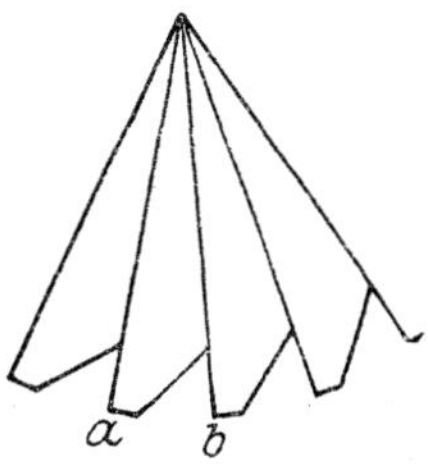

Abb. 27.

1. Beispiel: Ein Fräser soll 30 Zähne erhalten, die Teilung soll 12 mm betragen. Wie groß ist der Durchmesser zu nehmen?

Lösung:

$$d = \frac{z \cdot t}{\pi},$$

in Zahlen

$$d = \frac{30 \cdot 12}{3{,}14} = \frac{360}{3{,}14} = 360 : 3{,}14 = 36000 : 314 = 114 \text{ mm}.$$

1. Aufgabe: Wie groß ist der Durchmesser zu nehmen, wenn ein Fräser:

a) bei einer Teilung von 10 mm 21 Zähne haben soll?
b) „ „ „ „ 15 „ 36 „ „ „
c) „ „ „ „ 9 „ 20 „ „ „
d) „ „ „ „ 6 „ 13 „ „ „
e) „ „ „ „ 4,5 „ 10 „ „ „
f) „ „ „ „ 12,5 „ 27 „ „ „
g) „ „ „ „ 14 „ 33 „ „ „

Es ist uns jedoch nicht nur möglich, den Wert von d festzustellen, wir können auch z oder t als Unbekannte ansehen, deren Wert wir ermitteln sollen. Soll ich den Wert für z suchen, so müssen natürlich d und t bekannt sein; soll ich t suchen, so müssen d und z gegeben sein.

Unsere algebraischen Kenntnisse werden uns jetzt sehr zustatten kommen. Es wird uns durch sie leicht werden, Formel 3 entsprechend umzuformen: $d = \frac{z \cdot t}{\pi}$. So eignet sich die Formel zur Berechnung des Durchmessers. Jetzt will ich jedoch die Zähnezahl suchen, z ist also die Unbekannte. Dann muß ich z von allem Beiwerk befreien. (Siehe Seite 21: Von den Gleichungen.) Also zunächst das π auf die andere Seite: $d\pi = z \cdot t$; dann das t fort: $\frac{d\pi}{t} = z$. Die Seiten tauschen!

$$4) \quad \boldsymbol{z = \frac{d\pi}{t}}.$$

Kleide die Formel in Worte! (Die Zähnezahl finde ich, indem ich den Durchmesser mit Pi malnehme und durch die Teilung dividiere.)

2. Beispiel: $d = 40$ mm; $t = 7{,}5$ mm. Wie groß ist z?

Lösung: $z = \frac{d\pi}{t}$, in Zahlen $z = \frac{40 \cdot 3{,}14}{7{,}5}$, gekürzt $= \frac{8 \cdot 3{,}14}{1{,}5}$ $= \frac{25{,}12}{1{,}5} = 25{,}12 : 1{,}5 = 251{,}2 : 15 = 17$ Zähne.

2. Aufgabe: Wieviel Zähne erhält eine Fräser von

a)	45	mm	Durchmesser	und	8	mm Teilung?
b)	135	,,	,,	,,	14	,, ,,
c)	60	,,	,,	,,	9	,, ,,
d)	25	,,	,,	,,	6	,, ,,
e)	52	,,	,,	,,	8,5	,, ,,
f)	18	,,	,,	,,	5	,, ,,

Entwickeln wir den Wert von t aus der Gleichung 3, so erhalten wir

$$5) \quad \boldsymbol{t = \frac{d\pi}{z}}.$$

Entwickle die Formel selbst nach Muster von Formel 4! Sprich die Formel in Worten aus!

In Formel 5 ist t abhängig von d und z, d. h. ich muß den Wert von d und z wissen, um t zu finden. Um zu einer Teilung zu kommen, die sich in der Praxis bewährt, hat man nach noch einfacheren Formeln gesucht. Man macht t nur abhängig von dem Durchmesser. Nach Jurthe und Mietzschke[1]) ergeben sich gut brauchbare Werte nach der Formel

$$6)\quad \boldsymbol{t = 1{,}2\sqrt{d}}\,.$$

3. Beispiel: $d = 90$ mm. Wie groß muß die Teilung (t) werden?

Lösung: $t = 1{,}2\sqrt{d}$,

Zahlen eingesetzt: $t = 1{,}2\sqrt{90}$.

$\sqrt{90} = 9{,}4868$. (Siehe Seite 9 bis 19, Beispiel 12, Seite 19.) Also $t = 1{,}2 \cdot 9{,}4868 = 11{,}4$ mm.

3. Aufgabe: Wie groß ist die Teilung zu nehmen, wenn der Durchmesser ist

a) 18 mm	b) 64 mm	c) 95 mm
30 „	110 „	125 „
55 „	85 „	44 „ ?

Der Leser wird soweit fortgeschritten sein, selbständig jede Quadratwurzel ziehen zu können. Darum sei ihm jetzt verraten, daß er in dem Anhang Seite 201 die Quadratwurzeln der Quadratzahlen 1—1000 ausgerechnet vorfindet. Der Gebrauch der Tabelle ist an derselben Stelle erläutert worden.

Da ich, falls der Durchmesser bekannt ist, t zu finden vermag, aus d und t wiederum z zu finden vermag, so genügt es stets, nur den Durchmesser zahlenmäßig zu wissen, alle anderen Größen lassen sich finden.

Auch die **Zahnhöhe** läßt sich feststellen.

4. Beispiel: Wie groß wird nach den Angaben von Abb. 28 die Zahnhöhe cd? Die Teilung bd ist 7 mm.

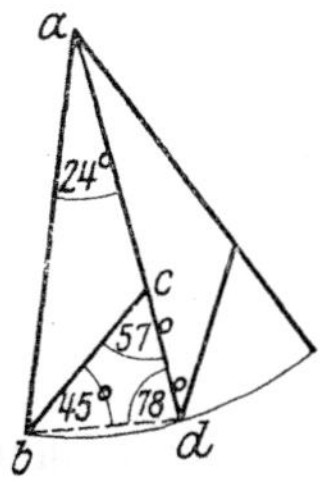

Abb. 28.

Lösung: Die Seite cd (Zahnhöhe) ist eine Seite des Dreiecks bcd. Aus Seite 49 weiß ich, daß mittels des Sinussatzes eine Dreiecksseite gefunden werden kann, wenn zwei Winkel und eine Seite bekannt sind. Ist das in Dreieck bcd der Fall? Wir prüfen das Dreieck!

1. Seite bd annähernd 7 mm. (Bogen $bd = 7$ mm.)

2. $\angle$ bei $c = 57°$. (Die Praxis hat nämlich herausgefunden, daß sich dieser Winkel am besten eignet. Andere Firmen werden

[1]) Jurthe und Mietzschke, Handbuch der Fräserei. Verlag von Julius Springer, Berlin.

vielleicht einen anderen Winkel anwenden, der jedoch sicher auch in der Nähe dieses Winkels liegen wird.)

3. $\angle$ bei $b = 45°$; denn $\angle$ bei $a = 24°$. Es handelt sich um einen Fräser, der mit 15 Schneidzähnen versehen ist. Alle Schneidzähne zusammen machen den Vollwinkel ($= 360°$) um a aus. Ein Winkel demnach $= \frac{360}{15} = 24°$. Folglich $\angle$ bei $d = 78°$; denn da die Dreieckswinkel zusammen 180° betragen (Seite 29), so sind die beiden Winkel abd und adb zusammen $180 - 24 = 156°$ groß; da beide gleich sind als Basiswinkel im gleichschenkligen Dreieck, so beträgt jeder 78°.

Wenn aber $\angle$ bei c 57° ist und $\angle$ bei d 78°, so muß $\angle$ bei c 45° sein; denn $57° + 78° = 135°$, bis 180° (soviel betragen alle drei Winkel) fehlen noch 45°. Das ist die Größe des Winkels bei b.

Da eine Seite und die Winkel bekannt sind, können wir folgende Proportion aufstellen:

$$\sin 57° : \sin 45° = \text{Seite } bd : \text{Seite } cd.$$

$\sin 57° = 0{,}8387$; $\sin 45° = 0{,}7071$; Seite $bd = 7$ mm.

Also $0{,}8387 : 0{,}7071 = 7 : x$. Wir lösen!

Produkt der inneren Glieder: $0{,}7071 \cdot 7 = 4{,}9497$.

4,9497 geteilt durch äußeres Glied $= 4{,}9497 : 0{,}8387 = 6$ mm.

Die Zahnhöhe würde 6 mm betragen.

Stellen wir die gefundenen Formeln noch einmal zusammen! ***d* sei gegeben.** Dann ist:

a) $t = 1{,}2\sqrt{d}$;

b) $z = \dfrac{d\pi}{t}$;

c) $h =$ (mittels des Sinussatzes zu finden).

4. Aufgabe: Wie groß sind Teilung, Zähnezahl und Zahnhöhe, wenn der Durchmesser folgende Maße hat:

a) 12 mm	b) 35 mm	c) 75 mm
15 „	40 „	83 „
18 „	45 „	90 „
21 „	52 „	105 „
25 „	60 „	126 „
30 „	68 „	135 „
		150 „

Beispiel: $d = 12$ mm!

1. **Teilung:**

$$t = 1{,}2\sqrt{12} = 1{,}2 \cdot 3{,}4641 = 4{,}15692 \text{ rund } \mathbf{4{,}2\ mm.}$$

2. **Zähnezahl:**

$$z = \frac{d \cdot \pi}{t} = \frac{12 \cdot 3{,}14}{4{,}2} = \frac{37{,}68}{4{,}2} = 37{,}68 : 4{,}2 = 376{,}8 : 42$$
$$= \mathbf{9\ Zähne.}$$

3. **Zahnhöhe:** (Bilde bei jeder zu lösenden Aufgabe eine ungefähre Zeichnung zwecks Winkelberechnung.) (Abb. 29.)

9 Zähne gleich Vollwinkel = 360°.

Zu 1 Zahn gehören also 40°. $\angle$ bei $a = 40°$.

Dann sind $\angle\, adb$ und $\angle\, a\,b\,d = 180 - 40 = 140°$.

$\angle\, d = 70°$. $\angle\, c$ wie üblich 57°.

$\angle$ bei $b = 53°$; denn $57 + 70 = 127°$, von 180° abgezogen = 53°.

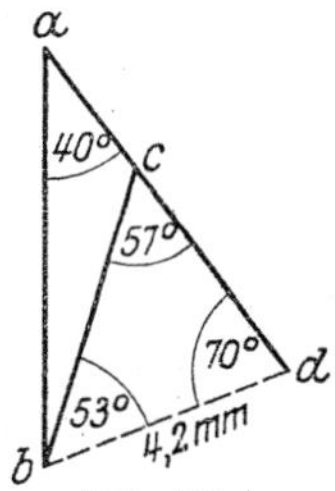

Abb. 29.

Folglich

$$\sin 57° : \sin 53° = bd : cd\,.$$

Werte eingesetzt:

$$0{,}8387 : 0{,}7986 = 4{,}2 : x\,.$$
$$0{,}7986 \cdot 4{,}2 = 3{,}35412$$
$$3{,}35412 : 0{,}8387 = 33541{,}2 : 8387 = \mathbf{4\ mm.}$$

Stelle die Ergebnisse zu folgender Tabelle zusammen:

Durchmesser (d)	Teilung (t) $t = 1{,}2\sqrt{d}$	Zähnezahl (z) $z = \frac{d\pi}{t}$	Zahnhöhe (Sinussatz!)
12 mm	4,2 mm	9 Zähne	4 mm
15 „	4,6 „	10 „	4,2 „
18 „			
		usw.	

b) Für **hinterdrehte Fräser** gebraucht man zu diesen Berechnungen andere Formeln, da die Gestalt der Zähne eine ganz andere ist. Auch hier war die Erfahrung praktische Lehrmeisterin. Die eine Firma glaubt durch Anwendung dieser, die andere durch Anwendung jener Formeln das beste zu erreichen. Nach Jurthe-Mietzschke haben sich folgende Formeln zur Berechnung bewährt.

1. **Zähnezahl:** Es gilt folgende Formel:

$$7)\quad z = 8 + \left(\frac{d - 20}{7}\right).$$

Ist durch Formel 7) die Zähnezahl gefunden, so kann durch Benutzung der Formel 5) die Teilung gefunden werden $\left(t = \frac{d\pi}{z}\right)$.

Die Praxis hat gelehrt, daß als Nutentiefe (Zahnhöhe) vorteilhaft $\frac{2}{3}$ von der Teilung angenommen wird. Wäre t also 18 mm, so wäre als Nutentiefe $\frac{2}{3} \cdot 18 = 12$ mm anzunehmen. Demnach

$$8)\quad h = \frac{2}{3}t.$$

5. Aufgabe: Berechne Zähnezahl (z), Nutentiefe (h) und Teilung eines hinterdrehten Fräsers, der

a)	b)	c)
20 mm	60 mm	120 mm
25 ,,	70 ,,	140 ,,
30 ,,	80 ,,	150 ,,
35 ,,	90 ,,	160 ,,
40 ,,	100 ,,	175 ,,
50 ,,	110 ,,	200 ,,

Durchmesser hat.

Stelle die Ergebnisse zu folgender Tabelle zusammen:

Durchmesser (d)	Zähnezahl (z) $z = 8 + \left(\frac{d-20}{7}\right)$	Teilung (t) $t = \frac{d\pi}{z}$	Zahnhöhe (h) $h = \frac{2}{3}t$
20 mm	8	7,85 mm	5,24 mm
25 ,,	9	8,72 ,,	5,85 ,,
30 ,,			
	usw.		

Beispiel: Der Durchmesser sei 20 mm.

Lösung:

1) $z = 8 + \left(\frac{d - 20}{7}\right)$, Werte eingesetzt: $z = 8 + \left(\frac{20 - 20}{7}\right)$,

Klammerinhalt ausgerechnet $\frac{0}{7} = 0$. (Siehe § 6.)

$$z = 8 + 0; \qquad z = 8.$$

2) $t = \frac{d\pi}{z}$, Werte eingesetzt: $t = \frac{20 \cdot 3{,}14}{8} = \frac{62{,}8}{8} = 62{,}8 : 8 = 7{,}85$ mm.

3) $h = \frac{2}{3} \cdot t = \frac{2}{3} \cdot 7{,}85 = \frac{2 \cdot 7{,}85}{3} = \frac{15{,}70}{3} = 5{,}24$ mm.

Beispiel: Der Durchmesser sei 25 mm.

Lösung:

$$1)\quad z = 8 + \left(\frac{d - 20}{7}\right);$$

Werte eingesetzt: $$z = 8 + \left(\frac{25 - 20}{7}\right).$$

Klammerinhalt ausgerechnet:

$$25 - 20 = 5; \quad 5 : 7 = \text{rund } 1\text{mal}.$$

Also $$z = 8 + 1; \quad \boldsymbol{z = 9}.$$

$$2)\quad t = \frac{d\pi}{z};$$

Werte eingesetzt:

$$t = \frac{25 \cdot 3{,}14}{9} = \frac{78{,}50}{9} = 78{,}50 : 9 = \mathbf{8{,}72\ mm.}$$

$$3)\quad h = \tfrac{2}{3} \cdot 8{,}72 = \frac{2 \cdot 8{,}72}{3} = \frac{17{,}54}{3} = \mathbf{5{,}85\ mm.}$$

Für Fräser aus **Schnellstahl** eignet sich die Formel

$$9)\quad \boldsymbol{z = 7 + \left(\frac{d - 20}{9}\right)},$$

da sie einen kräftigeren Schneidzahn liefert.

6. Aufgabe: Benutze die Durchmesserzahlen aus Aufgabe 5 und stelle für Schnellstahl eine ähnliche Tabelle auf!

7. Aufgabe: Knabbe empfiehlt als geeignete Formel:

$$10)\quad \boldsymbol{t = 0{,}78\sqrt{d}}.$$

Stelle mittels dieser Formel eine Tabelle nach folgendem Muster auf!

Durchmesser (d)	Teilung (t) $t = 0{,}78\sqrt{d}$	Zähnzahl (z) $z = \frac{d\pi}{t}$	Zahnhöhe (h) $h = \frac{2}{3}t$
20	3,49	18	2,32
25			
	usw.		

8. Aufgabe: In der Gebrauchsanweisung für Hinterdrehbänke von Loewe wird die Formel $z = \frac{d}{9} + 7$ empfohlen. Arbeite danach eine Tabelle aus!

13. Die spiralgewundenen Schneidzähne.

1. Allgemeines.

Sobald uns das **Wesen** der Spirale bekannt ist, werden uns die Berechnungen nicht mehr schwer fallen. Besser als eine Zeichnung wird ein selbstverfertigtes Modell eine Spirale veranschaulichen.

Einen Lampenzylinder oder ein Stück eines kreisrunden Stieles umwickeln wir mit weißem Papier. Wir kleben das Papier so zusammen, daß ein abstreifbarer Papierzylinder entsteht. Auf das Papier zeichnen wir eine beliebige Spirale, etwa 3 Gang, wie die Abb. **30** zeigt. Mit dem Messer schneiden wir nun in Richtung ab den Papierzylinder auf und rollen den Streifen auseinander. Dann werden wir eine Zeichnung erhalten, die der Abb. **31** gleicht. Solche Zeichnung nennt man nach ihrer Entstehung eine **Abwicklung einer Spirale.**

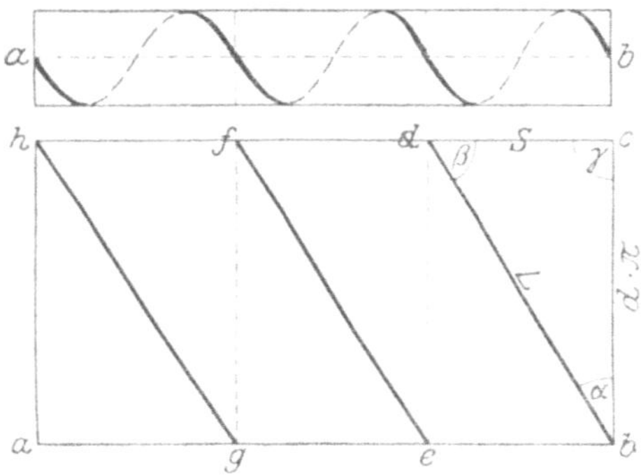

Abb. 30 u. 31.

Die erste Spiralwindung beginnt bei b und endet bei d. Die zweite Windung beginnt genau senkrecht unter d bei e und endet bei f. Verbinden wir d mit e und f mit g, so entstehen lauter rechtwinklige Dreiecke, die alle kongruent sind (siehe Seite 30). Was von einem Dreieck gilt, gilt also von allen.

Wir betrachten das Dreieck bcd näher! $\angle \gamma$ ist ein rechter Winkel; folglich sind cb und dc Katheten; db ist die Hypotenuse.

Die Seite cb entspricht dem Umfange des Zylinders. Ihre Länge ist also Durchmesser mal π, kurz: **Seite** $\boldsymbol{cb = d \cdot \pi}$. Die Seite dc gibt den Abstand eines Spiralganges vom nächsten an, und zwar in Richtung der Achse des Zylinders gemessen. Man sagt: $\boldsymbol{cb}$ **ist die Spiralsteigung.** Die Hypotenuse db ist gleichbedeutend mit der **Länge eines Spiralganges.**

Der Winkel, der als Schenkel die Seiten $d\pi$ und die Spirallänge hat, wird **Steigungswinkel** genannt. Also $\angle \alpha$ = Steigungswinkel. Winkel γ ist, wie schon erwähnt, $= 1\,R$. Winkel β ergänzt $\angle\alpha$ zu $1\,R$; denn da die Dreieckswinkel zusammen $2\,R$ betragen (Seite 29), da ferner $\angle\gamma = 1\,R$ groß ist, so bleibt für $\angle\alpha$ und $\angle\beta$ zusammen auch $1\,R$ übrig. Ist darum einer dieser beiden Winkel der Größe nach bekannt, so ist damit auch die Größe des anderen gegeben. Den bekannten Winkel ziehe ich von 90° ab, dann erhalte ich den anderen Winkel. Also $\angle\alpha = 90° - \beta$; ferner $\angle\beta = 90° - \alpha$.

$\angle\beta$ nennt man in Tabellen gewöhnlich den **Einstellwinkel oder den Achsenwinkel.** (Siehe Seite 68.)

1. Aufgabe: Wie groß ist $\angle\beta$, wenn $\angle\alpha$

a)		b)		c)	
a)	68°	b)	$58\frac{1}{3}$°	c)	84° 20′
	32°		64° 40′		19° 40′
	15° 20′		59° 50′		$18\frac{1}{4}$°
	44° 10′		$8\frac{3}{4}$°		$23\frac{3}{4}$° ist?

Beispiel zu 1. Aufgabe: $\angle\alpha = 55°\,40'$; wie groß ist $\angle\beta$?

Lösung: $\angle\beta = 90° - \alpha = 90° - 58°\,40' = \mathbf{31°\,20'}$.

2. Aufgabe: Wie groß ist $\angle\alpha$, wenn $\angle\beta$

a)	34° 20′	b)	68°	c)	41° 30′
	19° 10′		$79\frac{1}{2}$°		22° 20′
	$18\frac{2}{3}$°		54° 40′		$18\frac{3}{4}$°
	24°		32° 50′		25° 40′ ist?

Lösung wie bei Aufgabe 1.

2. Berechnungen.

Nach Einführung dieser gebräuchlichen Namen gehen wir zu den Berechnungen über. Dieselben erfolgen, da es sich, wie wir bereits erkannten, um **rechtwinklige Dreiecke** handelt, nach den Seite 44 bis 48 aufgestellten Gesetzen. Es wird also möglich sein, unbekannte Stücke des Dreiecks zu finden, falls zwei Seiten oder eine Seite und ein spitzer Winkel gegeben sind. So bieten die folgenden Aufgaben im Grunde genommen nichts Neues; sie erscheinen uns als alte Bekannte. Nur wollen wir jetzt die Dreiecksseiten anders benennen (siehe Abb. 31).

Die eine Kathete nennen wir $\boldsymbol{d\pi}$, da sie ja aus Durchmesser $\times$ 3,14 entstanden ist;

die andere Kathete, die die Steigung angibt, wollen wir mit $\boldsymbol{S}$ bezeichnen;

die dritte Seite, die Hypotenuse, soll L heißen; denn sie stellt die Länge der Spirale dar.

Den Steigungswinkel nennen wir α, den Einstellwinkel β. Es ergeben sich nun folgende Möglichkeiten:

1. Durchmesser (d) und Steigungswinkel (α) sind bekannt. Wie groß ist die Steigung (S)?
2. Durchmesser und Einstellwinkel (β) sind bekannt. Wie groß ist die Steigung?
3. d und S sind bekannt; wie groß ist $\angle\alpha$ resp. $\angle\beta$?

1. Beispiel: Der Durchmesser des Fräsers beträgt 75 mm. Die Spirale soll einen Steigungswinkel von 60° haben. Berechne die Steigung!

Lösung: Bekannt sind $d\pi$ ($= 75 \times 3{,}14$), $\angle\alpha$ ($= 60°$). Gesucht wird S. (Siehe Abb. 31.)

Da es sich um beide Katheten handelt, kommen tang oder cotg in Frage (Seite 45). Das Ergebnis wird dasselbe sein, wie folgende Ausrechnungen zeigen werden:

$$\operatorname{tang}\alpha = \frac{S}{d\pi}.$$

Zahlen eingesetzt:

$$\operatorname{tang} 60° = \frac{S}{75 \cdot 3{,}14}$$

tang 60° laut Tafel $= 1{,}7321$;

ferner: $75 \cdot 3{,}14 = 235{,}50$.

Also: $$1{,}7321 = \frac{S}{235{,}50}.$$

Gelöst nach der Unbekannten S hin:

$$1{,}7321 \cdot 235{,}50 = S.$$

$$407{,}9 = S.$$

$$\mathbf{S = 407{,}9\ mm.}$$

Oder:

$$\operatorname{cotg}\alpha = \frac{d\pi}{S}.$$

$$\operatorname{cotg} 60° = \frac{75 \cdot 3{,}14}{S}.$$

cotg 60° laut Tafel $= 0{,}5774$.

$$0{,}5774 = \frac{235{,}50}{S}.$$

Gelöst nach der Unbekannten S hin:

$$0{,}5774 \cdot S = 235{,}5.$$

$$S = \frac{235{,}5}{0{,}5774}.$$

$$235{,}5 : 0{,}5774 =$$

$$2355000 : 5774 = 407{,}9 \text{ mm.}$$

$$\mathbf{S = 407{,}9\ mm.}$$

2. Beispiel: $d = 120$ mm. $\angle \beta = 20°$. Wie groß ist S?

Lösung: Wiederum sind beide Katheten und ein spitzer Winkel (Einstellwinkel) bekannt. Wiederum können wir also tang oder cotg verwerten. Beachte jedoch, daß es sich diesmal um den Einstellwinkel handelt. S ist demnach nicht die gegenüberliegende Kathete, sondern die anliegende.

Also:

$$\text{tang}\,\beta = \frac{d\pi}{S}.$$

$$\text{tang}\,20° = \frac{120 \cdot 3{,}14}{S}.$$

$$\text{tang}\,20° = 0{,}3640.$$

Demnach

$$0{,}3640 = \frac{376{,}80}{S},$$

gelöst

$$0{,}3640 \cdot S = 376{,}80.$$

$$S = \frac{376{,}80}{0{,}3640}.$$

$$376{,}80 : 0{,}3640 =$$

$$3768000 : 3640 = 1035{,}2.$$

$$\mathbf{S = 1035{,}2\ mm.}$$

Oder:

$$\text{cotg}\,\beta = \frac{S}{d\pi}.$$

$$\text{cotg}\,20° = \frac{S}{120 \cdot 3{,}14}.$$

$$\text{cotg}\,20° = 2{,}7475.$$

$$2{,}7475 = \frac{S}{376{,}80}.$$

$$2{,}7475 \cdot 376{,}80 = S$$

$$\begin{array}{r} 2{,}7475 \\ \times 376{,}80 \\ \hline =1035{,}2 \end{array}$$

$$\mathbf{S = 1035{,}2\ mm.}$$

Merke: Ist die Spiralsteigung zu suchen, so müssen Durchmesser und Steigungs- oder Einstellwinkel gegeben sein. Ich rechne mit tang oder cotg.

1. Aufgabe: Wie groß ist die Spiralsteigung bei einem Steigungswinkel von 60°, wenn der Durchmesser 4, 5, 6, 7, 8 .... bis 300 mm beträgt? Wähle irgendeine Zahl für den Durchmesser!

2. Aufgabe: Der Steigungswinkel soll 65° betragen. Wähle aus 4 bis 300 mm irgendwelche Durchmesser!

3. Aufgabe: Der Steigungswinkel sei 72°.

4. Aufgabe: Der Steigungswinkel sei 75°.

5. Aufgabe: Wie müßten vorstehende Aufgaben lauten, wenn statt des Steigungswinkels der **Einstellwinkel** gegeben sein soll?

In Aufgabe 1 Einstellwinkel = 30° (denn 90 — 60 = 30).

In Aufgabe 2 Einstellwinkel = 25° (denn 90 — 65 = 25).

usw.

6. Aufgabe: Bilde nach folgendem Schema selbst eine Tabelle und führe sie nach Belieben fort!

Fräser-Durchm. *d*	Steig. ∠ = 60° Einst. ∠ = 30°	Steig. ∠ = 65° Einst. ∠ = 25°	Steig. ∠ = 70° Einst. ∠ = 20°	Steig. ∠ = 72° Einst. ∠ = 18°	Steig. ∠ = 80° Einst. ∠ = 10°
	Spiralsteigungen in mm				
4 mm					
5 „					
6 „					
7 „					
usw.					

Trage die gefundenen Werte für die Steigung ein!

In vorstehender Form werden wir die Tabellen in Lehrbüchern und Fachkalendern vorfinden. Nur wird man Steigungszahlen wie 407,9 (siehe Beispiel 1) oder 1035,2 (Beispiel 2) nicht antreffen. Es erweist sich als notwendig, diese Zahlen abzurunden, da es nicht möglich ist, mit einem vorhandenen Wechselrädersatze jede Steigung zu schneiden. So finden wir in den Tabellen statt 407,9 vielleicht 405, statt 1035,2 vielleicht 1050. (Siehe Seite 92: Wechselräderberechnung für Spiralsteigungen.)

Die Steigung der Spiralnuten für Fräser beträgt zwischen 60 bis 80°, da die Praxis diese Werte als günstig herausgefunden hat. Die einzelnen Firmen benutzen verschiedene Steigungswinkel, wie auch die eine Firma mit **mm-Ausmessungen** arbeitet, die andere jedoch als Maßeinheit ″ (Zoll) verwertet.

Es mögen noch einige Beispiele folgen, bei denen die Angaben nach engl. ″ gemacht sind.

3. Beispiel: Bei einem Fräserdurchmesser von $\frac{3}{4}''$ beträgt der Einstellwinkel 18°. Wie groß ist die Steigung?

Lösung: Wir verwerten **tang.** Da der Einstellwinkel gegeben ist, entsteht folgende Gleichung:

$$\operatorname{tang}\beta = \frac{d\pi}{S};$$

$$\operatorname{tang} 18^\circ = \frac{\frac{3}{4}\pi}{S} = \frac{0{,}75\pi}{S}; \quad \operatorname{tang} 18^\circ = 0{,}3249,$$

also
$$0{,}3249 = \frac{0{,}75 \cdot \pi}{S};$$

$$0{,}3249 \cdot S = 0{,}75 \cdot \pi; \quad (0{,}75 \cdot 3{,}14 = 2{,}3550),$$

$$S = \frac{2{,}3550}{0{,}3249} = 2{,}3550 : 0{,}3249$$

$$= 23550 : 3249 = 7{,}24'',$$

abgerundet $7\frac{1}{4}''$ **Steigung.**

Dasselbe Ergebnis würden wir auch erzielt haben, wenn wir statt tang **cotg** gewählt hätten; doch ist es ratsam, bei kleineren Winkeln (etwa bis 20°) tang zu benutzen, bei größeren Winkeln (etwa 70 bis 90°) dagegen cotg.

4. Beispiel: Durchmesser $= 2\frac{3}{8}''$; Steigungswinkel $= 75°$. Wieviel $''$ beträgt die Steigung?

Lösung: Der Steigungswinkel, also $\angle\alpha$, ist gegeben.

$$\operatorname{cotg}\alpha = \frac{d\pi}{S}; \qquad (2\tfrac{3}{8}'' \text{ oder } 2{,}375'')$$

$$\operatorname{cotg} 75^\circ = \frac{2{,}375 \cdot 3{,}14}{S}; \quad (2{,}375 \cdot 3{,}14 = 7{,}4575)$$

$$0{,}2679 = \frac{7{,}4575}{S};$$

$$0{,}2679\, S = 7{,}4575.$$

$$S = \frac{7{,}4575}{0{,}2679} = 7{,}4575 : 0{,}2679 = \mathbf{27{,}83''}.$$

abgerundet **27,85″ Steigung.**

5. Beispiel: Ein Fräser hat einen Durchmesser von 85 mm. Der Einstellwinkel beträgt 20°. Wieviel ″ **Steigung** ergibt sich für die Spirale?

Lösung: Wir führen die Rechnung zunächst mit Millimeter-Maßbezeichnung durch; zum Schluß nehmen wir die Umrechnung in ″ vor. Also

$$\operatorname{tang} \beta = \frac{d\pi}{S},$$

$$\operatorname{tang} 20° = \frac{85 \cdot 3{,}14}{S},$$

$$0{,}3640 = \frac{266{,}90}{S}.$$

$$0{,}3640 \cdot S = 266{,}90.$$

$$S = \frac{266{,}90}{0{,}3640} = 266{,}9 : 0{,}364 = \mathbf{733{,}2\ mm.}$$

733,2 : 25,4 (siehe Anhang Seite 197, Umwandlung von mm in Zoll).

$$= 7332 : 254 = \mathbf{28{,}87''} \quad \text{oder} \quad \mathbf{28\tfrac{7}{8}''} \text{ Steigung.}$$

6. Beispiel: Ein Fräser hat einen Durchmesser von $3\frac{3}{8}''$; der Steigungswinkel beträgt 60°. Wieviel **Millimeter Steigung** ergibt sich für die Spirale?

Lösung: Zunächst mit ″ rechnen; zum Schluß Umrechnung in Millimeter!

$$\operatorname{tang} \alpha = \frac{S}{d \cdot \pi}.$$

$$\operatorname{tang} 60° = \frac{S}{3\frac{3}{8} \cdot 3{,}14}; \quad (3\tfrac{3}{8} \text{ oder } \mathbf{3{,}375 \cdot 3{,}14} = 10{,}5975).$$

$$1{,}7321 = \frac{S}{10{,}5975}.$$

$$1{,}7321 \cdot 10{,}5975 = S.$$

$$18{,}35592975 = S; \quad \text{abgerundet } \mathbf{18{,}36''}.$$

$1'' = 25{,}4$ mm; folglich sind $18{,}36'' = 25{,}4 \cdot 18{,}36 = 466{,}3$ mm.

$$\mathbf{S = 466{,}3\ mm.}$$

7. Aufgabe: Löse nach Muster vom 4. Beispiel!

a)	$d = 2''$;	$\angle \alpha = 75°$;	wie groß ist S in $''$?
b)	$d = 1\frac{1}{8}''$;	$\angle \alpha = 72°$;	,, ,, ,, S ,, $''$?
c)	$d = 3\frac{1}{4}''$;	$\angle \alpha = 70°$;	,, ,, ,, S ,, $''$?
d)	$d = 2\frac{1}{2}''$;	$\angle \beta = 18°$;	,, ,, ,, S ,, $''$?
e)	$d = \frac{5}{8}''$;	$\angle \beta = 20°$;	,, ,, ,, S ,, $''$?
f)	$d = 1\frac{7}{8}''$;	$\angle \beta = 25°$;	,, ,, ,, S ,, $''$?

8. Aufgabe: Benutze als Muster das 5. Beispiel!

a)	$d = 120$ mm;	$\angle \alpha = 65°$;	wie groß ist S in mm?
b)	$d = 80$,, ;	$\angle \alpha = 72°$;	,, ,, ,, S ,, ,, ?
c)	$d = 45$,, ;	$\angle \alpha = 80°$;	,, ,, ,, S ,, ,, ?
d)	$d = 240$,, ;	$\angle \beta = 15°$;	,, ,, ,, S ,, ,, ?
e)	$d = 105$,, ;	$\angle \beta = 18°$;	,, ,, ,, S ,, ,, ?
f)	$d = 135$,, ;	$\angle \beta = 20°$;	,, ,, ,, S ,, ,, ?

9. Aufgabe: Benutze als Muster das 6. Beispiel!

a)	$d = \frac{5}{8}''$;	$\angle \alpha = 70°$;	wie groß ist S in mm?
b)	$d = 1\frac{1}{4}''$;	$\angle \alpha = 75°$;	,, ,, ,, S ,, ,, ?
c)	$d = 3''$;	$\angle \alpha = 65°$;	,, ,, ,, S ,, ,, ?
d)	$d = 4\frac{1}{2}$ mm;	$\angle \beta = 18°$;	,, ,, ,, S ,, $''$?
e)	$d = 5$,, ;	$\angle \beta = 20°$;	,, ,, ,, S ,, $''$?
f)	$d = 6\frac{1}{4}$,, ;	$\angle \beta = 25°$;	,, ,, ,, S ,, $''$?

Vergleiche die Ergebnisse mit den Angaben der Tabelle auf Seite 68.

10. Aufgabe: Bilde nach Art der Tabelle von 6. Aufgabe ähnliche Tabellen nach $''$-Maßen!

Über Umrechnung von Millimetern in Zoll und Zoll in Millimeter siehe Anhang Seite 197.

Tabelle 2[1]). **Spiralsteigungen.**

Fräserdurchmesser	Steigung der Spirale in mm und in engl. Zoll bei einem Einstellwinkel									Fräserdurchmesser
	10° (80°)[2])			**12°** (78°)			**15°** (75°)			
mm	mm	engl. Zoll		mm	engl. Zoll		mm	engl. Zoll		mm
4	71	2,79	$2\frac{13}{16}$	59	2,32	$2\frac{5}{16}$	47	1,85	$1\frac{27}{32}$	**4**
5	89	3,50	$3\frac{1}{2}$	74	2,91	$2\frac{29}{32}$	59	2,32	$2\frac{5}{16}$	**5**
6	107	4,21	$7\frac{7}{32}$	89	3,50	$3\frac{1}{2}$	70	2,76	$2\frac{3}{4}$	**6**
7	125	4,92	$4\frac{15}{16}$	104	4,09	$4\frac{3}{32}$	82	3,23	$3\frac{7}{32}$	**7**
8	143	5,63	$5\frac{5}{8}$	118	4,65	$4\frac{21}{32}$	94	3,70	$3\frac{11}{16}$	**8**
9	160	6,30	$6\frac{5}{16}$	133	5,24	$5\frac{1}{4}$	105	4,13	$4\frac{1}{8}$	**9**
10	178	7,01	7	148	5,83	$5\frac{13}{16}$	117	4,61	$4\frac{19}{32}$	**10**
11	196	7,72	$7\frac{23}{32}$	163	6,42	$6\frac{7}{16}$	129	5,08	$5\frac{1}{16}$	**11**
12	214	8,43	$8\frac{7}{16}$	177	6,97	$6\frac{31}{32}$	141	5,55	$5\frac{9}{16}$	**12**
13	232	9,13	$9\frac{1}{8}$	192	7,56	$7\frac{9}{16}$	158	6,22	$6\frac{7}{32}$	**13**
14	249	9,80	$9\frac{13}{16}$	207	8,15	$8\frac{5}{32}$	164	6,46	$6\frac{15}{32}$	**14**
15	267	10,51	$10\frac{1}{2}$	222	8,74	$8\frac{3}{4}$	176	6,93	$6\frac{15}{16}$	**15**
16	285	11,22	$11\frac{7}{32}$	237	9,33	$9\frac{5}{16}$	188	7,40	$7\frac{13}{32}$	**16**
17	303	11,93	$11\frac{15}{16}$	251	9,88	$9\frac{7}{8}$	199	7,83	$7\frac{27}{32}$	**17**
18	330	12,99	13	266	10,47	$10\frac{15}{32}$	217	8,54	$8\frac{17}{32}$	**18**
19	339	13,35	$13\frac{11}{32}$	281	11,06	$11\frac{1}{16}$	223	8,78	$8\frac{25}{32}$	**19**
20	356	14,02	14	296	11,65	$11\frac{5}{8}$	235	9,25	$9\frac{1}{4}$	**20**
21	374	14,72	$14\frac{23}{32}$	310	12,20	$12\frac{3}{16}$	246	9,69	$9\frac{11}{16}$	**21**
22	392	15,43	$15\frac{7}{16}$	325	12,80	$12\frac{13}{16}$	258	10,16	$10\frac{5}{32}$	**22**
23	410	16,14	$16\frac{1}{8}$	340	13,39	$13\frac{3}{8}$	270	10,63	$10\frac{5}{8}$	**23**
24	428	16,85	$16\frac{7}{8}$	355	13,98	$13\frac{31}{32}$	281	11,06	$11\frac{1}{16}$	**24**
25	445	17,52	$17\frac{1}{2}$	370	14,57	$14\frac{9}{16}$	293	11,54	$11\frac{17}{32}$	**25**
26	463	18,23	$18\frac{1}{4}$	384	15,12	$15\frac{1}{8}$	305	12,01	12	**26**
27	481	18,94	$18\frac{15}{16}$	399	15,71	$15\frac{11}{16}$	317	12,48	$12\frac{15}{32}$	**27**
28	499	19,65	$19\frac{11}{16}$	414	16,30	$16\frac{9}{32}$	328	12,91	$12\frac{29}{32}$	**28**
29	517	20,35	$20\frac{11}{32}$	429	16,89	$16\frac{7}{8}$	340	13,39	$13\frac{3}{8}$	**29**
30	534	21,02	21	443	17,44	$17\frac{7}{16}$	352	13,86	$13\frac{9}{16}$	**30**
31	552	21,73	$21\frac{3}{4}$	458	18,03	$18\frac{1}{32}$	363	14,29	$14\frac{9}{32}$	**31**
32	570	22,44	$22\frac{7}{16}$	473	18,62	$18\frac{5}{8}$	375	14,76	$14\frac{3}{4}$	**32**
33	588	23,15	$23\frac{1}{8}$	488	19,21	$19\frac{7}{32}$	388	15,28	$15\frac{9}{32}$	**33**
34	606	23,86	$23\frac{7}{8}$	502	19,76	$19\frac{3}{4}$	399	15,71	$15\frac{11}{16}$	**34**
35	624	24,57	$24\frac{9}{16}$	518	20,39	$20\frac{3}{8}$	410	16,14	$16\frac{5}{32}$	**35**
36	641	25,24	$25\frac{1}{4}$	532	20,95	$20\frac{15}{16}$	422	16,61	$16\frac{5}{8}$	**36**
37	659	25,95	$25\frac{15}{16}$	547	21,54	$21\frac{9}{16}$	434	17,09	$17\frac{3}{32}$	**37**
38	677	26,65	$26\frac{11}{16}$	562	22,13	$22\frac{1}{8}$	446	17,56	$17\frac{9}{16}$	**38**
40	713	28,07	$28\frac{1}{16}$	591	23,27	$23\frac{1}{4}$	469	18,46	$18\frac{15}{32}$	**40**
42	748	29,45	$29\frac{7}{16}$	621	24,45	$24\frac{7}{16}$	492	19,37	$19\frac{3}{8}$	**42**
44	784	30,87	$30\frac{7}{8}$	650	25,59	$25\frac{5}{8}$	516	20,32	$20\frac{5}{16}$	**44**
45	802	31,58	$31\frac{9}{16}$	665	26,18	$26\frac{3}{16}$	528	20,79	$20\frac{13}{16}$	**45**
46	820	32,28	$32\frac{1}{4}$	680	26,77	$26\frac{3}{4}$	539	21,22	$21\frac{1}{4}$	**46**
48	855	33,66	$33\frac{11}{16}$	710	27,95	$27\frac{15}{16}$	563	22,17	$22\frac{3}{16}$	**48**
50	891	35,08	$35\frac{1}{16}$	739	29,10	$29\frac{1}{8}$	586	23,07	$23\frac{1}{16}$	**50**
55	980	38,58	$38\frac{9}{16}$	813	32,01	32	645	25,39	$25\frac{3}{8}$	**55**

[1]) Nach Schuchardt & Schütte. [2]) Steigungswinkel.

Tabelle 2 (Fortsetzung).

Fräserdurchmesser	Steigung der Spirale in mm und in engl. Zoll bei einem Einstellwinkel												Fräserdurchmesser
	18° (72°)			**20°** (70°)			**22°** (68°)			**25°** (65°)			
mm	mm	engl. Zoll		mm	engl. Zoll		mm	engl. Zoll		mm	engl. Zoll		mm
4	39	1,54	$1\frac{17}{32}$	35	1,38	$1\frac{3}{8}$	31	1,22	$1\frac{7}{32}$	27	1,06	$1\frac{1}{16}$	**4**
5	48	1,89	$1\frac{19}{32}$	43	1,69	$1\frac{11}{16}$	39	1,54	$1\frac{17}{32}$	34	1,34	$1\frac{11}{32}$	**5**
6	58	2,28	$2\frac{9}{32}$	52	2,05	$2\frac{1}{32}$	47	1,85	$1\frac{27}{32}$	40	1,57	$1\frac{9}{16}$	**6**
7	68	2,68	$2\frac{11}{16}$	60	2,36	$2\frac{3}{8}$	54	2,13	$2\frac{1}{8}$	47	1,85	$1\frac{27}{32}$	**7**
8	77	3,03	$3\frac{1}{32}$	69	2,72	$2\frac{23}{32}$	62	2,44	$2\frac{7}{16}$	54	2,13	$2\frac{1}{8}$	**8**
9	87	3,43	$3\frac{7}{16}$	78	3,07	$3\frac{1}{16}$	70	2,76	$2\frac{3}{4}$	61	2,40	$2\frac{13}{32}$	**9**
10	97	3,82	$3\frac{13}{16}$	86	3,39	$3\frac{3}{8}$	77	3,03	$3\frac{1}{32}$	67	2,64	$2\frac{5}{8}$	**10**
11	106	4,17	$4\frac{3}{16}$	95	3,74	$3\frac{3}{4}$	85	3,35	$3\frac{11}{32}$	74	2,91	$2\frac{29}{32}$	**11**
12	116	4,57	$4\frac{9}{16}$	104	4,09	$4\frac{3}{32}$	93	3,66	$3\frac{21}{32}$	81	3,19	$3\frac{3}{16}$	**12**
13	126	4,96	$4\frac{31}{32}$	112	4,41	$4\frac{13}{32}$	101	3,98	$3\frac{31}{32}$	88	3,46	$3\frac{15}{32}$	**13**
14	135	5,32	$5\frac{5}{16}$	121	4,76	$4\frac{3}{4}$	109	4,29	$4\frac{9}{32}$	94	3,70	$3\frac{11}{16}$	**14**
15	145	5,71	$5\frac{23}{32}$	130	5,12	$5\frac{1}{8}$	117	4,61	$4\frac{19}{32}$	101	3,98	$3\frac{31}{32}$	**15**
16	155	6,10	$6\frac{3}{32}$	138	5,43	$5\frac{7}{16}$	124	4,88	$4\frac{7}{8}$	108	4,25	$4\frac{1}{4}$	**16**
17	164	6,46	$6\frac{15}{32}$	147	5,79	$5\frac{25}{32}$	132	5,20	$5\frac{3}{16}$	114	4,49	$4\frac{1}{2}$	**17**
18	174	6,85	$6\frac{17}{32}$	155	6,10	$6\frac{1}{8}$	140	5,51	$5\frac{1}{2}$	121	4,76	$4\frac{3}{4}$	**18**
19	184	7,24	$7\frac{1}{4}$	164	6,46	$6\frac{15}{32}$	148	5,83	$5\frac{13}{16}$	128	5,04	$5\frac{1}{32}$	**19**
20	193	7,60	$7\frac{19}{32}$	173	6,81	$6\frac{13}{16}$	155	6,10	$6\frac{1}{8}$	135	5,32	$5\frac{5}{16}$	**20**
21	203	7,99	8	181	7,13	$7\frac{1}{8}$	163	6,42	$6\frac{7}{16}$	141	5,55	$5\frac{9}{16}$	**21**
22	213	8,39	$8\frac{13}{32}$	190	7,48	$7\frac{15}{32}$	171	6,73	$6\frac{23}{32}$	148	5,83	$5\frac{13}{16}$	**22**
23	222	8,74	$8\frac{3}{4}$	199	7,83	$7\frac{27}{32}$	179	7,05	$7\frac{1}{16}$	155	6,10	$6\frac{1}{8}$	**23**
24	231	9,09	$9\frac{1}{8}$	207	8,15	$8\frac{5}{32}$	187	7,36	$7\frac{3}{8}$	162	6,38	$6\frac{3}{8}$	**24**
25	242	9,53	$9\frac{17}{32}$	216	8,50	$8\frac{1}{2}$	194	7,64	$7\frac{5}{8}$	168	6,61	$6\frac{5}{8}$	**25**
26	251	9,88	$9\frac{7}{8}$	224	8,82	$8\frac{3}{4}$	202	7,95	$7\frac{31}{32}$	175	6,89	$6\frac{7}{8}$	**26**
27	261	10,28	$10\frac{9}{32}$	233	9,17	$9\frac{3}{16}$	210	8,27	$8\frac{9}{32}$	182	7,17	$7\frac{5}{32}$	**27**
28	271	10,67	$10\frac{5}{8}$	242	9,53	$9\frac{17}{32}$	218	8,58	$8\frac{19}{32}$	189	7,44	$7\frac{7}{16}$	**28**
29	280	11,02	$11\frac{1}{32}$	250	9,84	$9\frac{27}{32}$	225	8,86	$8\frac{3}{4}$	195	7,68	$7\frac{11}{16}$	**29**
30	290	11,42	$11\frac{13}{32}$	259	10,20	$10\frac{3}{16}$	233	9,17	$9\frac{3}{16}$	202	7,95	$7\frac{15}{16}$	**30**
31	300	11,81	$11\frac{13}{16}$	268	10,55	$10\frac{9}{16}$	241	9,49	$9\frac{1}{2}$	209	8,23	$8\frac{7}{32}$	**31**
32	309	12,17	$12\frac{5}{32}$	276	10,87	$10\frac{7}{8}$	249	9,80	$9\frac{13}{16}$	215	8,46	$8\frac{15}{32}$	**32**
33	319	12,56	$12\frac{9}{16}$	284	11,18	$11\frac{3}{16}$	256	10,08	$10\frac{3}{32}$	222	8,74	$8\frac{3}{4}$	**33**
34	329	12,95	$12\frac{15}{16}$	293	11,54	$11\frac{17}{32}$	264	10,39	$10\frac{13}{32}$	229	9,02	9	**34**
35	338	13,31	$13\frac{5}{16}$	302	11,89	$11\frac{29}{32}$	272	10,71	$10\frac{23}{32}$	236	9,29	$9\frac{9}{32}$	**35**
36	348	13,70	$13\frac{11}{16}$	311	12,24	$12\frac{1}{4}$	280	11,02	$11\frac{1}{32}$	242	9,53	$9\frac{17}{32}$	**36**
37	358	14,09	$14\frac{3}{32}$	319	12,56	$12\frac{9}{16}$	288	11,34	$11\frac{11}{32}$	250	9,84	$9\frac{27}{32}$	**37**
38	367	14,45	$14\frac{7}{16}$	328	12,91	$12\frac{29}{32}$	295	11,61	$11\frac{5}{8}$	256	10,08	$10\frac{1}{16}$	**38**
40	387	15,24	$15\frac{1}{4}$	345	13,58	$13\frac{19}{32}$	311	12,24	$12\frac{1}{4}$	269	10,59	$10\frac{19}{32}$	**40**
42	406	15,98	16	362	14,25	$14\frac{1}{4}$	326	12,83	$12\frac{27}{32}$	283	11,14	$11\frac{5}{32}$	**42**
44	425	16,73	$16\frac{3}{4}$	380	14,96	$14\frac{31}{32}$	342	13,46	$13\frac{15}{32}$	296	11,65	$11\frac{21}{32}$	**44**
45	435	17,13	$17\frac{1}{8}$	389	15,32	$15\frac{5}{16}$	350	13,78	$13\frac{25}{32}$	303	11,93	$11\frac{15}{16}$	**45**
46	445	17,52	$17\frac{17}{32}$	405	15,95	$15\frac{15}{16}$	358	14,09	$14\frac{3}{32}$	310	12,20	$12\frac{7}{32}$	**46**
48	464	18,27	$18\frac{9}{32}$	414	16,30	$16\frac{9}{32}$	373	14,69	$14\frac{11}{16}$	323	12,72	$12\frac{23}{32}$	**48**
50	483	19,02	19	432	17,01	17	389	15,32	$15\frac{5}{16}$	337	13,27	$13\frac{9}{32}$	**50**
55	532	20,95	$20\frac{15}{16}$	475	18,70	$18\frac{11}{16}$	427	16,81	$16\frac{13}{16}$	370	14,57	$14\frac{9}{16}$	**55**

Tabelle 2 (Fortsetzung).

Fräser-durch-messer	Steigung der Spirale in mm und in engl. Zoll bei einem Einstellwinkel									Fräser-durch-messer
	10°			12°			15°			
mm	mm	engl. Zoll		mm	engl. Zoll		mm	engl. Zoll		mm
58	1033	40,67	40 5/8	857	33,74	33 3/4	680	26,77	26 3/4	**58**
60	1069	42,09	42 1/8	887	34,92	34 15/16	703	27,68	27 11/16	**60**
62	1105	43,51	43 1/2	916	36,06	36 1/16	727	28,62	28 5/8	**62**
65	1158	45,59	45 5/8	961	37,84	37 7/8	762	30	30	**65**
68	1211	47,68	47 5/8	1005	39,57	39 9/16	797	31,38	31 3/8	**68**
70	1247	49,10	49 1/8	1035	40,75	40 3/4	821	32,32	32 5/16	**70**
75	1336	52,60	52 5/8	1109	43,66	43 5/8	879	34,61	34 5/8	**75**
80	1425	56,10	56 1/8	1183	46,58	46 5/8	938	36,93	36 15/16	**80**
85	1514	59,61	59 5/8	1256	49,45	49 1/2	997	39,25	39 1/4	**85**
90	1603	63,11	63 1/8	1330	52,36	52 3/8	1055	41,54	41 1/2	**90**
95	1693	66,66	66 5/8	1404	55,28	55 1/4	1114	43,86	43 7/8	**95**
100	1782	70,16	70 1/8	1478	58,19	58 1/4	1172	46,14	46 1/8	**100**
105	1871	73,66	73 5/8	1562	61,10	61 1/8	1231	48,47	48 1/2	**105**
110	1960	77,17	77 1/8	1626	64,02	64	1290	50,79	50 3/4	**110**
115	2049	80,67	80 5/8	1700	66,93	67	1348	53,07	53	**115**
120	2138	84,18	84 1/8	1774	69,84	69 7/8	1407	55,40	55 3/8	**120**
125	2227	87,68	87 5/8	1848	72,76	72 3/4	1466	57,72	57 3/4	**125**
130	2316	91,18	91 1/8	1922	75,67	75 5/8	1524	60,06	60	**130**
135	2405	94,69	94 5/8	1995	78,55	78 1/2	1583	62,32	62 3/8	**135**
140	2494	98,19	98 1/8	2069	81,46	81 1/2	1641	64,61	64 5/8	**140**
145	2583	101,70	101 5/8	2143	84,37	84 3/8	1700	66,93	67	**145**
150	2672	105,20	105 1/8	2217	87,29	87 1/4	1759	69,25	69 1/4	**150**
155	2781	109,49	109 1/2	2291	90,20	90 1/4	1817	71,54	71 1/2	**155**
160	2851	112,25	112 1/4	2365	93,11	93 1/8	1876	73,86	73 7/8	**160**
165	2940	115,75	115 3/4	2439	96,03	96	1934	76,14	76 1/8	**165**
170	3029	119,25	119 1/4	2513	98,94	99	1993	78,47	78 1/2	**170**
175	3118	122,76	122 3/4	2587	101,85	101 7/8	2052	80,79	80 3/4	**175**
180	3207	126,26	126 1/4	2661	104,77	104 3/4	2110	83,07	83	**180**
185	3296	129,77	129 3/4	2734	107,64	107 5/8	2169	85,40	85 3/8	**185**
190	3385	133,27	133 1/4	2808	110,55	110 1/2	2228	87,72	87 3/4	**190**
195	3474	136,77	136 3/4	2882	113,47	113 1/2	2286	90	90	**195**
200	3563	140,28	140 1/4	2956	116,38	116 3/8	2345	92,33	92 3/8	**200**
210	3741	147,29	147 1/4	3104	122,21	122 1/4	2462	96,93	97	**210**
220	3920	154,33	154 1/4	3552	128,03	128	2579	101,54	101 1/2	**220**
230	4098	161,34	161 3/8	3403	133,86	133 7/8	2697	106,18	106 1/8	**230**
240	4276	168,35	168 3/8	3547	139,65	139 5/8	2814	110,79	110 3/4	**240**
250	4454	175,36	175 3/8	3695	145,48	145 1/2	2931	115,40	115 3/8	**250**
260	4632	182,37	182 3/8	3843	151,30	151 1/4	3048	120	120	**260**
270	4810	189,37	189 3/8	3991	157,13	157 1/8	3166	124,65	124 5/8	**270**
280	4988	196,38	196 3/8	4137	162,88	162 7/8	3283	128,24	128 1/4	**280**
290	5167	203,43	203 3/8	4287	168,78	168 3/4	3400	133,86	133 7/8	**290**
300	5845	210,44	210 3/8	4434	174,57	174 5/8	3517	188,47	138 1/2	**300**

Tabelle 2 (Fortsetzung).

Fräserdurchmesser	Steigung der Spirale in mm und in engl. Zoll bei einem Einstellwinkel												Fräserdurchmesser
	18°			20°			22°			25°			
mm	mm	engl. Zoll		mm	engl. Zoll		mm	engl. Zoll		mm	engl. Zoll		mm
58	561	22,09	$22\frac{7}{8}$	501	19,72	$19\frac{23}{32}$	451	17,76	$17\frac{3}{4}$	391	15,40	$15\frac{13}{32}$	**58**
60	580	22,84	$22\frac{13}{16}$	518	20,39	$20\frac{3}{8}$	466	18,35	$18\frac{11}{32}$	404	15,91	$15\frac{29}{32}$	**60**
62	600	23,62	$23\frac{5}{8}$	535	21,06	$21\frac{1}{16}$	482	18,98	19	418	16,46	$16\frac{15}{32}$	**62**
65	629	24,76	$24\frac{3}{4}$	561	22,09	$22\frac{1}{8}$	505	19,88	$19\frac{7}{8}$	438	17,24	$17\frac{1}{4}$	**65**
68	658	25,91	$25\frac{7}{8}$	587	23,11	$23\frac{1}{8}$	528	20,79	$20\frac{13}{16}$	458	18,03	$18\frac{1}{32}$	**68**
70	677	26,65	$26\frac{5}{8}$	604	23,78	$23\frac{3}{4}$	544	21,42	$21\frac{7}{16}$	471	18,54	$18\frac{17}{32}$	**70**
75	725	28,54	$28\frac{9}{16}$	647	25,47	$25\frac{1}{2}$	583	22,95	$22\frac{15}{16}$	505	19,88	$19\frac{7}{8}$	**75**
80	774	30,47	$30\frac{1}{2}$	690	27,17	$27\frac{3}{16}$	622	24,49	$24\frac{1}{2}$	539	21,22	$21\frac{17}{32}$	**80**
85	822	32,36	$32\frac{3}{8}$	733	28,86	$28\frac{7}{8}$	661	26,02	26	572	22,52	$22\frac{1}{2}$	**85**
90	870	34,25	$34\frac{1}{4}$	776	30,55	$30\frac{9}{16}$	699	27,52	$27\frac{1}{2}$	606	23,86	$23\frac{7}{8}$	**90**
95	919	36,18	$36\frac{3}{16}$	820	32,28	$32\frac{5}{16}$	738	29,06	$29\frac{1}{16}$	640	25,20	$25\frac{3}{16}$	**95**
100	967	38,07	$38\frac{1}{16}$	863	33,98	34	777	30,59	$30\frac{9}{16}$	673	26,50	$26\frac{1}{2}$	**100**
105	1015	39,96	40	906	35,67	$35\frac{11}{16}$	816	32,13	$32\frac{1}{8}$	707	27,84	$27\frac{13}{16}$	**105**
110	1064	41,89	$41\frac{7}{8}$	949	37,36	$37\frac{3}{8}$	855	33,66	$33\frac{11}{16}$	741	29,17	$29\frac{3}{16}$	**110**
115	1112	43,78	$43\frac{3}{8}$	993	39,10	$39\frac{1}{8}$	894	35,20	$35\frac{3}{16}$	774	30,47	$30\frac{7}{16}$	**115**
120	1160	45,67	$45\frac{5}{8}$	1036	40,79	$40\frac{3}{4}$	933	36,73	$36\frac{3}{4}$	808	31,81	$31\frac{13}{16}$	**120**
125	1209	47,60	$47\frac{5}{8}$	1079	41,06	41	972	38,27	$38\frac{1}{4}$	842	33,15	$33\frac{1}{8}$	**125**
130	1257	49,49	$49\frac{1}{2}$	1122	44,17	$44\frac{1}{8}$	1010	39,80	$39\frac{3}{4}$	875	34,45	$34\frac{7}{16}$	**130**
135	1305	51,38	$51\frac{3}{8}$	1165	45,87	$45\frac{7}{8}$	1050	41,34	$41\frac{1}{4}$	909	35,79	$35\frac{11}{16}$	**135**
140	1354	53,31	$53\frac{1}{4}$	1208	47,56	$47\frac{1}{2}$	1090	42,91	$42\frac{7}{8}$	943	37,13	$37\frac{1}{8}$	**140**
145	1402	55,20	$55\frac{1}{4}$	1252	49,29	$49\frac{1}{4}$	1127	44,37	$44\frac{3}{8}$	976	38,43	$38\frac{7}{16}$	**145**
150	1450	57,09	$57\frac{1}{8}$	1295	50,99	51	1166	45,91	$45\frac{7}{8}$	1010	39,80	$39\frac{3}{4}$	**150**
155	1499	59,02	59	1338	52,68	$52\frac{5}{8}$	1205	47,44	$47\frac{1}{2}$	1044	41,10	$41\frac{1}{8}$	**155**
160	1547	60,91	$60\frac{7}{8}$	1381	54,37	$54\frac{3}{8}$	1244	48,98	49	1077	42,40	$42\frac{3}{8}$	**160**
165	1596	62,84	$62\frac{7}{8}$	1424	56,06	56	1282	50,47	$50\frac{1}{2}$	1111	43,74	$43\frac{3}{4}$	**165**
170	1644	64,73	$64\frac{3}{4}$	1467	57,76	$57\frac{3}{4}$	1321	52,01	52	1145	45,08	$45\frac{1}{8}$	**170**
175	1692	66,62	$66\frac{5}{8}$	1511	59,49	$59\frac{1}{2}$	1360	53,54	$53\frac{1}{2}$	1178	46,38	$46\frac{3}{8}$	**175**
180	1741	68,55	$68\frac{1}{2}$	1554	61,18	$61\frac{1}{8}$	1399	55,08	55	1212	47,72	$47\frac{3}{4}$	**180**
185	1789	70,43	$70\frac{1}{2}$	1597	62,88	$62\frac{7}{8}$	1438	56,62	$56\frac{5}{8}$	1246	49,06	49	**185**
190	1837	72,32	$72\frac{3}{8}$	1640	64,57	$64\frac{5}{8}$	1477	58,15	$58\frac{1}{8}$	1279	50,36	$50\frac{3}{8}$	**190**
195	1886	74,25	$74\frac{1}{4}$	1683	66,26	$66\frac{1}{4}$	1516	59,69	$59\frac{5}{8}$	1313	51,70	$51\frac{3}{4}$	**195**
200	1934	76,14	$76\frac{1}{8}$	1726	67,95	68	1554	61,18	$61\frac{1}{8}$	1347	53,03	53	**200**
210	2031	79,96	79	1813	71,38	$71\frac{3}{8}$	1632	64,25	$64\frac{1}{4}$	1414	55,67	$55\frac{5}{8}$	**210**
220	2127	83,74	$83\frac{3}{4}$	1899	74,77	$74\frac{3}{4}$	1710	67,32	$67\frac{3}{8}$	1481	58,31	$58\frac{1}{4}$	**220**
230	2224	87,56	$87\frac{1}{2}$	1985	78,15	$78\frac{1}{8}$	1788	70,40	$70\frac{3}{8}$	1549	60,98	61	**230**
240	2310	90,95	91	2072	81,58	$81\frac{5}{8}$	1865	73,43	$73\frac{3}{8}$	1616	63,62	$63\frac{5}{8}$	**240**
250	2417	95,19	$95\frac{1}{8}$	2158	84,96	85	1943	76,50	$76\frac{1}{2}$	1684	66,46	$66\frac{1}{2}$	**250**
260	2514	98,98	99	2244	88,35	$85\frac{3}{8}$	2021	79,57	$79\frac{1}{2}$	1751	68,94	$68\frac{7}{8}$	**260**
270	2611	102,80	$102\frac{3}{4}$	2330	91,73	$88\frac{1}{4}$	2098	82,60	$82\frac{5}{8}$	1818	71,58	$71\frac{5}{8}$	**270**
280	2708	106,62	$106\frac{5}{8}$	2417	95,16	$95\frac{1}{8}$	2176	85,67	$85\frac{5}{8}$	1886	74,25	$74\frac{1}{4}$	**280**
290	2804	110,40	$110\frac{3}{8}$	2503	98,55	$98\frac{1}{2}$	2254	88,74	$88\frac{3}{4}$	1953	76,89	$76\frac{7}{8}$	**290**
300	2901	114,22	$114\frac{1}{4}$	2589	101,93	102	2332	91,81	$91\frac{3}{4}$	2020	79,53	$79\frac{1}{2}$	**300**

B. Die Universalfräsmaschine und ihre Berechnungen.

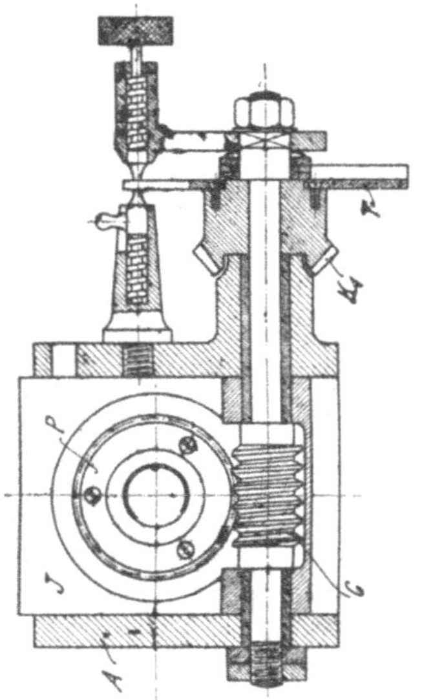

Abb. 33. Universalteilapparat.

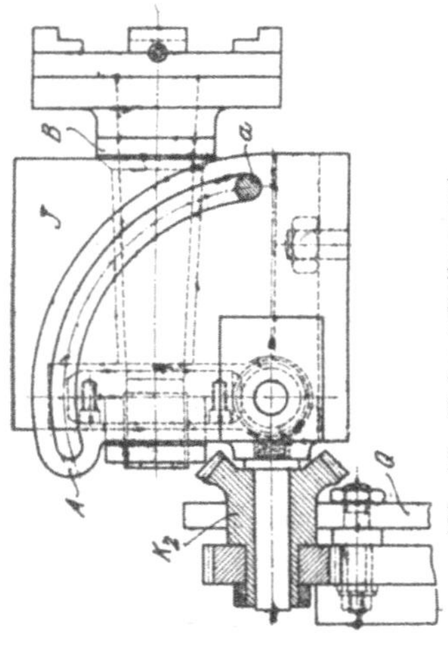

Abb. 32. Universalteilapparat.

Die Universalfräsmaschine verdient ihren Namen mit Recht; denn es gibt kaum eine Fräsarbeit, die auf dieser Maschine nicht geleistet werden könnte, wenn auch für Massenfabrikation sich bestimmte Spezialmaschinen als vorteilhafter erwiesen haben. Es liegt nicht im Rahmen dieses Buches, alle im Gebrauch befindlichen Typen der Universalfräsmaschinen nach ihrer Konstruktion zu würdigen und ihre Vorzüge gegeneinander abzuwägen. Gute Spezialliteratur steht dem Leser darüber zur Verfügung. Es sei an das im Verlage von Julius Springer, Berlin, erschienene „Handbuch der Fräserei“ von Jurthe-Mietzschke erinnert.

Ihre Vielseitigkeit verdankt die Universalfräsmaschine der Verwendung eines drehbaren Arbeitstisches, der zur Aufnahme vieler wichtiger Nebenapparate dienen kann, von denen wiederum der Teilkopf der wichtigste ist. Bei allen Arbeiten, bei denen der Teilkopf zur Verwendung gelangt, werden an die Rechenfertigkeit des Arbeiters bedeutende Ansprüche gestellt. Das ist namentlich der Fall beim Gewindeschneiden, bei den Spiralarbeiten und bei den Teilarbeiten. Es stehen zwar Tabellen zur Verfügung, die nach einiger Übung von dem Arbeiter richtig angewandt werden; dem intelligenten Arbeiter wird das geistlose

Arbeiten nach solchen Tabellen jedoch nicht genügen. Er will wissen, wie die Tabellen entstanden sind; er will im Notfalle ohne sie arbeiten können; er will befähigt sein, auch Arbeiten, die nicht im Rahmen dieser Tabellen liegen, aus eigener Kraft ausführen zu können. Dahin wollen ihn die folgenden Darlegungen bringen.

14. Der Teilkopf.

Seine Beschreibung soll an dieser Stelle nur so weit erfolgen, wie für die nachfolgenden Darlegungen nötig ist. (Siehe Abb. 32 und 33.)

J bezeichnet das Gehäuse des Teilkopfes, das mitsamt der Teilkopfspindel *B* bis zu 90° geschwenkt werden kann, ohne daß das Schneckenrad *P* den Eingriff mit Schnecke *C* verliert (Universal-Teilkopf!). Während die Schnecke 1- bis 3gängig zur Anwendung kommt, gibt man dem Schneckenrad 40, 60, 80, 120, 160, 180 oder 240 Zähne, so daß die Übersetzungen bei den verschiedenen Fabrikaten sehr verschieden sind.

Stelle darum zunächst das Übersetzungsverhältnis zwischen Schnecke und Schneckenrad fest!

Merke:

1gäng.	Schnecke	und	40er	Schneckenrad	=	Übers.	1 : 40
2	,,	,,	80 ,,	,,	=	,,	1 : 40
3	,,	,,	120 ,,	,,	=	,,	1 : 40
1gäng.	Schnecke	und	60er	Schneckenrad	=	Übers.	1 : 60
2	,,	,,	120 ,,	,,	=	,,	1 : 60
3	,,	,,	180 ,,	,,	=	,,	1 : 60
1gäng.	Schnecke	und	80er	Schneckenrad	=	Übers.	1 : 80
2	,,	,,	160 ,,	,,	=	,,	1 : 80
3	,,	,,	240 ,,	,,	=	,,	1 : 80.

Vorn auf dem Schneckenbolzen sitzt die Teilscheibe *T*, die mit dem konischen Triebe K_1 verbunden ist. In diesen Trieb greift der ebenfalls konische Trieb K_2, dessen Bolzen zugleich zur Aufnahme eines Wechselrades eingerichtet ist. Durch diese Anordnung wird es möglich, unter Ausnutzung der hohen inneren Übersetzung die von der Tischspindel kommende Bewegung zur Teilkopfspindel zu übertragen. Abb. 34 bringt die bei dieser

Übertragung in Betracht kommenden Räder schematisch geordnet:

Sp = Tischspindel,
A = Wechselrad an der Tischspindel,
B_1 und B_2 = Wechselrader auf der Schere,
D = Wechselrad auf der Nabe von K_1 (siehe auch Abb. 32),
K_1 = konischer Trieb, eingreifend in
K_2 = konischer Trieb an der Teilscheibe,
C = Schnecke,
P = Schneckenrad,
M = Teilkopfspindel.

Nehmen wir die Schnecke C als eingängig an und das Schneckenrad P mit 40 Zähnen, so wäre bei Benutzung gleichgroßer Wechsel-

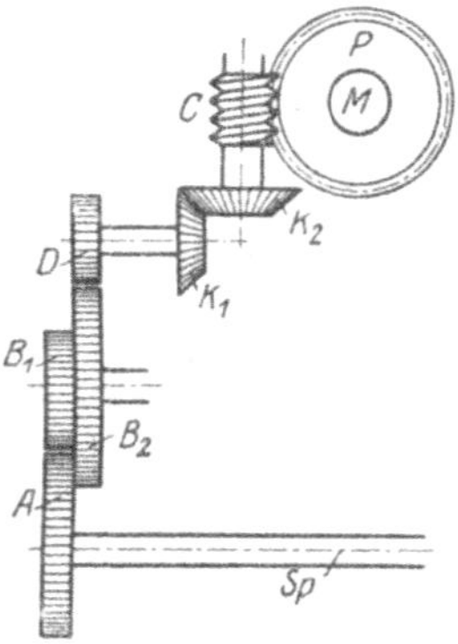

Abb. 34. Räderanordnung zum Fräsen großer Steigungen.

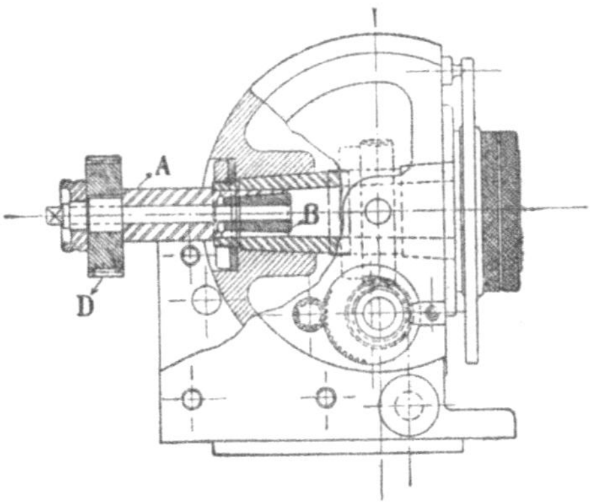

Abb. 35. Wanderer-Teilkopf mit Vorrichtung zum Gewindeschneiden.

räder das Übersetzungsverhältnis = 1 : 40. Durch entsprechende Auswahl von Wechselrädern kann jedes andere Verhältnis erzielt werden. Infolge der großen Übersetzung zwischen Schnecke und Schneckenrad eignet sich die vorstehende Anordnung der Räder vorzüglich zum Fräsen von Spiralen mit großen Steigungen. Aber auch Gewinde mit kleinen Steigungen können auf der Universalfräsmaschine hergestellt werden. Beim Wanderer-Teilkopf ist für diese Zwecke folgende Einrichtung getroffen:

In die innere Bohrung der Teilkopfspindel wird ein Spreizkonus (B in Abb. 35) mit Zugschraube und Radbolzen (A) angebracht. Nun ordnet man die Wechselräder folgendermaßen an:

1. Wechselrad auf Tischspindel,
2. und 3. Wechselrad auf die Schere,
4. Wechselrad auf Radbolzen *A*.

Die Übersetzung zwischen Schnecke und Schneckenrad ist auf diese Weise umgangen worden. Der Wanderer-Teilkopf besitzt außerdem noch eine sinnreiche Einrichtung, durch die während des Gewindefräsens die Schnecke vom Schneckenrad losgelöst werden kann, um ein nutzloses Mitlaufen zu vermeiden.

15. Das Gewindefräsen.

Durch Verwendung zum Gewindeschneiden hat sich die Universalfräsmaschine ein Gebiet erobert, das bisher uneingeschränkt von der Drehbank beherrscht wurde. Ist der Drehbank dadurch auch ein starker Konkurrent erstanden, so wird sie jedoch nie

Abb. 36. Wanderer Universalfräsmaschine mit Fräserkopf zum Gewindeschneiden.

gänzlich das Gebiet des Gewindeschneidens an diesen verlieren, ist doch z. B. Flachgewinde überhaupt nicht auf der Universalfräsmaschine zu schneiden. In größeren Betrieben wird man vorteilhafter Spezial-Gewindefräsmaschinen benutzen.

Soll auf der Universalfräsmaschine Gewinde hergestellt werden, so ist der in Abb. 36 erkennbare Fräserkopf zu benutzen, durch den der Fräser so gestellt wird, daß seine Achse der Achse des Arbeitsstückes parallel läuft.

Die Teilkopfschnecke wird ausgelöst; die Wechselräder stellen die Verbindung der Tischspindel mit der Teilkopfspindel direkt her, d. h. unter Umgehung der inneren Übersetzung (siehe vorige Seite).

Die Ausrechnung der Wechselräder vollzieht sich in derselben Weise, wie sie in meinem Buche „Der Dreher als Rechner" für die Drehbank in klarer und anschaulicher Weise dargelegt wird. (Siehe die §§ 16 bis 34 dieses Buches.)

Als eine der wichtigsten aller Regeln haben wir dort folgende aufgestellt: Beginne bei Aufstellung des Verhältnisses stets mit der Drehspindel! Da bei der Drehbank die Drehspindel das erste treibende Rad erhält, so hätten wir die Regel auch so ausdrücken können: Beginne stets mit der Spindel, die das erste treibende Rad erhält. Das ist aber in diesem Falle bei der Universalfräsmaschine die Tischspindel. Darum merke:

Beginne bei Aufstellung des Verhältnisses stets mit der Tischspindel!

Wir benutzen bei den Berechnungen folgende Abkürzungen:

TSp = Tischspindel,
TSt = Tischspindelsteigung,
TG = Tischspindelgänge,
ASp = Teilkopf-(Arbeits-)Spindel,
ASt = Arbeitsstücksteigung,
AG = Arbeitsstückgänge,
Gv = Gangverhältnis,
Stv = Steigungsverhältnis,
Rv = Radverhältnis,
TR = Tischspindelrad,
AR = Arbeitsspindel-(Teilkopfspindel-)Rad.

a) Berechnung der Wechselräder.

Die folgenden Berechnungen beziehen sich auf eine Wanderer-Universalfräsmaschine mit Wanderer-Teilkopf. (Siehe Abb. 36.)

An Wechselrädern sind vorhanden:

24, 28, 32, 40, 48, 56, 64, 72, 86, 100, 105.

Die Tischspindel hat 4 Gang, d. i. $\frac{1}{4}''$ Steigung.

1. Beispiel: Es soll ein Gewinde von $\frac{5}{16}''$ Steigung geschnitten werden.

Lösung: a) TSp $= \frac{1}{4}''$ Steigung; ASp $= \frac{5}{16}''$ Steigung;

b) Stv: $\frac{1}{4} : \frac{5}{16} = \frac{4}{16} : \frac{5}{16} = 4 : 5 = \frac{4}{5}$;

Rv : $\frac{4}{5}$;

c) $\frac{4}{5} = \frac{2 \cdot 2}{1 \cdot 5} = \frac{64 \cdot 40}{32 \cdot 100}$ als Wechselräder.

64er Rad = treibendes Rad an Tischspindel,
32 „ „ = getriebenes Rad an Stelleisen,
40 „ „ = treibendes Rad hinten an Stelleisen,
100 „ „ = getriebenes Rad an Spezialdorn.

Probe: $\frac{64 \cdot 40}{32 \cdot 100}$, gekürzt $\frac{2 \cdot 2}{1 \cdot 5} = \frac{4}{5}$.

$$\text{TR} : \text{AR} = \text{TSt} : \text{ASt}$$

$$4 : 5 = \tfrac{1}{4} : ?$$

$$\frac{5 \cdot 1}{4 \cdot 4} = \frac{5}{16}'' \textbf{ Steigung.}$$

2. Beispiel: Es sollen $\frac{7}{16}''$ geschnitten werden.

Lösung: a) TSp $= \frac{1}{4}''$ Steigung; ASp $= \frac{7}{16}''$ Steigung;

b) Stv: $\frac{1}{4} : \frac{7}{16} = \frac{4}{16} : \frac{7}{16} = 4 : 7 = \frac{4}{7}$,

Rv: $\frac{4}{7}$;

c) $\frac{4}{7} = \frac{32}{56}$, dazu irgendein Zwischenrad.

Probe: $\frac{32}{56} = \frac{4}{7}$.

$$\text{TR} : \text{AR} = \text{TSt} : \text{ASt}$$

$$4 : 7 = \tfrac{1}{4} : ?$$

$$\frac{7 \cdot 1}{4 \cdot 4} = \frac{7}{16}'' \textbf{ Steigung.}$$

3. Beispiel: Es sollen $6\frac{2}{5}$ Gang geschnitten werden.

Lösung: a) TSp $= \frac{1}{4}''$ Steigung; ASp $= \frac{5}{32}''$ Steigung,
denn $6\frac{2}{5}$ Gang $= \frac{32}{5}$ Gang $= \frac{5}{32}''$ Steigung;

b) Stv : $\frac{1}{4} : \frac{5}{32} = \frac{8}{32} : \frac{5}{32} = 8 : 5 = \frac{8}{5}$;
Rv : $\frac{8}{5}$;

c) $\frac{8}{5} = \dfrac{64}{40}$, dazu irgendein Verbindungsrad.

Probe: $\frac{64}{40} = \frac{8}{5}$.

$$\text{TR} : \text{AR} = \text{TSt} : \text{ASt}$$
$$8 : 5 = \tfrac{1}{4} : ?$$
$$\frac{5 \cdot 1}{8 \cdot 4} = \tfrac{5}{32}''\ \text{Steigung} = \tfrac{32}{5} = \mathbf{6\tfrac{2}{5}\ Gang.}$$

4. Beispiel: Es sollen $1\frac{3}{4}$ Gang geschnitten werden.

Lösung: a) TSp $= 4$ Gang; denn $\frac{1}{4}''$ Steig. $= \frac{4}{1} = 4$ Gang,
ASp $= 1\frac{3}{4}$ Gang;

b) Gv : $4 : 1\frac{3}{4} = \frac{16}{4} : \frac{7}{4} = 16 : 7 = \frac{16}{7}$.
Rv : $\frac{7}{16}$;

c) $\frac{7}{16} = \dfrac{1 \cdot 7}{2 \cdot 8} = \dfrac{24 \cdot 56}{48 \cdot 64}$.

Probe: $\dfrac{24 \cdot 56}{48 \cdot 64}$, gekürzt $\dfrac{1 \cdot 7}{2 \cdot 8} = \frac{7}{16}$.

$$\text{TR} : \text{AR} = \text{AG} : \text{TG}$$
$$7 : 16 = ? : 4$$
$$\frac{7 \cdot 4}{16} = \frac{7 \cdot 1}{4} = \tfrac{7}{4} = \mathbf{1\tfrac{3}{4}\ Gang.}$$

Während wir bei der 1. bis 3. Aufgabe das Steigungsverhältnis benutzten und bei der Probe die Steigungsproportion anwandten, gingen wir in der 4. Aufgabe von dem Gangverhältnis aus; in der Probe verwerteten wir die Gangproportion. Sollte irgendetwas unverständlich erscheinen, so sind die betreffenden Paragraphen des Buches „Der Dreher als Rechner“ aufzusuchen; sie werden gute Erläuterung bringen.

5. Beispiel: Es sollen $1\frac{4}{5}$ Gang geschnitten werden.

Lösung: a) $TSp = 4$ Gang; $ASp = 1\frac{4}{5}$ Gang;

b) $Gv : 4 : 1\frac{4}{5} = \frac{20}{5} : \frac{9}{5} = 20 : 9 = \frac{20}{9}$,

$Rv : \frac{9}{20}$;

c) $$\frac{9}{20} = \frac{3 \cdot 3}{4 \cdot 5} = \frac{48 \cdot 24}{64 \cdot 40} \text{ oder } \frac{48 \cdot 24}{40 \cdot 64}.$$

Probe: $$\frac{48 \cdot 24}{40 \cdot 64}, \text{ gekürzt } \frac{3 \cdot 3}{5 \cdot 4} = \frac{9}{20}.$$

$$TR : AR = AG : TG$$

$$9 : 20 = ? : 4$$

$$\frac{9 \cdot 4}{20} = \frac{9 \cdot 1}{5} = \frac{9}{5} = 1\frac{4}{5} \textbf{ Gang.}$$

1. Aufgabe: Es sollen geschnitten werden:

a) $\frac{9}{16}''$ Steig.	d) $\frac{1}{6}''$ Steig.	g) $\frac{2}{9}''$ Steig.	k) $\frac{1}{2}''$ Steig.
b) $\frac{3}{8}''$ „	e) $\frac{1}{4}''$ „	h) $\frac{4}{7}''$ „	l) $\frac{3}{5}''$ „
c) $1\frac{3}{32}''$ „	f) $\frac{5}{6}''$ „	i) $\frac{2}{5}''$ „	m) $\frac{8}{9}''$ „

2. Aufgabe: Es sollen geschnitten werden:

a) 2 Gang	d) $\frac{7}{8}$ Gang	g) $4\frac{1}{2}$ Gang	k) 4 Gang
b) $1\frac{1}{3}$ „	e) $1\frac{1}{2}$ „	h) $1\frac{1}{7}$ „	l) $2\frac{2}{7}$ „
c) $2\frac{1}{4}$ „	f) $1\frac{1}{4}$ „	i) $\frac{5}{6}$ „	m) $3\frac{1}{5}$ „

Wird in einem Betriebe die Universalfräsmaschine häufig zum Gewindeschneiden herangezogen, so wird es vorkommen, daß der vorhandene Rädersatz, der verhältnismäßig wenig Räder aufweist, keine passenden Räder finden läßt, um auch seltenere und unnormale Gewinde zu fräsen. Der Rädersatz müßte dann etwa auf folgende Räder erweitert werden:

24, 28, 32, 40, 48, 56, 60, 64, 72, 80, 86, 88, 96, 97, 100, 105.

Es wird sich jetzt eine große Anzahl weiterer Gewinde fräsen lassen; da das 97er Rad dabei ist, können auch Steigungen nach Modul geschnitten werden.

Ist die Gewindesteigung in Millimeter bekannt, so werden wir mit Näherungswerten rechnen müssen. Es mögen einige schwierigere Beispiele folgen unter Benutzung des erweiterten Rädersatzes.

6. Beispiel: Es sollen $1\frac{5}{6}$ Gang geschnitten werden.

Lösung: a) TSp $= \frac{1}{4}''$ Steigung, ASp $= \frac{6}{11}''$ Steigung,

denn $1\frac{5}{6}$ Gang $= \frac{11}{6}$ Gang $= \frac{6}{11}''$ Steigung;

b) Stv : $\frac{1}{4} : \frac{6}{11} = \frac{11}{44} : \frac{24}{44} = 11 : 24 = \frac{11}{24}$,

Rv : $\frac{11}{24}$;

c) $$\frac{11}{24} = \frac{1 \cdot 11}{3 \cdot 8} = \frac{24 \cdot 88}{72 \cdot 64} \text{ oder } \frac{88 \cdot 24}{64 \cdot 72}.$$

Probe: $\frac{88 \cdot 24}{64 \cdot 72}$, gekürzt $\frac{11 \cdot 1}{8 \cdot 3} = \frac{11}{24}$.

$$\text{TR} : \text{AR} = \text{AG} : \text{TG}$$

$$11 : 24 = \,?\, : 4$$

$$\frac{11 \cdot 4}{24} = \frac{11 \cdot 1}{6} = \frac{11}{6} = 1\tfrac{5}{6} \textbf{ Gang.}$$

7. Beispiel: Es soll eine Schnecke gefräst werden; Steigung $2\frac{1}{2}$ Modul.

Lösung: a) TSp $= \frac{1}{4}''$ Steigung, ASp $= \frac{30}{97}''$ Steigung,

denn 1 Modul $= \frac{12}{97}''$,

$2\frac{1}{2}$ oder $\frac{5}{2}$ Modul $= \frac{12}{97} \cdot \frac{5}{2} = \frac{30}{97}''$ Steigung;

b) Stv : $\frac{1}{4} : \frac{30}{97} = \frac{97}{388} : \frac{120}{388} = 97 : 120 = \frac{97}{120}$,

Rv : $\frac{97}{120}$;

c) $$\frac{97}{120} = \frac{1 \cdot 97}{3 \cdot 40} = \frac{24 \cdot 97}{72 \cdot 40} \text{ oder } \frac{97 \cdot 24}{40 \cdot 72}.$$

Probe: $\frac{97 \cdot 24}{40 \cdot 72}$, gekürzt $\frac{97 \cdot 1}{40 \cdot 3} = \frac{97}{120}$.

$$\text{TR} : \text{AR} = \text{TSt} : \text{ASt}$$

$$97 : 120 = \tfrac{1}{4} : \,?$$

$$\frac{120 \cdot 1}{97 \cdot 4} = \frac{30 \cdot 1}{97 \cdot 1} = \frac{30}{97}'' \text{ Steigung.}$$

$\frac{30}{97}''$ Steigung $= 2\frac{1}{2}$ **Modul.**

8. Beispiel: Es sollen 8 mm Steigung geschnitten werden.

Lösung: a) TSp $= \frac{1}{4}'' = 25{,}4 : 4 = 6{,}35$ mm Steigung,

ASp $= 8$ mm Steigung;

b) Stv$: 6{,}35 : 8 = 6{,}35 : 8{,}00 = 635 : 800 = 127 : 160 = \frac{127}{160}$,

Rv : $\frac{127}{160}$;

c) Näherungswert ist nötig; denn 127er Rad ist nicht vorhanden, zerlegen läßt sich 127 auch nicht. (Über Näherungswerte siehe „Dreher als Rechner“ § 22.)

$$\tfrac{127}{160} = \frac{128 \cdot 127}{160 \cdot 128}, \text{ gekürzt } \frac{4 \cdot 127}{5 \cdot 128},$$

$$\text{verschoben } \frac{4 \cdot 125}{5 \cdot 126}, \text{ nochmals gekürzt } \frac{2 \cdot 25}{1 \cdot 63} = \tfrac{50}{63}.$$

Genauer Wert: 127 : 160 = 0,7937
Näherungswert: 50 : 63 = 0,7936
Unterschied: 0,0001 .

Das ist $\frac{1}{7937}$; also sehr guter Wert!

$$\text{Räder: } \tfrac{50}{63} = \frac{5 \cdot 10}{7 \cdot 9} = \frac{40 \cdot 80}{56 \cdot 72}.$$

Probe: $\frac{40 \cdot 80}{56 \cdot 72}$, gekürzt $\frac{5 \cdot 10}{7 \cdot 9} = \frac{50}{63}$.

TR : AR = TSt : ASt

50 : 63 = 6,35 : ?

$$\frac{63 \cdot 6{,}35}{50} = \frac{63 \cdot 1{,}27}{10} = \frac{80{,}01}{10} = 80{,}01 : 10 = \mathbf{8{,}001\ mm.}$$

3. Aufgabe: (Benutze den erweiterten Rädersatz!) Es sollen geschnitten werden:

a) $2\frac{1}{3}$ Gang	f) 2 Modul	l) 6 mm
b) $4\frac{1}{5}$ „	g) $3\frac{1}{2}$ „	m) 4,5 „
c) $\frac{4}{15}''$ Steig.	h) $1\frac{1}{4}$ „	n) 10 „
d) $\frac{7}{18}''$ „	i) 1 „	o) 4,8 „
e) $2\frac{3}{5}$ Gang	k) $2\frac{3}{4}$ „	p) 12 „

Benutze nötigenfalls die Näherungswerte!

Die Tischspindel hat 6 mm Steigung.

Vorhandene Wechselräder: 24, 28, 32, 36, 40, 48, 56, 64, 72, 80, 90, 96. (Universalfräsmaschine von Lud. Loewe.)

9. Beispiel: Es sollen auf vorstehender Universalfräsmaschine 8 mm Steigung gefräst werden.

Lösung: a) TSp = 6 mm Steigung, ASp = 8 mm Steigung;

b) Stv : 6 : 8 = 3 : 4 = $\frac{3}{4}$,

Rv : $\frac{3}{4}$;

c) $\frac{3}{4} = \frac{36}{48}$ oder $\frac{48}{64}$ oder $\frac{72}{96}$, dazu irgendein Verbindungsrad.

Probe: $\frac{48}{64}$, gekürzt $\frac{3}{4}$.

TR : AR = TSt : ASt

3 : 4 = 6 : ?

$$\frac{4 \cdot 6}{3} = \frac{4 \cdot 2}{1} = 8 \text{ mm } \textbf{Steigung.}$$

10. Beispiel: Es soll ein Gewinde gefräst werden, das auf 1″ $3\frac{1}{2}$ Gang aufweist.

Lösung: a) TSp = $\frac{127}{30}$ Gang, denn 6 mm Steig. = $\frac{127}{30}$ Gg.[1]),

ASp = $3\frac{1}{2}$ Gang;

b) Gv: $\frac{127}{30} : 3\frac{1}{2} = \frac{127}{30} : \frac{7}{2} = \frac{127}{30} : \frac{105}{30} = 127 : 105 = \frac{127}{105}$,

Rv : $\frac{105}{127}$;

c) es ist Näherungswert nötig; denn ein 127er Rad ist nicht vorhanden.

$$\frac{105}{127} = \frac{105 \cdot 126}{126 \cdot 127}, \quad \text{gekürzt} \quad \frac{5 \cdot 126}{6 \cdot 127},$$

verschoben $\frac{5 \cdot 124}{6 \cdot 125}$,

nochmals gekürzt $\frac{1 \cdot 62}{3 \cdot 25} = \frac{62}{75}$.

Genauer Wert:	105	:	127	= 0,8267
Näherungswert:	62	:	75	= 0,8266
			Unterschied:	0,0001 .

[1]) Dreher als Rechner, Seite 85.

Das ist $\frac{1}{8267}$.

Räder: $\frac{62}{75} = \frac{2 \cdot 31}{5 \cdot 15} = \frac{96 \cdot 31}{40 \cdot 90}$.

Es müßte ein 31er Rad hergestellt werden.

Probe: $\frac{96 \cdot 31}{40 \cdot 90}$, gekürzt $\frac{2 \cdot 31}{5 \cdot 15} = \frac{62}{75}$.

$$TR : AR = AG : TG$$

$$62 : 75 = \text{?} : \tfrac{127}{30}$$

$$\frac{62 \cdot 127}{75 \cdot 30} = \frac{31 \cdot 127}{75 \cdot 15} = \frac{3937}{1125} = \mathbf{3{,}4995\ Gang.}$$

Das Ergebnis ist sehr genau; jedoch mußte ein 31er Rad speziell für dieses Gewinde hergestellt werden. Das wird man in der Praxis nur dann ausführen, wenn die Genauigkeit unbedingt erreicht werden muß. Im anderen Falle wird man sich mit einem Näherungswerte begnügen, der weniger genau ist, dafür aber nur vorhandene Räder beansprucht.

Wesentlich erleichtern wird sich die Rechnung, wenn ein 127er Rad angewandt werden kann. Des geringen Platzes zwischen Tischspindel und Spezialdorn wegen ist das aber nicht immer möglich.

11. Beispiel: Es soll ein $2\frac{1}{2}$-Modul-Gewinde gefräst werden.

Lösung: a) TSp = 6 mm, ASp = $2\frac{1}{2} \cdot \frac{22}{7} = \frac{55}{7}$ mm Steigung;

b) Stv: $6 : \frac{55}{7} = \frac{42}{7} : \frac{55}{7} = 42 : 55 = \frac{42}{55}$,

Rv: $\frac{42}{55}$;

c) $\frac{42}{55} = \frac{6 \cdot 7}{5 \cdot 11} = \frac{48 \cdot 56}{40 \cdot 88}$.

Probe: $\frac{48 \cdot 56}{40 \cdot 88}$, gekürzt $\frac{6 \cdot 7}{5 \cdot 11} = \frac{42}{55}$.

$$TR : AR = TSt : ASt$$

$$42 : 55 = 6 : \text{?}$$

$$\frac{55 \cdot 6}{42} = \frac{55 \cdot 1}{7} = \frac{55}{7}\ \text{mm} = \mathbf{2\tfrac{1}{2}\ Modul.}$$

Ist häufiger Modulgewinde zu fräsen, so ist der Rädersatz unbedingt durch das 44er oder 88er Rad zu ergänzen.

4. Aufgabe: Es sollen gefräst werden:

a) 4 mm Stg.	d) 5 mm Stg.	g) 3 Gang
b) $7\frac{1}{2}$,, ,,	e) 12 ,, ,,	h) 3 Modul
c) 10 ,, ,,	f) 2 Gang	i) 2 Modul.

b) Berechnung der Winkel.

Beim Gewindefräsen ist außer Berechnung der Wechselräder noch eine Winkelberechnung nötig; denn soll der Fräser die Flanken des Gewindes einwandfrei schneiden, so muß er gleiche Richtung mit dem Gewindegange erhalten.

In Abb. 37 sei ab die Richtung eines Gewindeganges, mn die Richtung des Fräsers in seiner Nullstellung. Der Winkel x be-

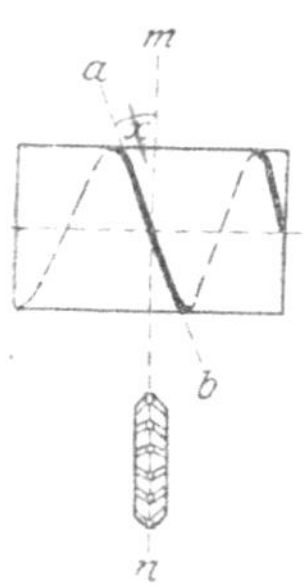

Abb. 37.

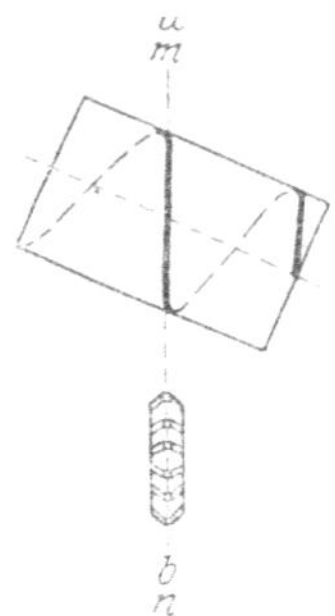

Abb. 38.

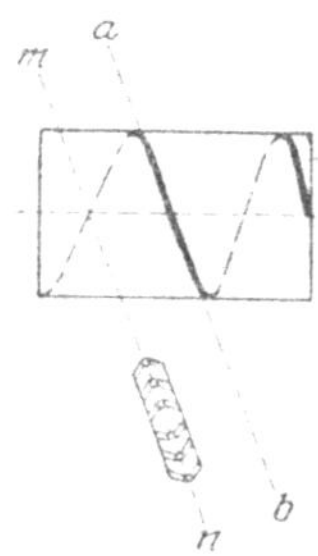

Abb. 39.

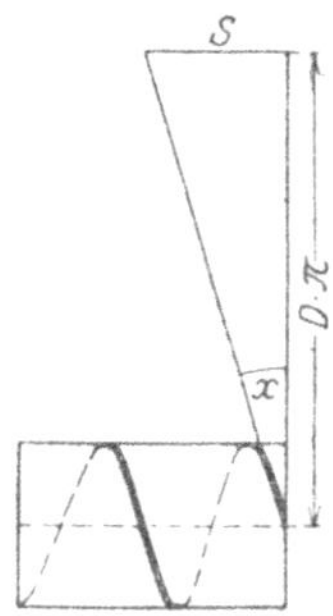

Abb. 40.

zeichnet den Unterschied zwischen beiden Richtungen. Entweder muß nun der Arbeitstisch um diesen $\angle x$ verstellt werden (Abb. 38) oder der Fräserkopf muß um die Größe dieses Winkels gedreht werden (Abb. 39).

Auf jeden Fall muß der $\angle x$ seiner Größe nach bekannt werden.

$\angle x$, dessen Schenkel gebildet werden von dem Gewindegang und der Senkrechten zur Achse des Arbeitsstückes, ist von uns Steigungswinkel genannt worden (siehe Seite 60).

Abb. 40 stellt einen aufgerollten Gewindegang dar. $\angle x$ liegt in einem rechtwinkligen Dreieck; die gegenüberliegende Kathete ist $= S$ (= Steigung des Gewindes), die anliegende Kathete ist $= D \cdot \pi$ (= Durchmesser des Arbeitsstückes mal 3,14). Sind Steigung und Durchmesser bekannt, so können wir $\angle x$ finden, denn

$$\operatorname{tang} x = \frac{S}{D\pi}.$$

(Siehe Seite 32.)

12. Beispiel: Eine Spindel von 48 mm Durchmesser soll 4 mm Gewinde erhalten. Um wieviel Grad ist der Fräserkopf zu verstellen?

Lösung: Der Fräserkopf ist um $\angle x$ zu verstellen.

$$\operatorname{tang} x = \frac{S}{D \cdot \pi} = \frac{4}{48 \cdot 3{,}14} = \frac{1}{12 \cdot 3{,}14} = \frac{1}{37{,}68} = 0{,}0265\,.$$

Laut trigonometrischer Tafel 0,0265 = **1° 30′.**

13. Beispiel: Durchmesser $= 2\frac{1}{4}''$; Gewindesteigung $= \frac{5}{8}''$. Um wieviel Grad ist der Fräserkopf zu verstellen?

Lösung:

$$\operatorname{tang} x = \frac{S}{D\pi} = S : D\pi = \tfrac{5}{8} : 2\tfrac{1}{4} \cdot 3{,}14 = \tfrac{5}{8} : 2{,}25 \cdot 3{,}14$$

$$= \tfrac{5}{8} : 7{,}0650 = \frac{5}{8 \cdot 7{,}065} = \frac{1}{8 \cdot 1{,}413} = \frac{1}{11{,}304}$$

$$= 1 : 11{,}304 = 1000 : 11304 = 0{,}0884\,.$$

tang 0,0884 laut trigonometrischer Tafel = **5° 0′.**

14. Beispiel: $D = 60$ mm; Steigung $= \frac{5}{8}''$.

Lösung: Da die Maßbezeichnungen ungleichartig sind, müssen Umrechnungen stattfinden. Wir machen alles zu Millimetern.

$$\tfrac{5}{8}'' = \tfrac{5}{8} \cdot 25{,}4 = \frac{5 \cdot 12{,}7}{4} = \frac{63{,}5}{4} = 15{,}875 \text{ mm};$$

$$\operatorname{tang} x = \frac{S}{D\pi} = \frac{15{,}875}{60 \cdot 3{,}14} = \frac{3{,}175}{12 \cdot 3{,}14} = \frac{3{,}175}{37{,}68}$$

$$= 317{,}5 : 3768 = 0{,}0842\,.$$

tang 0,0842 laut trigonometrischer Tafel = **4° 50′.**

5. Aufgabe:

a)	Durchmesser = 36 mm	Steigung	= 4,5 mm
b)	„ = 80 „	„	= 8,1 „
c)	„ = 42 „	„	= 6,4 „
d)	„ = 24,2 „	„	$= \frac{5}{16}''$
e)	„ $= 1\frac{1}{2}''$	„	$= \frac{3}{8}''$
f)	„ $= 2\frac{1}{4}''$	„	$= \frac{7}{16}''$
g)	„ $= 1\frac{3}{4}''$	„	= 4 mm
h)	„ $= 1\frac{5}{16}''$	„	= 4,8 „ .

Um wieviel Grad ist der Fräserkopf zu verstellen?

Merke: Statt des Fräserkopfes kann auch der Arbeitstisch um diese Grade verstellt werden.

Zusammenfassung:

Fräsen von Gewinden mit geringer Steigung.

a) Mechanische Vorbereitungen:
1. Anbringen des Fräserkopfes;
2. Anbringen des Spezialdornes.

b) Rechnerische Vorbereitungen:
1. Berechnung des Winkels;
2. Berechnung der Wechselräder.

Es möge noch eine vollständig ausgeführte Aufgabe folgen.

15. Beispiel: Durchmesser = 36 mm; Steigung des Gewindes = 6,5 mm. (Tischspindel = 5 mm Steigung!)

Lösung:

1. Berechnung des Winkels.

$$\operatorname{tang} \alpha = \frac{S}{D\pi} = \frac{6{,}5}{36 \cdot 3{,}14} = \frac{6{,}5}{113{,}04} = 650 : 11304 = 0{,}0575\,.$$

tang 0,0575 laut trigonometrischer Tafel = **3° 20′.**

2. Berechnung der Wechselräder.

a) TSp = 5 mm Steigung, ASp = 6,5 mm;

b) Stv: 5 : 6,5 = 50 : 65 = 10 : 13 = $\frac{10}{13}$,
Rv: $\frac{10}{13}$;

c) $\frac{10}{13} = \frac{40}{52}$, dazu irgendein Verbindungsrad.

Probe: $\frac{40}{52}$, gekürzt $\frac{10}{13}$.

$$\mathrm{TR} : \mathrm{AR} = \mathrm{TSt} : \mathrm{ASt}$$
$$10 : 13 = 5 : ?$$
$$\frac{13 \cdot 5}{10} = \frac{65}{10} = \textbf{6,5 mm Steigung.}$$

6. Aufgabe: Berechne Steigungswinkel und Wechselräder nach vorstehendem Muster!

a) Durchmesser	= 32 mm,	Steigung	des	Gewindes	= 6 mm
b) „	= 45 „	„	„	„	= 4,8 „
c) „	= 1″	„	„	„	= $\frac{7}{16}$″
d) „	= $1\frac{1}{8}$″	„	„	„	= $\frac{3}{8}$″.

Tischspindel = 5 mm Steigung.

Vorhandene Wechselräder: 24, 28, 32, 36, 40, 44, 48, 52, 56, 60, 64, 72, 80, 88, 90, 96, 97, 127.

Die Aufgabe c und d rechne mit 127er Rad und ohne 127er Rad!

7. Aufgabe: Berechne Steigungswinkel und Wechselräder!

a)	Durchmesser	$= 1\frac{1}{4}''$,	Steigung des Gewindes	$= \frac{7}{16}''$
b)	„	$= 3''$	„ „ „	$= \frac{4}{5}''$
c)	„	$= 2\frac{1}{2}''$	„ „ „	$= \frac{4}{7}''$
d)	„	$= 2\frac{1}{8}''$	„ „ „	$= 1\frac{1}{4}''$
e)	„	$= 60$ mm	„ „ „	$= 6{,}4$ mm
f)	„	$= 51$ „	„ „ „	$= 7{,}5$ „ .

Tischspindel $= \frac{1}{4}''$ Steigung.
Wechselräder: Wie bei Aufgabe 6 angegeben!
Die Aufgaben e und f mit 127er Rad und ohne 127er Rad!

16. Spiralarbeiten.

Gewinde, die im Verhältnis zum Durchmesser eine große Steigung aufweisen, pflegt man als **Spiralen** zu bezeichnen. In Herstellung solcher Spiralen ist die Universalfräsmaschine der Drehbank weit überlegen, vermögen doch auf ihr infolge der großen Übersetzung (1 : 40; 1 : 60; 1 : 80) zwischen Teilkopfschnecke und Schneckenrad Steigungen von mehreren Metern Länge gefräst werden.

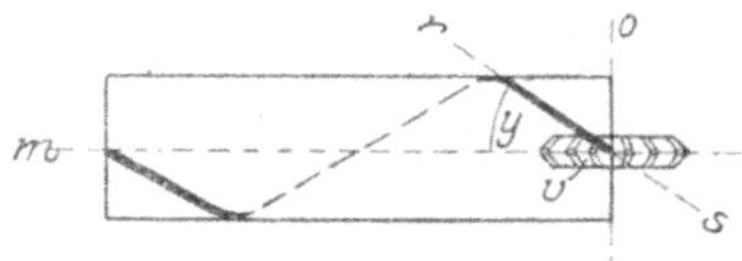

Abb. 41.

Wie beim Gewindeschneiden, so hat auch bei den Spiralarbeiten

1. die Berechnung des Winkels, um den der Arbeitstisch verstellt werden muß,
2. die Berechnung der Wechselräder

zu erfolgen.

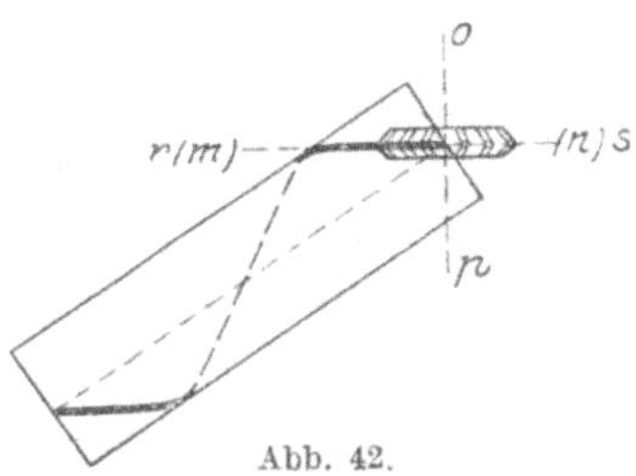

Abb. 42.

a) Die Winkelberechnung.

Bei den Spiralarbeiten findet der Fräserkopf, der bei dem Gewindefräsen unbedingt nötig war, keine Anwendung. Die Fräserachse steht demnach senkrecht zur Richtung des Arbeitstisches bei Nullstellung. (Siehe Abb. 41: mn = Richtung des Arbeitstisches; op = Richtung der Fräserachse.)

Soll die in Abb. 41 dargestellte Spirale gefräst werden, so muß der Arbeitstisch mit dem Werkstück soweit verdreht werden, bis die Spirale, die bei Nullstellung des Arbeitstisches die Richtung rs (Abb. 41) hat, die Richtung mn bekommt (Abb. 42).

Die Größe dieser Drehung wird durch den $\angle y$ ausgedrückt. Diesen Winkel, dessen Schenkel durch die Längsachse des Werkstückes und durch den Spiralgang gebildet werden, nannten wir **Einstellwinkel**. (Siehe Seite 61.)

Merke:

Bei Spiralarbeiten ist der Arbeitstisch um die Größe des Einstellwinkels zu drehen.

Diesen Einstellwinkel zu berechnen macht uns keine Schwierigkeiten mehr! Zu merken ist, daß die Verstellung des Arbeitstisches infolge der Konstruktion nach jeder Seite hin nur bis zu 45° erfolgen kann. Ergeben unsere Ausrechnungen größere Einstellwinkel, so ist die Fräsarbeit so vorzunehmen, wie unter a „Das Gewindeschneiden" (Seite 77) gelehrt wurde.

Unterscheide Einstellwinkel und Steigungswinkel!

Welches sind die Schenkel des Einstellwinkels?

Welches sind die Schenkel des Steigungswinkels?

Welche Beziehungen bestehen zwischen beiden Winkeln? (Der eine ergänzt den anderen zu einem Rechten!)

Wie finde ich demnach den einen aus dem anderen? (Durch Subtraktion von 90°.)

Nenne den Einstellwinkel in Abb. 41 ($\angle y$)!

Nenne den Steigungswinkel ($\angle ovr$)!

Abb. 43 stellt wiederum eine aufgerollte Spirale dar. Seite ac = Steigung der Spirale. Wir nennen sie L. Seite $cb = D \cdot \pi$.

$\angle x$ = Steigungswinkel; $\angle y$ = Einstellwinkel.

$\angle y_1$ ist dem Einstellwinkel y gleich (als Wechselwinkel an geschnittenen Parallelen).

Der $\angle y_1$ vermag also den $\angle y$ zu ersetzen.

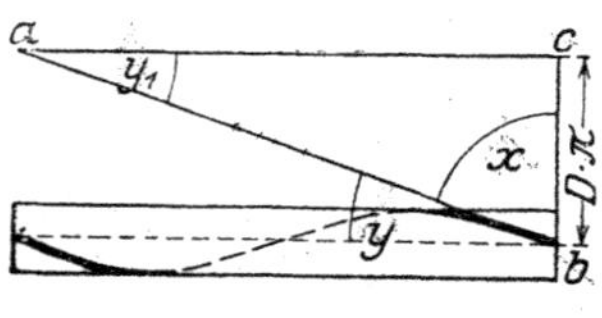

Abb. 43.

$\angle y_1$ ist mittels der trigonometrischen Funktionen leicht zu errechnen; denn $\operatorname{tang} y_1 = \frac{D\pi}{L}$; folglich auch

$$\mathbf{tang}\, \boldsymbol{y} = \frac{\boldsymbol{D\pi}}{\boldsymbol{L}}.$$

1. Beispiel: Wie groß ist der Einstellwinkel, wenn $D = 36$ mm, $L = 180$ mm ist?

Lösung:

$$\operatorname{tang} y = \frac{D\pi}{L} = \frac{36 \cdot 3{,}14}{180} = \frac{1 \cdot 3{,}14}{5} = 3{,}14 : 5 = 0{,}6280\,.$$

Zu tang 0,6280 gehört laut Tabelle $\angle$ **32° 10′**.

2. Beispiel: $D = 60$ mm; $L = 1200$ mm; wie groß ist $\angle y$?

Lösung:

$$\operatorname{tang} y = \frac{D\pi}{L} = \frac{60 \cdot 3{,}14}{1200} = \frac{1 \cdot 3{,}14}{20} = 3{,}14 : 20 = 0{,}1570\,.$$

$$\operatorname{tang} 0{,}1570 = \angle\, \mathbf{9^\circ\, 0'}.$$

3. Beispiel: $D = 2\frac{1}{4}''$; $L = 25''$; wie groß ist $\angle y$?

Lösung:

$$\operatorname{tang} y = \frac{D\pi}{L} = \frac{2\frac{1}{4} \cdot 3{,}14}{25} = \frac{2{,}25 \cdot 3{,}14}{25} = \frac{0{,}09 \cdot 3{,}14}{1} = 0{,}2826\,.$$

$$\operatorname{tang} 0{,}2826 = \angle\, \mathbf{15^\circ\, 50'}.$$

4. Beispiel: $D = 2{,}4''$; $L = 45''$; wie groß ist $\angle y$?

Lösung:

$$\operatorname{tang} y = \frac{D\pi}{L} = \frac{2{,}4 \cdot 3{,}14}{45} = \frac{0{,}16 \cdot 3{,}14}{3} = \frac{0{,}5024}{3} = 0{,}1675\,.$$

$$\operatorname{tang} 0{,}1675 = \angle\, \mathbf{9^\circ\, 30'}.$$

1. Aufgabe: Löse nach vorstehenden Mustern!

a)	Durchmesser = 52 mm,	Spiralsteigung = 125 mm
b)	„ = 36 „	„ = 1210 „
c)	„ = 42 „	„ = 850 „
d)	„ = 51 „	„ = 2150 „
e)	„ = 18 „	„ = 342 „
f)	„ = 72 „	„ = 760 „ .

Wie groß ist der Einstellwinkel?

2. Aufgabe:

a)	Durchmesser = 3,5″	Spiralsteigung = 27,2″
b)	„ = $6\frac{1}{8}''$	„ = 40,5″
c)	„ = $2\frac{1}{2}''$	„ = 31,6″
d)	„ = $4\frac{1}{4}''$	„ = 20″
e)	„ = $1\frac{7}{8}''$	„ = $24\frac{1}{4}''$
f)	„ = $5\frac{1}{4}''$	„ = $15\frac{3}{8}''$

Wie groß ist der Einstellwinkel?

Ist eine Ausmessung nach Zoll, die andere nach Millimetern bekannt, so sind die Sorten gleich zu machen, so daß Millimeter und Millimeter oder Zoll und Zoll entstehen. Über die Ausführungen solcher Umrechnungen siehe Tabelle nebst Anleitung im Anhang.

5. Beispiel: $D = 3\frac{1}{4}''$; $L = 240$ mm; wie groß ist $\angle y$?

Lösung:

$1'' = 25{,}4$ mm; $3\frac{1}{4}'' = 3\frac{1}{4} \cdot 25{,}4 = 3{,}25 \cdot 25{,}4 = 82{,}55$ mm;

$$\operatorname{tang} y = \frac{D\pi}{L} = \frac{82{,}55 \cdot 3{,}14}{240}, \quad \text{gekürzt} \quad \frac{16{,}51 \cdot 1{,}57}{24} = 1{,}0800\,.$$

$$\operatorname{tang} 1{,}0800 = \angle \mathbf{47^\circ\, 10'}.$$

Da der Arbeitstisch nur eine Verstellung von 45° zuläßt, so ist diese Spirale in der Weise zu fräsen, wie es bei Gewinden von geringer Steigung geschieht. (Seite 77.)

6. Beispiel: $D = 2\frac{1}{3}''$; $L = 720$ mm; wie groß ist $\angle y$?

Lösung:

$$2\tfrac{1}{3}'' = 25{,}4 \cdot 2\tfrac{1}{3} = \frac{25{,}4 \cdot 7}{3} = \frac{177{,}8}{3} = 59{,}27 \text{ mm};$$

$$\operatorname{tang} y = \frac{D\pi}{L} = \frac{59{,}27 \cdot 3{,}14}{720}, \quad \text{gekürzt} \quad \frac{59{,}27 \cdot 1{,}57}{360}$$

$$= \frac{93{,}0549}{360} = 93{,}0549 : 360 = 0{,}2584\,.$$

$$\operatorname{tang} 0{,}2584 = \angle \mathbf{14^\circ\, 30'}.$$

7. Beispiel: $D = 28$ mm; $L = 36\frac{1}{2}''$; wie groß ist $\angle y$?

Lösung: $36\frac{1}{2}'' = 25{,}4 \cdot 36{,}5 = 927{,}10$ mm,

$$\operatorname{tang} y = \frac{D\pi}{L} = \frac{28 \cdot 3{,}14}{927{,}1} = \frac{87{,}92}{927{,}1} = 879{,}2 : 9271 = 0{,}0948\,.$$

$$\operatorname{tang} 0{,}0948 = \angle \mathbf{5^\circ\, 20'}.$$

3. Aufgabe: Löse nach vorstehenden Mustern:

a)	Durchmesser	$= 1\frac{3}{8}''$	Spiralsteigung	$= 480$ mm
b)	,,	$= 2''$	,,	$= 630$,,
c)	,,	$= 3\frac{1}{4}''$	,,	$= 1840$,,
d)	,,	$= 32$ mm	,,	$= 1450$,,
e)	,,	$= 18$,,	,,	$= 1050$,,
f)	,,	$= 65$,,	,,	$= 2400$,,

Wie groß ist der Einstellwinkel?

Rechne die Zoll in Millimeter um!

8. Beispiel: $D = 2\frac{1}{4}''$; $L = 180$ mm; wie groß ist $\angle y$?

Lösung: Diesmal wollen wir die Millimeter der Spiralsteigung zu Zoll umrechnen.

$$24{,}5 \text{ mm} = 1''; \; 180 \text{ mm} = 180 : 25{,}4 = 1800 : 254 = 7{,}09'';$$

$$\operatorname{tang} y = \frac{D\pi}{L} = \frac{2\frac{1}{4} \cdot 3{,}14}{7{,}09} = \frac{2{,}25 \cdot 3{,}14}{7{,}09} = \frac{7{,}0650}{7{,}09}$$

$$= 706{,}50 : 709 = 0{,}9964\,.$$

$$\operatorname{tang} 0{,}9964 = \angle \mathbf{44^\circ\, 50'}.$$

9. Beispiel: $D = 38$ mm; $L = 15''$; wie groß ist $\angle y$?

Lösung: 38 mm = 38 : 25,4 = 380 : 254 = 1,49'';

$$\operatorname{tang} y = \frac{D\pi}{L} = \frac{1{,}49 \cdot 3{,}14}{15} = \frac{4{,}6786}{15} = 4{,}6786 : 15 = 0{,}3119\,.$$

$$\operatorname{tang} 0{,}3119 = \mathbf{17^\circ\, 20'}.$$

4. Aufgabe: Löse nach vorstehenden Mustern:

a)	Durchmesser	$= 3\frac{1}{2}''$	Spiralsteigung	= 1250 mm
b)	,,	$= 1\frac{1}{8}''$	,,	= 975 ,,
c)	,,	$= 2\frac{3}{8}''$	,,	= 2100 ,,
d)	,,	= 42 mm	,,	= 64''
e)	,,	= 81 ,,	,,	= 75''
f)	,,	= 62 ,,	,,	= 51''

Wie groß ist der Einstellwinkel?
Rechne die Millimeter in Zoll um!

10. Beispiel: Eine Spirale soll einen Steigungswinkel von 62° 40′ erhalten. Um wieviel Grad ist der Arbeitstisch zu verdrehen?

Lösung: Da Steigungswinkel und Einstellwinkel zusammen 1 Rechten (also 90°) betragen, so finden wir den Einstellwinkel, indem wir den Steigungswinkel von 90° abziehen. Also

$$90^\circ - 62^\circ\, 40' = \mathbf{27^\circ\, 20'}.$$

Als Formel können wir das kurz folgendermaßen ausdrücken:

$$\angle x + \angle y = 90^\circ$$

$$\angle y = 90^\circ - \angle x$$

$$\angle y = 90^\circ - 62^\circ\, 40' = \mathbf{27^\circ\, 20'}.$$

11. Beispiel: Eine Spirale soll einen Steigungswinkel von 75° 10′ erhalten. Wie groß ist der Einstellwinkel?

Lösung: $\angle x + \angle y = 90°$

$$\angle y = 90° - \angle x$$

$$\angle y = 90° - 75°\,10' \doteq \mathbf{14°\,50'}.$$

5. Aufgabe: Eine Spirale soll einen Steigungswinkel erhalten von:

a)	58°	d)	68° 20′	g)	86° 40′
b)	67°	e)	84° 50′	h)	75° 20′
c)	81°	f)	51° 30′	i)	69° 50′.

Um wieviel Grad muß der Arbeitstisch verstellt werden?

b) Die Wechselräderberechnung.

Die Wechselräder werden in der bekannten Weise berechnet, d. h.:

1. wir bilden das Radverhältnis aus dem Steigungsverhältnis;
2. durch Zerlegung und Erweiterung des Radverhältnisses werden unter Berücksichtigung des vorhandenen Rädersatzes die Wechselräder bestimmt;
3. durch die Probe überzeugen wir uns von der Richtigkeit resp. Genauigkeit unserer Berechnung.

Sollen die Wechselräder berechnet werden, so müssen die Steigung der Tischspindel und die Steigung der Spirale bekannt sein.

Stelle darum zunächst die Steigung der in Betracht kommenden Tischspindel fest.

Man trifft Tischspindeln von $\frac{1}{4}''$, 5 mm, 6 mm und 10 mm Steigung an.

Ist die Spiralsteigung nicht direkt gegeben, so muß sie erst ausgerechnet werden.

1. Beispiel: Es soll eine Spirale von 720 mm Steigung gefräst werden. Bestimme die Wechselräder!

Tischspindel 6 mm; vorhandener Rädersatz: 24, 28, 32, 36, 40, 48, 56, 60, 64, 72, 80, 90, 96. Übersetzung zwischen Schnecke und Schneckenrad 1 : 40.

Lösung:

a) TSp = 6 mm; ASp = 720 mm.

b) Stv: 6 : 720 = 1 : 120 = $\frac{1}{120}$.

Rv: $\frac{1}{120}$.

c) Da bei Spiralen stets große Übersetzungen nötig werden, so nutzen wir die starke Übersetzung zwischen Schnecke und Schneckenrad des Teilkopfes aus und ordnen die Wechselräder so an, daß sie die Verbindung zwischen Tischspindel und Schneckenwelle herstellen (siehe Abb. 34).

Wie war die Anordnung beim Gewindeschneiden?

Warum war dort jene Anordnung nötig?

Laut Aufgabe beträgt die Übersetzung zwischen Schnecke und Schneckenrad 1 : 40. Die Schnecke entspricht also einem treibenden Faktor im Werte von 1. Die 1 kommt als „Treiber" über den Bruchstrich. Das Schneckenrad ist getriebener Faktor im Werte von 40. Die 40 kommt unter den Bruchstrich. Wir fügen diese beiden Werte dem ausgerechneten Radverhältnis (Rv) zu nach Art, wie es § 28 aus meinem Buche „Der Dreher als Rechner" lehrt. (Um zu vollem Verständnis der Darlegungen zu kommen, ist es unbedingt nötig, den betreffenden Paragraphen aus dem erwähnten Buche gründlich durchzuarbeiten.) Also

$$\frac{1 \mid 1}{40 \mid 120}.$$

Dadurch hat das Verhältnis $\frac{1}{120}$ eine Veränderung erfahren; es ist falsch geworden. Wir berichtigen:

$$\frac{1 \mid 1 \cdot 40}{40 \mid 120 \cdot 1}.$$

(siehe § 28 des erwähnten Buches)

$$= \frac{1 \mid 40}{40 \mid 120},$$

$$\text{gekürzt} \quad \frac{1 \mid 1}{40 \mid 3} = \frac{1 \mid 1 \cdot 1}{40 \mid 1 \cdot 3} = \frac{1 \mid 24 \cdot 32}{40 \mid 24 \cdot 96} = \frac{1 \mid 24 \cdot 48}{40 \mid 36 \cdot 96};$$

denn zwei 24er Räder sind nicht vorhanden; darum erweitern wir das 32er und das 24er Rad noch einmal. Sie stehen im Verhältnis von 4 : 3; folglich kann jedes andere Räderpaar desselben Verhältnisses an ihre Stelle treten, also auch das Räderpaar $\frac{48}{36}$;

denn sein Verhältnis ist auch 4 : 3. (Siehe § 32 „Der Dreher als Rechner“.) Als Wechselräder sind demnach 24, 36, 48, 96 zu benutzen.

Rad A in Abb. 34 = 24	oder	Rad A = 48	
„ B_1 „ „ 34 = 36	„	„ B_1 = 36	
„ B_2 „ „ 34 = 48	„	„ B_2 = 24	
„ D „ „ 34 = 96	„	„ D = 96.	

Probe: $\frac{1 \cdot 48 \cdot 24}{40 \cdot 36 \cdot 96}$, gekürzt $\frac{1 \cdot 1 \cdot 1}{40 \cdot 3 \cdot 1} = \frac{1}{120}$.

$$\text{TR} : \text{AR} = \text{TSt} : \text{ASt}$$
$$1 : 120 = 6 : ?$$
$$\frac{120 \cdot 6}{1} = \textbf{720 mm Steigung.}$$

2. Beispiel: Die Spirale soll 256 mm Steigung erhalten. Tischspindel, Rädersatz und Übersetzung wie beim 1. Beispiel.

Lösung:

a) TSp = 6 mm; ASp = 256 mm.

b) Stv: 6 : 256 = 3 : 128 = $\frac{3}{128}$,
Rv: $\frac{3}{128}$.

c) $$\frac{1 \mid 3 \cdot 40}{40 \mid 128 \cdot 1} = \frac{1 \mid 3 \cdot 5}{40 \mid 16 \cdot 1} = \frac{1 \mid 3 \cdot 5}{40 \mid 4 \cdot 4} = \frac{1 \mid 72 \cdot 40}{40 \mid 32 \cdot 96}.$$

Außerdem noch viele andere Möglichkeiten.

Probe: $\frac{1 \cdot 72 \cdot 40}{40 \cdot 32 \cdot 96}$, gekürzt $\frac{1 \cdot 3 \cdot 1}{8 \cdot 4 \cdot 4} = \frac{3}{128}$.

$$\text{TR} : \text{AR} = \text{TSt} : \text{ASt}$$
$$3 : 128 = 6 : ?$$
$$\frac{128 \cdot 6}{3} = \frac{128 \cdot 2}{1} = \textbf{256 mm Steigung.}$$

3. Beispiel: Eine Spirale soll $3\frac{1}{4}''$ Steigung erhalten. Tischspindel = $\frac{1}{4}''$ Steigung; Übersetzungsverhältnis 1 : 60; Wechselrädersatz wie 1. und 2. Beispiel.

Lösung:

a) TSp = $\frac{1}{4}''$ Steigung; ASp = $3\frac{1}{4}''$ Steigung.

b) Stv: $\frac{1}{4} : 3\frac{1}{4} = \frac{1}{4} : \frac{13}{4} = 1 : 13 = \frac{1}{13}$,
Rv: $\frac{1}{13}$.

c) Soll die Steigung genau werden, so muß ein 52er Rad angeschafft werden; denn

$$\frac{1}{60}\bigg|\frac{1\cdot 60}{13\cdot 1}=\frac{1}{60}\bigg|\frac{60}{13}=\frac{1}{60}\bigg|\frac{5\cdot 12}{1\cdot 13}=\frac{1}{60}\bigg|\frac{80\cdot 96}{32\cdot 52}.$$

Probe: $\frac{1\cdot 80\cdot 96}{60\cdot 32\cdot 52}$, gekürzt $\frac{1\cdot 1\cdot 1}{1\cdot 1\cdot 13}=\frac{1}{13}$.

$$\text{TR} : \text{AR} = \text{TSt} : \text{ASt}$$

$$1 : 13 = \tfrac{1}{4} : ?$$

$$\frac{13\cdot 1}{1\cdot 4}=\tfrac{13}{4}=3\tfrac{1}{4}'' \textbf{ Steigung.}$$

Die Steigungen werden in größter Genauigkeit jedoch nie verlangt. Es finden zum Teil erhebliche Abrundungen statt, wie wir uns überzeugen werden, wenn wir die einige Seiten später folgenden Tabellen betrachten.

So soll noch eine **2. Lösung** folgen, die nur auf den vorhandenen Rädersatz Bezug nimmt.

Rv $=\frac{1}{13}$ (siehe oben), erweitert $\frac{7}{91}$, abgerundet $\frac{7}{90}$.

c) $\frac{1}{60}\bigg|\frac{7\cdot 60}{90\cdot 1}$, gekürzt $\frac{1}{60}\bigg|\frac{7\cdot 2}{3\cdot 1}=\frac{1}{60}\bigg|\frac{56\cdot 80}{24\cdot 40}=\frac{1}{60}\bigg|\frac{80\cdot 56}{24\cdot 40}$.

Probe: $\frac{1\cdot 80\cdot 56}{60\cdot 24\cdot 40}$, gekürzt $\frac{1\cdot 7\cdot 1}{30\cdot 3\cdot 1}=\frac{7}{90}$.

$$\text{TR} : \text{AR} = \text{TSt} : \text{ASt}$$

$$7 : 90 = \tfrac{1}{4} : ?$$

$$\frac{90\cdot 1}{7\cdot 4}=\frac{45\cdot 1}{7\cdot 2}=\tfrac{45}{14}=45:14=\mathbf{3{,}21''}\textbf{ Steigung.}$$

Es sollen gefräst werden $3\frac{1}{4}=3{,}25''$; Unterschied $\frac{4}{100}''$.

4. Beispiel: Eine Spirale soll 800 mm Steigung erhalten. Tischspindel $=\frac{1}{4}''$. Übersetzung im Teilkopf 1 : 80; Wechselrädersatz wie voriges Beispiel.

Lösung: a) Da diesmal die Sorten ungleich sind (Zoll und Millimeter), so muß eine Umrechnung stattfinden, ob nach Zoll oder Millimetern hin, ist gleichgültig.

TSp $=\frac{1}{4}''=$ **6,35 mm**; ASp $=$ **800 mm.**

b) Stv: $6{,}35 : 800 = 635 : 80000 = 127 : 16000 = \frac{127}{16000}$,

Rv: $\frac{127}{16000}$.

c) **1. Mit 127er Rad:**

$$\frac{1}{80}\Big|\frac{127\cdot 80}{16000\cdot 1},$$

gekürzt $\frac{1}{80}\Big|\frac{127\cdot 1}{200\cdot 1}=\frac{1}{80}\Big|\frac{127\cdot 1}{40\cdot 5}=\frac{1}{80}\Big|\frac{127\cdot 24}{80\cdot 60}=\frac{1}{80}\Big|\frac{127\cdot 24}{60\cdot 80}.$

Probe: $\frac{1\cdot 127\cdot 24}{80\cdot 60\cdot 80}$, gekürzt $\frac{1\cdot 127\cdot 1}{80\cdot 5\cdot 40}=\frac{127}{16000}$.

TR : AR = TSt : ASt

127 : 16000 = 6,35 : ?

$\frac{16000\cdot 6{,}35}{127}=\frac{16000\cdot 0{,}05}{1}=$ **800 mm Steigung.**

2. Ohne 127er Rad:

Wir rechnen mit Näherungswert!

Rv: = $\frac{127}{16000}$ (siehe weiter oben!)

$\frac{127}{16000}=\frac{120\cdot 18}{16000\cdot 17}=\frac{120\cdot 16}{16000\cdot 15}$, gekürzt $\frac{1\cdot 1}{25\cdot 5}=\frac{1}{125}$.

Statt $\frac{127}{16000}$ benutzen wir $\frac{1}{125}$.

$\frac{1}{80}\Big|\frac{1\cdot 80}{125\cdot 1}$, gekürzt $\frac{1}{80}\Big|\frac{1\cdot 16}{25\cdot 1}=\frac{1}{80}\Big|\frac{2\cdot 8}{5\cdot 5}=\frac{1}{80}\Big|\frac{24\cdot 64}{60\cdot 40}.$

Probe: $\frac{1\cdot 24\cdot 64}{80\cdot 60\cdot 40}$, gekürzt $\frac{1\cdot 1\cdot 1}{5\cdot 5\cdot 5}=\frac{1}{125}$.

TR : AR = TSt : ASt

1 : 125 = 6,35 : ?

$\frac{125\cdot 6{,}35}{1}=$ **793,75 mm** (statt 800 mm).

5. Beispiel: Eine Spirale von 48″ Steigung soll gefräst werden. Tischspindel = 6 mm Steigung; Übersetzung im Teilkopf 1 : 40; Rädersatz wie beim 1. Beispiel.

Lösung: a) Gleiche Sorten:

TSp: 6 mm Steig. = $\mathbf{\frac{30}{127}}$″ **Steig.** (Siehe §§ 24 u. 26 „Der Dreher als Rechner“.)

ASp: **48″ Steigung.**

b) Stv: $\frac{30}{127}:48=\frac{30}{127}:\frac{6096}{127}=30:6096=\frac{30}{6096}=\frac{5}{1016}$;

Rv: $\frac{5}{1016}$.

c) **1. Mit 127er Rad:**

$\frac{1}{40}\Big|\frac{5\cdot 40}{1016\cdot 1}$, gekürzt $\frac{1}{40}\Big|\frac{5\cdot 5}{127\cdot 1}=\frac{1}{40}\Big|\frac{40\cdot 60}{96\cdot 127}.$

Probe: $\frac{1 \cdot 40 \cdot 60}{40 \cdot 96 \cdot 127}$, gekürzt $\frac{1 \cdot 1 \cdot 5}{1 \cdot 8 \cdot 127} = \frac{5}{1016}$.

$$\text{TR} : \text{AR} = \text{TSt} : \text{ASt}$$

$$5 : 1016 = \tfrac{30}{127} : \ ?$$

$$\frac{1016 \cdot 30}{5 \cdot 127}, \text{ gekürzt } \frac{8 \cdot 6}{1 \cdot 1} = 48'' \textbf{ Steigung.}$$

2. Ohne 127er Rad:

Wir rechnen mit Näherungswert!

Als Rv haben wir $\frac{5}{1016}$ ausgerechnet. $\frac{5}{1016}$ runden wir auf $\frac{5}{1000} = \frac{1}{200}$ ab.

$$\frac{1}{40}\Big|\frac{1 \cdot 40}{200 \cdot 1}, \text{ gekürzt } \frac{1}{40}\Big|\frac{1 \cdot 1}{5 \cdot 1} = \frac{1}{40}\Big|\frac{24 \cdot 32}{60 \cdot 64}$$

und viele andere Möglichkeiten!

Probe: $\frac{1 \cdot 24 \cdot 32}{40 \cdot 60 \cdot 64}$, gekürzt $\frac{1 \cdot 1 \cdot 1}{40 \cdot 5 \cdot 1} = \frac{1}{200}$.

$$\text{TR} : \text{AR} = \text{TSt} : \text{ASt}$$

$$1 : 200 = 6 : \ ?$$

$$\frac{200 \cdot 6}{1} = 1200 \text{ mm Steigung}$$

(denn die 6 unter TSt in der Proportion sind auch Millimeter).

$$1200 : 25{,}4 = 12000 : 254 = \mathbf{47{,}3''} \textbf{ Steigung.}$$

1. Aufgabe:

a)	Steig.	der	Spirale	1000 mm;	Steig.	der	Tischspindel	5 mm
b)	,,	,,	,,	1600 ,, ;	,,	,,	,,	6 ,,
c)	,,	,,	,,	875 ,, ;	,,	,,	,,	5 ,,
d)	,,	,,	,,	24″ ;	,,	,,	,,	¼″
e)	,,	,,	,,	18″ ;	,,	,,	,,	¼″
f)	,,	,,	,,	56″ ;	,,	,,	,,	¼″
g)	,,	,,	,,	2400 mm;	,,	,,	,,	¼″
h)	,,	,,	,,	720 ,, ;	,,	,,	,,	¼″
i)	,,	,,	,,	1500 ,, ;	,,	,,	,,	¼″
k)	,,	,,	,,	32″ ;	,,	,,	,,	6 mm
l)	,,	,,	,,	16″ ;	,,	,,	,,	10 ,,
m)	,,	,,	,,	8,8″ ;	,,	,,	,,	5 ,,

Übersetzung innerhalb des Teilkopfes:

bei Aufgaben a) bis d) = 1 : 80
,, ,, e) ,, h) = 1 : 60
,, ,, i) ,, m) = 1 : 40.

Wechselrädersatz:

24, 28, 32, 36, 40, 48, 56, 64, 72, 80, 86, 88, 90, 100, 127.

Aufgaben g bis m rechne mit 127er und ohne 127er Rad!

Ist die Steigung der Spirale nicht bekannt, so muß sie rechnerisch festgestellt werden. Das kann aber nur dann geschehen, wenn der Steigungswinkel oder der Einstellwinkel bekannt sind und außerdem noch der Durchmesser.

Die Steigung einer Spirale zu berechnen, wurde bereits geübt, als es galt, die Spiralnuten für zu hinterdrehende Fräser zu berechnen. (Siehe Seite 61.) Die Formel sei an dieser Stelle noch einmal entwickelt!

In Abb. 43 ist in dem rechtwinkligen Dreieck acb der Winkel $\mathfrak{y}_1$ = dem Einstellwinkel $\mathfrak{y}$; folglich

$$\text{tang}\,\mathfrak{y} = \frac{D\pi}{L}.$$

L soll gesucht werden. Sie ist also die Unbekannte, nach derhin wir die Gleichung zu entwickeln haben.

$$\text{tang}\,\mathfrak{y} \cdot L = D\pi.$$

$$\boldsymbol{L = \frac{D\pi}{\text{tang}\,\mathfrak{y}}}.$$

6. Beispiel: Eine Spirale soll unter einem Winkel von 76° 40′ ansteigen. Der Durchmesser des Arbeitsstückes beträgt 44 mm. Tischspindel = $\frac{1}{4}''$ Steigung. Übersetzung im Teilkopf 1 : 40. Rädersatz wie 1. Beispiel.

Lösung: Es gilt zunächst, die Spiralsteigung festzustellen. Dazu muß Einstellwinkel $\mathfrak{y}$ bekannt sein. Da der Steigungswinkel 76° 40′ beträgt, so ist $\angle\,\mathfrak{y} = 90° - 76°\,40' = \mathbf{13°\,20'}$.

$$L = \frac{D \cdot \pi}{\text{tang}\,\mathfrak{y}} = \frac{44 \cdot 3{,}14}{0{,}2370} = \frac{138{,}16}{0{,}237} = 138\,160 : 237$$

$$= \mathbf{583\ mm\ Spiralsteigung.}$$

Nun kann die Ausrechnung der Wechselräder in bekannter Weise erfolgen.

a) TSp = $\frac{1}{4}''$ = 6,35 mm Steig.; ASp = 583 mm Steig.

b) Stv: 6,35 : 583 = 635 : 58300 = $\frac{635}{58300} = \frac{127}{11660}$,
Rv: $\frac{127}{11660}$.

c) Näherungswert: $\frac{127}{11660} = \frac{127 \cdot 12}{12700 \cdot 11}$

(denn da wir aus dem Nenner 11660 eine 12700 gemacht haben, haben wir ihn um 1040 Stück, das ist rund $\frac{1}{11}$ seines Wertes, vergrößert. Folglich müssen wir den Zähler auch um $\frac{1}{11}$ seines Wertes vergrößern. Bisher war sein Wert $\frac{11}{11}$. Er muß nun $\frac{12}{11}$ werden; folglich muß der Zähler mit $\frac{12}{11}$ malgenommen werden). (Siehe Ausführliches „Der Dreher als Rechner" § 22.)

Also $\frac{127}{11660} = \frac{127 \cdot 12}{12700 \cdot 11}$, gekürzt $\frac{1 \cdot 12}{100 \cdot 11}$,

verschoben $\frac{1 \cdot 10}{100 \cdot 9}$, nochmals gekürzt $\frac{1 \cdot 1}{10 \cdot 9} = \frac{1}{90}$.

Rv also $= \frac{1}{90}$.

$$\frac{1 \,|\, 1 \cdot 40}{40 \,|\, 90 \cdot 1}, \text{ gekürzt } \frac{1 \,|\, 1 \cdot 4}{40 \,|\, 9 \cdot 1} = \frac{1 \,|\, 1 \cdot 4}{40 \,|\, 3 \cdot 3} = \frac{1 \,|\, 24 \cdot 80}{40 \,|\, 72 \cdot 60}.$$

Probe: $\frac{1 \cdot 24 \cdot 80}{40 \cdot 72 \cdot 60}$, gekürzt $\frac{1 \cdot 1 \cdot 1}{10 \cdot 3 \cdot 3} = \frac{1}{90}$.

TR : AR = TSt : ASt
1 : 90 = 6,35 : ?

$\frac{90 \cdot 6,35}{1}$ = **571,50 mm Steigung** statt 583 mm.

Wir können das Ergebnis günstiger gestalten!

$\frac{127}{11660} = \frac{127 \cdot 12}{12700 \cdot 11}$, gekürzt $\frac{1 \cdot 12}{100 \cdot 11}$, der Bruch $\frac{12}{11}$ vor dem

Verschieben mit 3 malgenommen $\frac{1 \cdot 36}{100 \cdot 33}$, verschoben $\frac{1 \cdot 35}{100 \cdot 32}$,

gekürzt $\frac{1 \cdot 7}{20 \cdot 32} = \frac{7}{640}$ = **Rv.**

$$\frac{1 \mid 7 \cdot 40}{40 \mid 640 \cdot 1}, \text{ gekürzt } \frac{1 \mid 7 \cdot 1}{40 \mid 16 \cdot 1} = \frac{1 \mid 1 \cdot 7}{40 \mid 2 \cdot 8} = \frac{1 \mid 36 \cdot 56}{40 \mid 72 \cdot 64}.$$

Probe: $\frac{1 \cdot 36 \cdot 56}{40 \cdot 72 \cdot 64}$, gekürzt $\frac{1 \cdot 1 \cdot 7}{40 \cdot 2 \cdot 8} = \frac{7}{640}$.

TR : AR = TSt : ASt

7 : 640 = 6,35 : ?

$$\frac{640 \cdot 6{,}35}{7} = \frac{4064}{7} = 4064 : 7 = 580 \text{ mm } \textbf{Steigung.}$$

Ergebnis:

1. Arbeitstisch ist um 13° 20′ zu verstellen.
2. Wechselräder $\frac{36 \cdot 56}{72 \cdot 64}$.

7. Beispiel: Die Spirale soll 81° 10′ Steigung erhalten. Durchmesser $3\frac{3}{8}''$; Tischspindel 6 mm. Übersetzung 1 : 40; Rädersatz wie 1. Beispiel.

Lösung: $3\frac{3}{4}'' = 3\frac{3}{4} \cdot 25{,}4 = 3{,}75 \cdot 25{,}4 = 85{,}725$ mm;

$$L = \frac{D\pi}{\operatorname{tang} y} = \frac{85{,}725 \cdot 3{,}14}{\operatorname{tang} 8° \, 50'} = \frac{269{,}1765}{0{,}1554} = \textbf{1732 mm Steigung.}$$

Wechselräderberechnung:

a) TSp = 6 mm Steigung; ASp = 1732 mm Steigung.

b) Stv: 6 : 1732 = $\frac{6}{1732} = \frac{3}{866}$,
Rv: $\frac{3}{866}$.

c) Näherungswert: $\frac{3}{866}$, abgerundet $\frac{3}{864} = \frac{1}{288}$.

$$\frac{1 \mid 1 \cdot 40}{40 \mid 288 \cdot 1}, \text{ gekürzt } \frac{1 \mid 1 \cdot 5}{40 \mid 36 \cdot 1} = \frac{1 \mid 1 \cdot 5}{40 \mid 4 \cdot 9} = \frac{1 \mid 24 \cdot 40}{40 \mid 96 \cdot 72}.$$

Probe: $\frac{1 \cdot 24 \cdot 40}{40 \cdot 96 \cdot 72}$, gekürzt $\frac{1 \cdot 1 \cdot 1}{1 \cdot 4 \cdot 72} = \frac{1}{288}$.

TR : AR = TSt : ASt

1 : 288 = 6 : ?

$$\frac{288 \cdot 6}{1} = \textbf{1728 mm Steigung} \text{ statt 1732 mm.}$$

2. Aufgabe:

a)	Durchmesser	60 mm;	Steigungswinkel	75°;	Tischsp. $\frac{1}{4}''$
b)	„	52 mm;	„	82° 40′;	„ $\frac{1}{4}''$
c)	„	84 mm;	„	68° 30′;	„ $\frac{1}{4}''$
d)	„	$2\frac{1}{4}''$;	„	$72\frac{1}{2}°$;	„ $\frac{1}{4}''$
e)	„	$1\frac{5}{8}''$;	„	$67\frac{3}{4}°$;	„ $\frac{1}{4}''$
f)	„	$3\frac{1}{2}''$;	„	78° 50′;	„ $\frac{1}{4}''$
g)	„	72 mm;	Einstellwinkel	$22\frac{1}{2}°$;	„ 5 mm
h)	„	48 mm;	„	38°;	„ 5 mm
i)	„	95 mm;	„	25° 10′;	„ 6 mm
k)	„	$2\frac{5}{16}''$;	„	40° 20′;	„ 10 mm
l)	„	$1\frac{3}{4}''$;	„	9° 50′;	„ 6 mm
m)	„	$\frac{15}{16}''$;	„	12° 20′;	„ 5 mm

Übersetzung im Teilkopf:

bei Aufgaben a) bis d) = 1 : 40
„ „ e) „ h) = 1 : 60
„ „ i) „ m) = 1 : 80.

Wechselräder:
24, 28, 32, 36, 40, 48, 56, 64, 72, 80, 86, 88, 90, 100, 127.

Aufgaben a) bis c) und k) bis m) rechne mit 127er und ohne 127er Rad! (Doch wird auch in diesen Aufgaben das 127er Rad nicht immer Verwendung finden können!)

Merke ferner für die Lösungen:

1. Die Maßbezeichnungen müssen stets gleichartig sein. Es werden darum häufig Umrechnungen nötig werden [Aufgaben a), b), c), k), l), m)].

2. Verwechsle nicht Steigungs- und Einstellwinkel!

3. Ist der Unterschied zwischen geforderter Spiralsteigung und tatsächlich gefräster nur gering, so ist eine nochmalige Berechnung des Einstellwinkels, der nun ja auch anders ausfällt, nicht nötig. Z.B.:

Im 6. Beispiel geforderte Spiralsteigung = 583 mm;
tatsächlich geschnittene Spiralsteigung = 580 mm.

Bei 44 mm Durchmesser beträgt der Einstellwinkel für 583 mm = 13° 20′ (siehe Lösung vom 6. Beispiel); für 580 mm ist der Einstellwinkel auch 13° 20′; denn

$$\operatorname{tang} y = \frac{D\pi}{L} = \frac{44 \cdot 3{,}14}{580} = \frac{11 \cdot 3{,}14}{145} = \frac{34{,}54}{145} = 0{,}2382\,.$$

tang 0,2382 laut Tabelle = **13° 20′.**

Bei großen Differenzen müßte eine nochmalige genaue Berechnung des Einstellwinkels erfolgen. Z. B.:

Durchmesser = 90 mm. Als Spiralsteigung haben wir für 6° 10′ ausgerechnet 2616 mm. Wir benutzen aber Wechselräder, die 2700 mm Steigung schneiden. Dadurch ändert sich auch der Einstellwinkel; denn nun ist

$$\operatorname{tang} y = \frac{D\pi}{L} = \frac{90 \cdot 3{,}14}{2700} = \frac{1 \cdot 3{,}14}{30} = 3{,}14 : 30 = 0{,}1046\,.$$

$$\operatorname{tang} 0{,}1046 \text{ laut Tabelle} = \mathbf{6^\circ\, 0'}.$$

Der Arbeitstisch darf also nicht um 6° 10′ verstellt werden, sondern er muß eine Drehung von 6° 0′ erfahren. Praktisch kommen diese Winkelunterschiede, die stets sehr klein ausfallen, kaum in Betracht.

Mit den erworbenen Kenntnissen ist es uns möglich, ohne Benutzung der Tabellen auf den Universalfräsmaschinen jede Steigung zu fräsen. Die Tabellen haben das Geheimnisvolle für uns verloren; wir sehen sie jetzt mit anderen Augen an. So mancher Leser mag bisher die Tabellen äußerlich beherrscht haben; nun aber ist er ein wirklicher Herr über sie geworden. Er kann ihre Entstehung erklären; er kann sie nach ihrem Umfang beliebig erweitern; sein Wissen auf diesem Gebiet ist „universal“, allumfassend geworden.

Dennoch sollen einige Tabellen aufgeführt werden, um die äußere Anlage zu zeigen und den äußeren Gebrauch zu lehren. Der Leser vermag außerdem den Tabellen Übungsaufgaben zu entnehmen, um durch selbständige Lösungen das Gelernte zu befestigen. Die Ergebnisse kann er mit den Angaben der Tabelle vergleichen. Doch darf er nicht enttäuscht sein, wenn die Ergebnisse häufig mit diesen Angaben nicht übereinstimmen, namentlich hinsichtlich der Wechselräder. Für die Auswahl der Wechselräder liegen ja meistens viele Möglichkeiten vor; maßgebend wird darum die eigene Probe bleiben. Bei den Winkelberechnungen muß zwischen den Ergebnissen der eigenen Lösung und den Angaben der Tabelle bis auf geringe Abrundungen Übereinstimmung herrschen.

e) Tabelle für die Universalfräsmaschine von Lud. Loewe, A.-G., Berlin.

(Siehe Abb. 44.)

Die Tabelle für die Loewesche Universalfräsmaschine ist sehr umfangreich und soll deshalb nur im Bruchstück aufgeführt

Abb. 44. Universalfräsmaschine von Ludw. Loewe, A.-G.

werden. Während die Winkelgrößen, die ja leicht zu berechnen sind, von Steigung 125 mm ab fortgelassen werden, sollen die Wechselräderangaben vollständig, d. h. bis zur Steigung von 2700 mm, fortgesetzt werden. In der Originaltabelle werden die Berechnungen fortgeführt bis zu einem Durchmesser des Werkstückes von 100 mm. Die Tabelle bezieht sich auf eine Universalfräsmaschine, deren Tischspindel 6 mm Steigung hat. Außer diesen Maschinen bringt die Firma noch solche mit einer Tischspindelsteigung von $\frac{1}{4}''$ in den Handel. Die Tabellen sind der hier abgedruckten ähnlich und werden darum sofort verstanden werden.

a) Die Spiralsteigung wird gesucht.

1. Beispiel: Der Durchmesser eines Werkstückes beträgt 20 mm. Der Steigungswinkel der Spirale soll 48° groß werden. Bestimme Spiralsteigung und Wechselräder!

Lösung: Die Tabelle gibt die Einstellwinkel an. Folglich muß der Einstellwinkel gesucht werden. Er ist 90° — Steigungswinkel = 90° — 48° = **42°.** Nun suchen wir in der Querspalte des Tabellenkopfes die Zahl 20 auf. Diese Spalte gehen wir senkrecht hinab, bis wir auf 42° treffen. Die gefundene Reihe verfolgen wir nach links und finden dann in der 1. Spalte die Spiralsteigung angegeben. Sie beträgt 70 mm. Spalten 2 bis 5 nennen die Wechselräder: 96, 56, 80, 40.

2. Beispiel: Durchmesser = 12 mm; Einstellwinkel = $21\frac{1}{2}$°. Bestimme Spiralsteigung und Wechselräder!

Lösung: Querspalte die 12 aufsuchen! Senkrecht abwärts bis $21\frac{1}{2}$°! Diese Reihe nach links verfolgen!

Ergebnis: Spiralsteigung = 96 mm (Spalte 1); Wechselräder = 96, 64, 80, 48 (2. bis 5. Spalte).

Merke:
1. Sind Winkel angegeben, die die Tabelle nicht enthält, so verwertet man den nächstliegenden Winkel. (Siehe 3. Beispiel.)
2. Ebenso verfährt man, wenn die Tabelle die Durchmesserzahl nicht enthält.
3. Ist der Durchmesser in Zoll angegeben, so ist Umrechnung in Millimeter erforderlich.

Die Ergebnisse werden jedoch mehr oder weniger ungenau. Sind genauere Ergebnisse erwünscht, so muß die Lösung aus eigener Kraft nach den Mustern von Seite 95 bis 101 durchgeführt werden.

Tabelle 3. **Tabelle für Spiralarbeiten.** (Universalfräsmaschine von Lud. Loewe.)

Tischspindel = 6 mm Steig. Wechselräder = 24, 28, 32, 36, 40, 48, 56, 64, 72, 80, 90. 96. Teikopfübersetzung = 1 : 40.

Steig. der Spirale	Benötigte Räder				Durchmesser des Arbeitsstückes in Millimetern (D)																			
					2	4	6	8	10	12	14	16	18	20	22	24	26	28	30	32	34	36	38	40
L	a	b	c	d	Einstellwinkel in Graden $\left(\operatorname{tang} \angle y = \frac{L \cdot \pi}{D}\right)$.																			
24	96	36	90	24	14¾	27¾	38¼																	
28	96	36	90	28	12¾	24¼	34	42																
30	96	40	80	24	11¾	22¾	32	40																
32	96	48	90	24	11	21½	30½	38¼	44½															
35	96	40	80	28	10¼	19¾	28¼	35¾	42															
36	96	36	80	32	10	19¼	27¾	35	41															
40	96	40	80	32	9	17½	25¼	32¼	38¼	43¼														
42	96	48	80	28	8½	16¾	24¼	31	36¾	42														
45	96	40	80	36	8	15½	22¾	29¼	35	40	44¼													
48	96	64	80	24	7½	14¾	21½	27¾	33¼	38¼	42½													
49	96	56	80	28	7¼	14½	21	27¼	32¾	37½	42													
50	96	40	72	36	7¼	14¼	20¾	26¾	32¼	37	41¼													
54	96	48	80	36	6¾	13	19¼	25	30¼	35	39¼	43												
56	96	56	80	32	6½	12¾	18½	24¼	29¼	34	38¼	42												
60	96	48	72	36	6	11¾	17½	22¾	27¾	32¼	36¼	40	43¼											
63	96	56	80	36	5¾	11¼	16¾	21¾	26½	31	35	38½	42	45										
64	96	64	80	32	5½	11	16½	21½	26¼	30½	34½	38¼	41½	44½										
70	96	56	80	40	5¼	10¼	15	19¾	24¼	28¼	32¼	35¾	39	42	44½									
72	96	64	80	36	5	10	14¾	19¼	23½	27¾	31½	35	38¼	41	43¾									
75	96	48	64	40	4¾	9½	14¼	18½	22¾	26¾	30½	33¾	37	40	42¾	45								
80	96	64	80	40	4½	9	13¼	17½	21½	25¼	28¾	32¼	35¼	38¼	40¾	43¼								
81	96	72	80	36	4½	8¾	13	17¼	21¼	25	28½	31¾	35	37¾	40½	43								
84	96	56	80	48	4¼	8½	12¾	16¾	20½	24¼	27¾	31	34	36¾	39½	42	44¼							
90	96	72	80	40	4	8	11¾	15½	19¼	22¾	26	29¼	32¼	35	37½	40	42¼	44¼						
96	96	64	80	48	3¾	7½	11	14¾	18	21½	24½	27¾	30½	33¼	35¾	38¼	40½	42½	44½					
100	96	80	72	36	3½	7¼	10¾	14	17½	20¾	23¾	26¾	29½	32¼	34¾	37	39¼	41¼	43¼					
105	96	72	48	28	3½	6¾	10¼	13½	16¾	19¾	22¾	25½	28¼	31	33¼	35¾	37¾	40	42	43¾				
108	96	72	80	48	3¼	6¾	10	13	16¼	19¼	22	25	27½	30¼	32½	35	37	39¼	41	43	44¾			
112	80	56	72	48	3¼	6½	9½	12¾	15¾	18½	21½	24¼	26¾	29¼	31¾	34	36	38¼	40	42	43½			
120	96	72	48	32	3	6	9	11¾	14¾	17½	20	22¾	25¼	27½	30	32¼	34¼	36¼	38¼	40	41¾	43¼	44¾	

Platzersparnisses wegen sind bei den nun folgenden Spiralsteigungen nur noch die Wechselräder angegeben worden.

Steig. der Spirale	Benötigte Räder				Steig. der Spirale	Benötigte Räder			
	a	*b*	*c*	*d*		*a*	*b*	*c*	*d*
125	96	80	64	40	432	80	96	48	72
126	80	56	64	48	448	72	96	40	56
128	80	64	72	48	450	64	80	48	72
135	96	72	64	48	480	24	96	80	40
140	72	56	64	48	486	80	90	40	72
144	90	72	48	36	500	72	90	48	80
150	96	80	64	48	504	64	96	40	56
160	90	80	64	48	512	72	96	40	64
162	96	72	40	36	525	72	90	32	56
168	96	56	40	48	540	64	96	48	72
175	96	80	64	56	576	80	96	36	72
180	96	80	40	36	600	72	90	40	80
189	80	72	64	56	630	64	96	32	56
192	80	96	72	48	640	72	96	40	80
200	96	72	36	40	648	64	96	40	72
210	96	72	48	56	672	48	96	40	56
216	96	72	40	48	675	64	80	40	90
224	80	64	48	56	720	48	90	40	64
225	96	80	64	72	750	96	90	24	80
240	96	80	40	48	768	48	96	40	64
243	80	90	40	36	800	36	80	64	96
250	96	90	72	80	810	64	96	40	90
252	96	72	40	56	840	64	96	24	56
256	90	72	48	64	864	48	96	40	72
270	40	90	96	48	900	64	80	32	96
280	96	80	40	56	960	48	96	40	80
288	96	72	40	64	1000	36	80	48	90
300	96	90	48	64	1028	36	96	56	90
315	80	90	48	56	1080	48	96	40	90
320	96	80	40	64	1152	36	72	40	96
324	64	96	80	72	1200	36	80	40	90
336	80	72	36	56	1280	36	80	40	96
350	96	80	32	56	1350	32	90	40	80
360	96	72	32	64	1440	32	80	40	96
375	96	90	48	80	1600	24	80	48	96
378	80	90	40	56	1620	32	90	40	96
384	48	96	80	64	1800	32	90	36	96
400	96	80	36	72	1920	24	80	40	96
405	80	90	48	72	2160	24	90	40	96
420	72	90	40	56	2400	24	96	36	90
					2700	24	90	32	96

3. Beispiel: Durchmesser $= 1\frac{1}{4}''$; Steigungswinkel $= 50^\circ\,10'$.
Lösung: Durchmesser $= 1\frac{1}{4}'' = 1{,}25 \cdot 25{,}4 = 31{,}75$ mm.
Nächstliegende Zahl in der Tabelle = **32 mm.**

Steigungswinkel $= 50^\circ\,10'$;
Einstellwinkel $= 90^\circ - 50^\circ\,10' = 39^\circ\,50'$;

nächstliegende Winkelgröße (Spalte für 32 mm!) 40°.

Ergebnis demnach 120 mm Spiralsteigung (1. Spalte) und 96, 72, 48, 32 als Wechselräder (2. bis 5. Spalte).

1. Aufgabe:	a)	b)	c)	d)	e)	f)	
Durchmesser:	8	24	20	34	14	6	mm
Einstellwinkel:	$21\frac{1}{2}^\circ$	42°	$33\frac{1}{4}^\circ$	$44\frac{3}{4}^\circ$	$38\frac{1}{4}^\circ$	$19\frac{3}{4}^\circ$	

Bestimme Spiralsteigung und Wechselräder!

2. Aufgabe:	a)	b)	c)	d)
Durchmesser:	$\frac{1}{4}''$	$1\frac{1}{8}''$	$\frac{3}{8}''$	$\frac{3}{4}''$
Steigungswinkel:	$68^\circ\,20'$	$50^\circ\,30'$	$49^\circ\,50'$	$60^\circ\,20'$

3. Aufgabe: Suche die Aufgaben a) bis d) der 2. Aufgabe durch selbständige Ausrechnung *günstiger* zu lösen!

4. Aufgabe:

	Durchmesser	Einstellwinkel
a)	68 mm	$28^\circ\,30'$
b)	53 „	$16^\circ\,20'$
c)	74 „	$10^\circ\,50'$
d)	38 „	$21^\circ\,40'$
e)	92 „	25°
f)	66 „	$8^\circ\,30'$
g)	49 „	12°

5. Aufgabe:

	Durchmesser	Steigungswinkel
a)	$1\frac{3}{4}''$	70°
b)	2 ″	$72^\circ\,30'$
c)	$1\frac{1}{8}''$	81°
d)	$2\frac{1}{8}''$	$59^\circ\,20'$
e)	3 ″	$64^\circ\,40'$
f)	$2\frac{3}{4}''$	75°
g)	$\frac{7}{16}''$	$83^\circ\,20'$

Berechne Steigung der Spirale und Wechselräder! Eine Abrundung der Durchmesser- und Winkelzahlen soll *nicht* stattfinden. Die errechnete *Spiralsteigung* soll in der 1. Lösung auf die nächstliegende Steigungszahl der Tabelle *abgerundet* werden. In einer 2. Lösung soll versucht werden, die errechnete Steigung möglichst *genau* zu erreichen.

Z. B. 4a) Aufgabe: $D = 68$ mm; Einstellwinkel $= 28^\circ\,30'$.

1. Lösung:

$$L = \frac{D\pi}{\operatorname{tang} y} = \frac{68 \cdot 3{,}14}{\operatorname{tang} 28^\circ\,30'} = \frac{213{,}52}{0{,}5430} = 213{,}52 : 0{,}543$$

$= 213520 : 543 =$ **393 mm Steigung;**

abgerundet laut Tabelle auf 400 mm Steigung.

Wechselräder: Tischspindel = 6 mm; Spirale = 400 mm.

Stv: $6 : 400 = \frac{6}{400} = \frac{3}{200}$.

Rv: $\frac{3}{200}$.

Räder: $\frac{1 \mid 3 \cdot 40}{40 \mid 200 \cdot 1} = \frac{1 \mid 3 \cdot 1}{40 \mid 5 \cdot 1} = \frac{1 \mid 96 \cdot 36}{40 \mid 80 \cdot 72}$.

Probe: $\frac{1 \cdot 96 \cdot 36}{40 \cdot 80 \cdot 72}$, gekürzt $\frac{1 \cdot 3 \cdot 1}{40 \cdot 5 \cdot 1} = \frac{3}{200}$.

$$\text{TR} : \text{AR} = \text{TSt} = \text{ASt}$$
$$3 : 200 = 6 : ?$$
$$\frac{200 \cdot 6}{3} = \frac{200 \cdot 2}{1} = \frac{400}{1} = \textbf{400 mm Steigung.}$$

2. Lösung: Tischspindel = 6 mm; Spiralsteigung = 393 mm.

Stv: $6 : 393 = \frac{6}{393} = \frac{2}{131}$.

Rv = $\frac{2}{131}$.

Näherungswert: $\frac{2}{131} = \frac{2 \cdot 44}{128 \cdot 45}$, verschoben $= \frac{2 \cdot 48}{128 \cdot 49}$,

gekürzt $\frac{1 \cdot 3}{4 \cdot 49} = \frac{3}{196}$.

Genauer Wert:	2 : 131 =	0,01527
Näherungswert:	3 : 196 =	0,01530
Unterschied		0,00003

Räder: $\frac{1 \mid 3 \cdot 40}{40 \mid 196 \cdot 1} = \frac{1 \mid 3 \cdot 10}{40 \mid 49 \cdot 1} = \frac{1 \mid 3 \cdot 10}{40 \mid 7 \cdot 7} = \frac{1 \mid 24 \cdot 40}{40 \mid 56 \cdot 28}$.

Probe: $\frac{1 \cdot 24 \cdot 40}{50 \cdot 56 \cdot 28}$, gekürzt $\frac{1 \cdot 3 \cdot 1}{4 \cdot 7 \cdot 7} = \frac{3}{196}$.

$$\text{TR} : \text{AR} = \text{TSt} : \text{ASt}$$
$$3 : 196 = 6 : ?$$
$$\frac{196 \cdot 6}{3} = \frac{196 \cdot 2}{1} = \textbf{392 mm Steigung.}$$

b) Der Einstellwinkel wird gesucht.

4. Beispiel: Durchmesser = 12 mm; Spiralsteigung = 75 mm. Bestimme nach der Tabelle Wechselräder und Einstellwinkel!

Lösung: In der Querspalte des Tabellenkopfes suchen wir die Durchmesserzahl 12 mm und verfolgen diese Spalte abwärts.

In der 1. Längsspalte suchen wir 75 mm Spiralsteigung auf und gehen die gefundene Reihe quer nach rechts. Wo die wagerechte Reihe die senkrechte trifft, finden wir die gesuchte Winkelzahl = $26\frac{3}{4}°$.

Um $26\frac{3}{4}°$ ist der Arbeitstisch zu verstellen.

Neben der 75 stehen die Wechselräder, die zu benutzen sind: = 96, 48, 64, 40.

6. Aufgabe:

	Durchmesser	Spiralsteigung
a)	20 mm	80 mm
b)	16 „	64 „
c)	4 „	96 „
d)	28 „	90 „
e)	30 „	112 „
f)	8 „	72 „
g)	32 „	120 „
h)	24 „	90 „

7. Aufgabe:

	Durchmesser	Spiralsteigung
a)	$\frac{5}{8}''$	85 mm
b)	$1\frac{1}{2}''$	120 „
c)	$\frac{3}{4}''$	78 „
d)	$\frac{3}{8}''$	62 „
e)	1 $''$	105 „
f)	$1\frac{1}{8}''$	95 „
g)	$\frac{1}{2}''$	$3''$
h)	$1\frac{1}{4}''$	110 mm

Wenn die Tabelle die Zahlen der Aufgabe nicht enthält, sind die zunächstliegenden Werte zu nehmen!

Sind Angaben in Zoll gemacht, so muß Umrechnung in Millimeter erfolgen!

8. Aufgabe:

	Durchmesser	Spiralsteigung
a)	56 mm	750 mm
b)	62 „	480 „
c)	40 „	1200 „
d)	80 „	2000 „
e)	36 „	480 „
f)	92 „	1650 „

9. Aufgabe:

	Durchmesser	Spiralsteigung
a)	2 $''$	240 mm
b)	$2\frac{1}{2}''$	600 „
c)	$1\frac{1}{4}''$	810 „
d)	55 mm	$32''$
e)	75 „	$80''$
f)	$3\frac{3}{4}''$	$75''$

Bestimme den Einstellwinkel!

Berechne die Wechselräder!

Rechne mit Abrundungen! Versuche in einer 2. Lösung, genau zu berechnen!

Lösung von Aufgabe 8a):

Durchmesser = 56 mm; Spiralsteigung = 750 mm.

Lösung: $$\operatorname{tang} y = \frac{D\pi}{L} = \frac{56 \cdot 3{,}14}{750} = \frac{28 \cdot 3{,}14}{375} = \frac{87{,}92}{375}$$

$$= 87{,}92 : 375 = 0{,}2344\,.$$

$$\operatorname{tang} y = 0{,}2344; \quad \text{folglich} \quad y = \mathbf{13^\circ\, 10'}.$$

Der Arbeitstisch ist um 13° 10′ zu verstellen.

Wechselräder: Tischspindel = 6 mm; Spiralsteigung = 750 mm.

Stv: $6 : 750 = \frac{6}{750} = \frac{3}{375} = \frac{1}{125}$.

Rv: $\frac{1}{125}$.

Räder: $\frac{1 \mid 1 \cdot 40}{40 \mid 125 \cdot 1}$, gekürzt $\frac{1 \mid 1 \cdot 8}{40 \mid 25 \cdot 1} = \frac{1 \mid 96 \cdot 24}{40 \mid 90 \cdot 80}$.

Probe: $\frac{1 \cdot 96 \cdot 24}{40 \cdot 90 \cdot 80}$, gekürzt $\frac{1 \cdot 1 \cdot 1}{5 \cdot 25 \cdot 1} = \frac{1}{125}$.

TR : AR = TSt : ASt

1 : 125 = 6 : ?

$$\frac{125 \cdot 6}{1} = \frac{750}{1} = 750 \text{ mm}.$$

Siehe auch die ausgeführte Lösung zu Aufgabe 4a).

d) Tabelle für die Universalfräsmaschine der Wanderer-Werke, Schönau bei Chemnitz.

Siehe Abb. 45.

Merke: Während bei Aufstellung der Tabellen für Drehbänke allgemein üblich ist, das erste treibende Rad in die 1. Spalte der Wechselräderrubrik zu setzen, das erste getriebene Rad in die 2. Spalte usw., so trifft man bei den Tabellen für Universalfräsmaschinen häufig eine andere Anordnung an: Das erste treibende Rad steht in der 4. Spalte der Wechselräderrubrik, das erste getriebene Rad in der 3. Spalte usw. Das ist zu beachten, wenn es notwendig wird, die Räder in treibende und getriebene zu ordnen, ferner wenn selbsterrechnete Ergebnisse mit den Angaben der Tabelle verglichen werden sollen. Auch die Wanderer-Tabelle für Spiralarbeiten hat die zuletzt genannte Anordnung.

a) Die Steigung der Spirale wird gesucht.

10. Aufgabe:

	Durchmesser	Einstellwinkel
a)	$\frac{3}{4}''$	$15\frac{3}{4}°$
b)	$2''$	$28° 30'$ ($= 28\frac{1}{2}°$)
c)	$3\frac{1}{4}''$	$12°$
d)	$2\frac{1}{2}''$	$9° 15'$ ($= 19\frac{1}{4}°$)
e)	$\frac{3}{8}''$	$4°$

11. Aufgabe:

	Durchmesser	Einstellwinkel
a)	$4''$	$33°$
b)	$3\frac{1}{2}''$	$22° 45'$ ($= 22\frac{3}{4}°$)
c)	$\frac{1}{4}''$	$4\frac{3}{4}°$
d)	$1\frac{1}{4}''$	$20° 15'$
e)	$3''$	$31°$

Bestimme Spiralsteigung und Wechselräder nach der Tabelle! Beispiele Seite 104 und 107.

Abb. 45. Universalfräsmaschine der Wanderer-Werke, Schönau bei Chemnitz.

Tabelle 4. **Tabelle für Spiralarbeiten.** (Universalfräsmaschine der Wanderer-Werke.)

Tischspindel = ¼″ Steig. Wechselräder = 24, 28, 32, 40, 48, 56, 64, 72, 86, 100, 105. Teilkopfübersetzung = 1 : 40.

Wechselrad am Teilkopfbolzen *d*	Wechselrad hinten am Stelleisen *c*	Wechselrad vorn am Stelleisen *b*	Wechselrad an der Tischspindel *a*	Steigung der Spirale in ″ *L*	Durchmesser des Werkstückes in ″ (*D*)																			
					⅛″	¼″	⅜″	½″	⅝″	¾″	⅞″	1″	1¼″	1½″	1¾″	2″	2¼″	2½″	2¾″	3″	3¼″	3½″	3¾″	4″
					Einstellwinkel in Graden $\left(\tang \angle y = \frac{D \cdot \pi}{L}\right)$.																			
24	64	28	72	1,46	14¾	28	38½																	
24	86	56	100	1,56	13¾	26½	37																	
24	64	32	72	1,67	12¾	25	34¾	43¼																
32	64	28	72	1,94	11¼	22	31	39	45															
24	64	40	72	2,08	10¼	20½	29½	37	43¼															
32	56	28	72	2,22	9¾	19¼	27½	35	41¼															
24	64	48	72	2,50	8¾	17	25	32	38	43¼														
40	56	28	72	2,78	8	15½	23	29½	35¼	40½	44¾													
24	64	56	72	2,92	7½	15	21¾	28¼	34	39	43¼													
40	48	28	72	3,24	6¾	13¼	20	25¾	31¼	36	40½	44¼												
40	48	32	72	3,70	6	11¾	17½	23	28	32½	36½	40½												
56	48	24	72	3,89	5½	11¼	16¾	22	26¾	31¼	35¼	39												
40	72	48	64	4,17	5¼	10½	15¾	20½	25¼	29½	33½	37	43¼											
48	40	32	86	4,46	4¾	9¾	14¾	19¼	23¾	27¾	31½	35	41½											
40	64	56	72	4,86	4½	9	13½	17¾	22	25¾	29½	33	39	44¼										
48	40	32	72	5,33	4	8¼	12¼	16½	20¼	23¾	27¼	30½	36½	41½										
56	40	28	72	5,44	4	8	12	16	20	23½	26¾	30	36	41										
56	40	28	64	6,12	3½	7¼	11	14½	17¾	21	24¼	27	33	37¾	42									
56	40	32	72	6,22	3½	7	10¾	14¼	17½	20¾	23¾	26¾	32½	37¼	41½									
56	48	40	72	6,48	3¼	6¾	10¼	13½	16¾	20	23	25¾	31½	36¼	40¼	44¼								
64	48	28	56	6,67	3¼	6½	10	13¼	16½	19½	22½	25¼	30¾	35¼	39½	43½								
56	48	40	64	7,29	3	6¼	9¼	12¼	15	18	20½	23½	28½	33	37	41	44¼							
64	48	40	72	7,41	3	6	9	12	14¾	17¾	20¼	22¾	28¼	32½	36½	40¼	43¾							
64	48	32	56	7,62	2¾	5¾	8¾	11½	14½	17¼	19¾	22¼	27½	32	36	39½	43							

48	32	40	72	8,33	2½	5¼	8	10½	13½	15¾	18¼	20½	25½	29½	33½	37	40½	43½						
86	48	28	56	8,95	2½	5	7½	10	12½	14¾	17	19¼	24	28	31¾	35¼	38½	41¼	44					
56	40	48	72	9,33	2¼	4¾	7¼	9½	11¾	14	16¼	18½	23	27	30½	34	37¼	40¼	43					
64	48	40	56	9,52	2¼	4½	7	9¼	11½	13¾	16	18¼	22½	26½	30	33½	36½	39½	42¼	45				
72	40	32	56	10,29	2	4¼	6½	8¾	10¾	12¾	15	17¼	21	24¾	28¼	31½	34½	37½	40	42½	45			
64	48	56	72	10,37	2	4¼	6½	8½	10½	12¾	14¾	17	20¾	24½	28	31¼	34¼	37¼	39¾	42¼	44¾			
48	40	56	64	10,50	2	4¼	6¼	8½	10½	12½	14½	16¾	20½	24¼	27¾	31	34	36¾	39½	42	44¼			
64	40	48	72	10,67	2	4	6¼	8¼	10¼	12¼	14¼	16½	20¼	24	27¼	30½	33½	36½	39	41½	43¾			
56	32	40	64	10,94	2	4	6	8¼	10¼	12	14	16¼	20	23½	26¾	30	33	35¾	38¼	40¾	43			
64	32	40	72	11,11	2	4	6	8	10	11¾	13¾	16	19¾	23	26½	29½	32½	35½	38	40¼	42½	44¾		
56	32	48	72	11,66	1¾	3¾	5¾	7½	9½	11¼	13¼	15¼	18¾	22	25¼	28½	31¼	34	36½	39	41¼	43½		
72	40	32	48	12,00	1¾	3¾	5½	7¼	9¼	11	12¾	15	18¼	21½	24¾	27¾	30½	33¼	35¾	38	40¼	42½	44¾	
56	32	48	64	13,12	1½	3½	5¼	6¾	8½	10¼	11¾	13½	16¾	20	22¾	25¾	28¼	31	33¼	35¾	37¾	40	42	43¾
56	28	48	72	13,33	1½	3¼	5	6½	8¼	10	11½	13¼	16½	19½	22½	25½	28	30½	33	35¼	37½	39½	41½	43¼
64	40	48	56	13,71	1½	3¼	4¾	6½	8	9¾	11¼	13	16	19	22	24¾	27¼	30	32¼	34½	36½	38¾	40¾	42½
64	28	48	72	15,24	1½	3	4½	5¾	7¼	8¾	10¼	11¾	14½	17¼	20	22½	25	27¼	29½	31¾	34	35¾	37¾	39½
64	32	56	72	15,56	1¼	2¾	4¼	5¾	7¼	8¾	10	11½	14¼	17	19½	22	24½	27	29	31¼	33¼	35¼	37	39
56	64	72	40	15,75	1¼	2¾	4¼	5½	7	8½	9¾	11¼	14	16¾	19¼	21¾	24¼	26½	28¾	31	33	35	36¾	38½
72	32	48	64	16,87	1¼	2½	4	5¼	6¾	7¾	9¼	10½	13¼	15¾	18¼	20½	22¾	25	27	29¼	31¼	33¼	35	36½
64	32	48	56	17,14	1¼	2½	4	5¼	6½	7¾	9	10¼	13	15½	17¾	20¼	22¼	24¾	26¾	29	30¾	32¾	34½	36
72	32	40	48	18,75	1	2¼	3½	4¾	6	7¼	8¼	9½	12	14¼	16¼	18½	20¾	22¾	25	26¾	28½	30¼	32	33¾
72	32	48	56	19,29	1	2¼	3½	4½	5¾	7	8	9¼	11½	13¾	16	18¼	20¼	22¼	24	26	28	29¾	31½	33
64	28	48	56	19,59	1	2¼	3¼	4½	5¾	6¾	8	9¼	11½	13½	15¾	18	20	22	23¾	25¾	27½	29¼	31	32¾
72	32	56	64	19,69	1	2¼	3¼	4½	5¾	6¾	8	9	11½	13½	15¾	17¾	20	21¾	23¾	25½	27½	29¼	31	32½
72	24	40	56	21,43	1	2	3¼	4¼	5¼	6¼	7½	8½	10½	12½	14½	16½	18½	20¼	22	23¾	25½	27¼	29	30¼
72	28	56	64	22,50	1	2	3	4	5	6	7	8	10	12	13¾	15¾	17½	19¼	21	22¾	24½	26	27¾	29¼
64	32	56	48	23,33	1	2	3	4	5	5¾	6¾	7¾	9¾	11½	13¼	15¼	17	18¾	20¼	22	23½	25¼	27	28¼
72	24	56	64	26,25	1	1¾	2¾	3½	4¼	5	6	7	8½	10¼	12	13½	15	16¾	18¼	19¾	21¼	22¾	24¼	25½
64	28	56	48	26,67	¾	1¾	2¾	3½	4¼	5	6	6¾	8½	10	11¾	13¼	14¾	16½	18	19½	21	22¼	23¾	25¼
64	32	56	40	28,00	¾	1¾	2½	3¼	4	4¾	5¾	6½	8	9½	11¼	12¾	14¼	15¾	17¼	18¾	20	21½	22¾	24
72	28	48	40	30,86	¾	1½	2¼	3	3¾	4½	5	5¾	7¼	8¾	10	11½	13	14¼	15½	17	18½	19½	21	22
72	32	56	40	31,50	¾	1½	2¼	3	3½	4¼	5	5¾	7¼	8½	10	11¼	12¾	14	15¼	16½	18	19¼	20½	21¾
72	32	64	40	36,00	½	1¼	2	2½	3¼	3¾	4½	5	6¼	7½	8¾	10	11	12¼	13½	14¾	16	17	18¼	19¼
72	28	64	40	41,14	½	1	1¾	2¼	2¾	3¼	4	4½	5½	6½	7¾	8¾	9¾	10¾	11¾	13	14	15	16	17
72	28	56	32	45,00	½	1	1½	2	2½	3	3½	4	5	6	7	8	9	10	11	11¾	12¾	13¾	14¾	15½
72	24	64	40	48,00	½	1	1½	2	2½	3	3¼	3¾	4¾	5½	6½	7½	8½	9¼	10¼	11¼	12	13	13¾	14½
72	28	64	32	51,43	½	¾	1½	1¾	2¼	2¾	3	3½	4½	5¼	6	7	7¾	8¾	9½	10½	11¼	12	12¾	13¾
72	24	64	32	60,00	½	¾	1¼	1½	2	2¼	2½	3	3¾	4¼	5½	6	6¾	7½	8¼	9	9½	10¼	11	11¾
72	24	64	28	68,57	¼	¾	1	1¼	1¾	2	2¼	2½	3¼	4	4¼	5¼	5¾	6½	7¼	8	8½	9	9¾	10¼

12. Aufgabe:

	Durchmesser	Einstellwinkel
a)	$1\frac{3}{4}''$	20° 30′
b)	$\frac{7}{16}''$	23° 20′
c)	$2\frac{3}{8}''$	14° 30′
d)	$1\frac{5}{16}''$	30°
e)	$3\frac{1}{8}''$	25° 30′

13. Aufgabe:

	Durchmesser	Einstellwinkel
a)	36 mm	18° 30′
b)	66 „	34°
c)	75 „	28° 30′
d)	94 „	34° 20′
e)	36 „	25°

Berechne Steigung der Spirale und Wechselräder! Eine Abrundung der Durchmesser- und Winkelzahlen soll nicht stattfinden. Die errechnete Spiralsteigung soll in der 1. Lösung auf die nächstliegende Zahl der Tabelle abgerundet werden (Umrechnung der Millimeter in Zoll ist nötig!). In einer 2. Lösung soll versucht werden, die errechnete Steigung möglichst genau zu erreichen. (Siehe Beispiel S. 108.)

b) Der Einstellwinkel wird gesucht.

14. Aufgabe:

	Durchmesser	Spiralsteigung
a)	$\frac{5}{8}''$	10,29″
b)	$1\frac{1}{4}''$	31,50″
c)	2″	12″
d)	$\frac{1}{4}''$	4,46″
e)	$2\frac{3}{4}''$	23,33″

15. Aufgabe:

	Durchmesser	Spiralsteigung
a)	4″	26,25″
b)	$3\frac{1}{4}''$	60″
c)	$\frac{3}{4}''$	18,75″
d)	2″	22,50″
e)	$\frac{1}{8}''$	$2\frac{1}{2}''$

Bestimme Einstellwinkel und Wechselräder nach der Tabelle. (Siehe 4. Beispiel Seite 108.)

16. Aufgabe:

	Durchmesser	Spiralsteigung
a)	$3\frac{1}{8}''$	16″
b)	$2\frac{1}{4}''$	$24\frac{1}{2}''$
c)	$1\frac{9}{16}''$	40″
d)	$\frac{15}{16}''$	18″
e)	$2\frac{3}{8}''$	30″

17. Aufgabe:

	Durchmesser	Spiralsteigung
a)	$2\frac{5}{16}''$	600 mm
b)	$1\frac{3}{8}''$	180 „
c)	56 mm	720 „
d)	75 „	960 „
e)	48 „	12″

Berechne Einstellwinkel und Wechselräder!

Rechne mit Abrundungen; versuche in einer 2. Lösung, genau zu berechnen! (Siehe Seite 110.)

e) Tabelle für die Universalfräsmaschine von J. E. Reinecker, A.-G., Chemnitz.

Die Spiraltabelle nach Reinecker bringt nur die für bestimmte Spiralsteigungen notwendigen Wechselräder. Die Winkel-

Abb. 46. Universalfräsmaschine von J. E. Reinecker, A.-G., Chemnitz.

größen für die Tischverstellung sind selbständig zu berechnen. Das wird uns jedoch nun keine Schwierigkeiten mehr bereiten. Wir erinnern uns der beiden Formeln (Seite 88 und 98)

$$\operatorname{tang} y = \frac{D\pi}{L} \quad \text{und} \quad L = \frac{D\pi}{\operatorname{tang} y}.$$

Tabelle 5a. (Für Steigungen in Zentimetern resp. Millimetern.)

Spiral-Wechselrädertabelle zur Universalfräsmaschine von J. E. Reinecker.

Tischspindel = 8 mm Steigung; Teilkopfübersetzung 1 : 60.
Wechselräder: 20, 24, 25, 28, 30, 32, 40, 45, 48, 50, 60, 65, 70, 80, 88, 100, 112, 120, 127 Zähne.

Steig. der Spirale in cm *L*	Rad an der Tischspindel *a*	Rad a. d. Stelleisen vorn *b*	Rad a. d. Stelleisen hinten *c*	Rad an der Schnecke *d*	Steig. der Spirale in cm *L*	Rad an der Tischspindel *a*	Rad a. d. Stelleisen vorn *b*	Rad a. d. Stelleisen hinten *c*	Rad an der Schnecke *d*
4	100	50	120	20	72	80	60	50	100
5	100	50	120	25	80	45	100	80	60
6	100	50	120	30	88	40	88	60	50
7	80	70	120	20	96	80	60	45	120
8	100	50	120	40	104	60	100	50	65
9	100	50	80	30	112	60	70	50	100
10	100	25	60	50	120	80	100	60	120
12	100	50	80	40	128	60	80	50	100
14	100	25	60	70	144	100	80	32	120
16	100	25	60	80	160	60	100	40	80
18	100	60	80	50	176	50	100	48	88
20	100	40	48	50	192	50	100	60	120
22	80	88	48	20	210	60	120	32	70
24	100	30	48	80	224	40	120	45	70
26	80	65	60	40	240	40	120	48	80
28	100	50	60	70	256	45	120	40	80
30	80	100	60	30	288	50	120	32	80
32	50	100	120	40	320	32	120	45	80
36	100	50	80	120	352	48	120	30	88
40	60	100	80	40	384	40	120	30	80
44	80	40	48	88	400	48	120	24	80
48	100	50	40	80	420	48	120	20	70
52	50	100	120	65	440	48	120	24	88
56	50	100	120	70	480	24	120	40	80
60	100	50	48	120	600	24	120	40	100
64	50	100	120	80					

a) Die Steigung der Spirale wird gesucht.

18. Aufgabe:

	Durchmesser	Einstellwinkel
a)	20 mm	24° 20′
b)	60 ,,	36°
c)	48 ,,	$30\frac{1}{4}$°
d)	36 ,,	40°
e)	84 ,,	$20\frac{1}{2}$°

19. Aufgabe:

	Durchmesser	Einstellwinkel
a)	2″	25°
b)	$1\frac{1}{2}$″	18° 30′
c)	$\frac{9}{16}$″	8° 40′
d)	$3\frac{1}{4}$″	12°
e)	4″	24° 20′

Tabelle 5b. (Steigung in Zoll.)

Steigung d. Spirale in engl. Zoll L	Rad an der Tischspindel a	Rad a. d. Stelleisen vorn b	Rad a. d. Stelleisen hinten c	Rad an der Schnecke d	Steigung d. Spirale in engl. Zoll L	Rad an der Tischspindel a	Rad a. d. Stelleisen vorn b	Rad a. d. Stelleisen hinten c	Rad an der Schnecke d
6	80	127	120	24	60	50	127	48	60
7	80	127	120	28	64	50	127	60	80
8	60	127	100	20	70	30	127	80	70
9	80	127	100	30	72	30	127	50	45
10	60	127	80	20	80	60	127	40	80
12	70	127	80	28	84	40	127	80	112
14	60	127	80	28	90	20	127	60	45
16	45	127	80	24	96	30	127	50	60
18	50	127	80	30	100	40	127	60	100
20	60	127	80	40	112	25	127	60	70
24	50	127	60	30	120	30	127	40	60
28	40	127	60	28	128	30	127	50	80
30	40	127	60	30	140	30	127	40	70
32	50	127	60	40	150	40	127	32	80
36	40	127	50	30	160	30	127	40	80
40	40	127	45	30	180	20	127	40	60
48	30	127	80	48	200	24	127	40	80
50	30	127	80	50	240	20	127	30	60
56	24	127	50	28	280	24	127	25	70

Zu Aufgabe 18: Wie groß ist die Steigung in Millimetern?
Zu Aufgabe 19: Wie groß ist die Steigung in Zoll?
Berechne ferner für beide Aufgaben die Wechselräder. Runde die Steigungen auf in der Tabelle verzeichnete Zahlen ab! Versuche auch in einer 2. Lösung, genauere Ergebnisse zu erzielen!

Beispiel: Durchmesser = 54 mm; Einstellwinkel 26° 30′.

Lösung:

$$L = \frac{D\pi}{\text{tang}\,y} = \frac{54 \cdot 3{,}14}{\text{tang}\;26^\circ\,30'} = \frac{169{,}56}{0{,}4986} = 169{,}56 : 0{,}4986$$

$$= 1695600 : 4986 = \mathbf{340\ mm\ Steigung.}$$

Da die Tabelle die Steigungen in Zentimetern enthält, verwandeln wir die 340 mm in Zentimeter = 34 cm. Die Zahl 34 ist in der Tabelle nicht enthalten. Wir runden auf 32 oder **36** ab!

Wechselräder: Tischspindel = 8 mm; Spirale 36 cm = 360 mm.

Stv: $8 : 360 = \frac{8}{360} = \frac{1}{45}$;

Rv: $\frac{1}{45}$.

Räder:

$$\frac{1}{60}\left|\frac{1 \cdot 60}{45 \cdot 1}\right., \quad \text{gekürzt} \quad \frac{1}{60}\left|\frac{1 \cdot 4}{3 \cdot 1}\right. = \frac{1}{60}\left|\frac{2 \cdot 2}{1 \cdot 3}\right. = \frac{1}{60}\left|\frac{100 \cdot 80}{50 \cdot 120}\right..$$

Führe in bekannter Weise die Probe aus! Suche in einer 2. Lösung die Zahl **340** mm für die Steigung möglichst genau zu erreichen!

b) Der Einstellwinkel wird gesucht.

20. Aufgabe:

	Durchmesser	Spiralsteigung
a)	66 mm	720 mm
b)	30 ,,	800 ,,
c)	75 ,,	2100 ,,
d)	100 ,,	1950 ,,

21. Aufgabe:

	Durchmesser	Spiralsteigung
a)	$2\frac{1}{2}''$	24″
b)	$3\frac{3}{4}''$	16″
c)	60 mm	20″
d)	90 ,,	60″

Berechne den Einstellwinkel! $\left(\operatorname{tang} y = \frac{D\pi}{L}\right)$.

Berechne die Wechselräder!

Runde in 1. Lösung die Spiralsteigungen auf solche Zahlen ab, die in der Tabelle enthalten sind.

Suche in einer 2. Lösung die Steigungszahlen möglichst genau zu erreichen!

17. Teilarbeiten.

Häufig wird es nötig, den Umfang von Werkstücken mit einer genauen Teilung zu versehen (Zahnräder, Muttern usw.). Diese Arbeit ist das eigentliche Tätigkeitsfeld des Teilapparates, wie ja schon der Name andeutet.

a) Das einfache (direkte) Teilen.

Es gibt einfache Teilapparate, mit denen sich direkt die gewünschte Teilung vornehmen läßt. Es handelt sich dann aber stets nur um wenige Teile, etwa bis 12. Die Teilscheibe, die gewöhnlich mit 12 Löchern versehen ist, befindet sich fest auf der Teilspindel. Nach erfolgter Einstellung hält der Indexstift die Spindel fest. Bei einem Lochkreise von 12 Löchern lassen sich auf einfache Weise Teilungen von 2, 3, 4, 6, 12 vornehmen. Irgendwelche rechnerische Arbeit ist nicht erforderlich.

b) Das Teilen mit Hilfe von Lochkreisen.

1. Das mittelbare (indirekte) Teilen.

Bei den Apparaten, die zum indirekten Teilen benutzt werden, sitzt die Teilscheibe nicht auf der Teilspindel, sondern durch Schnecke und Schneckenrad erfolgt eine Übertragung der Teilung von der Teilscheibe (Lochkreis) aus bis zur Arbeitsspindel. Abb. 47 bringt das Schema dieser Übertragung.

Die wesentlichen Teile des Apparates sind:

1. das Teilrad oder Teilschneckenrad;
2. die Schnecke;
3. die Teilscheibe mit Indexkurbel und Winkelzeigern.

Das Teilrad (*T*) wird, wie wir schon wissen, mit 40, 60, 80 oder 120 Zähnen hergestellt. Seinen Antrieb erhält es durch die

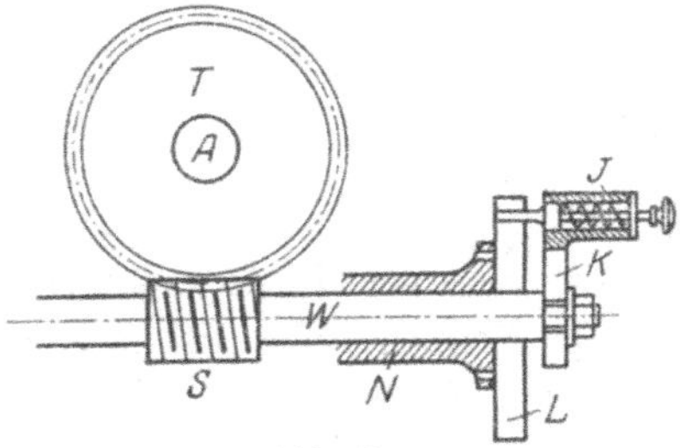

Abb. 47.

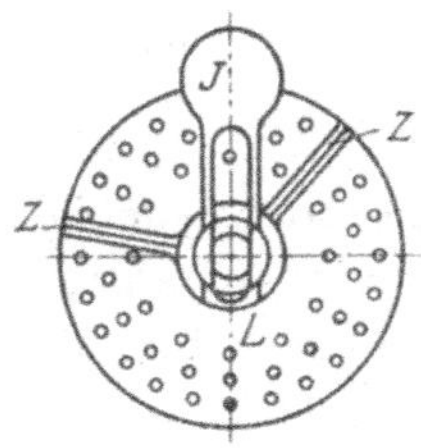

Abb. 48.

Schnecke (*S*), die meistens 1gängig, aber auch 2- und 3gängig verwandt wird.

Welche Übersetzungsverhältnisse ergeben sich? (Siehe Seite **73.**) Die Teilscheibe (*L*) sitzt fest auf einer langen Nabe (*N*). In dieser Nabe dreht sich die Schneckenwelle (*W*), deren Ende die Teilkurbel (*K*) trägt. Die Teilkurbel ist mit Index (*J*) ausgestattet. Der Indexstift wird durch Feder nach erfolgter Einstellung festgehalten. Der Zweck des Zeigerwinkels (*Z*) wird durch die späteren Darlegungen klar werden.

Hat das Teilschneckenrad *T* 40 Zähne, und ist die Schnecke *S* 1gängig, so besteht ein Übertragungsverhältnis von 1 : 40, d. h. macht die Schnecke 1 Umdrehung, so macht das Schneckenrad nur $\frac{1}{40}$ Umdrehung. 40 volle Umdrehungen der Schnecke sind nötig, damit sich das Schneckenrad 1mal dreht. Da die Kurbel *K* fest auf der Schneckenwelle sitzt, so kann man auch sagen: Zu einer Umdrehung des Schneckenrades sind 40 volle Kurbelumdrehungen nötig. Auf der Achse (A) des Schneckenrades wird das Werkstück eingespannt, das demnach mit dem Schneckenrade gleiche Umdrehungen macht:

bei 40 Kurbelumdrehungen	= 1	Umdr. des Werkstückes,	
„ 20 „	= $\frac{1}{2}$	„ „ „	;

das würde gleichbedeutend sein mit einer Teilung des Umfanges in zwei gleiche Teile. Also:

für	2	gleiche Teile	= 20	Kurbelumdrehungen;	$\frac{40}{2} = 20$,
„	4	„ „	= 10	„	$\frac{40}{4} = 10$,
„	5	„ „	= 8	„	$\frac{40}{5} = 8$,
„	8	„ „	= 5	„	$\frac{40}{8} = 5$,
„	10	„ „	= 4	„	$\frac{40}{10} = 4$,
„	20	„ „	= 2	„	$\frac{40}{20} = 2$,
„	40	„ „	= 1	„	$\frac{40}{40} = 1$.

Die soeben gebildeten Brüche $\frac{40}{2}$, $\frac{40}{4}$, $\frac{40}{5}$ usw. haben als Zähler stets die 40, also die Zahl, die das Verhältnis des Schneckenrades zur Schnecke angibt. Im Nenner steht die Zahl, die die geforderte Teilung angibt. So können wir sagen:

Die Zahl für die Kurbelumdrehungen findet man, indem man die Verhältniszahl für das Teilschneckenrad durch die Teilzahl dividiert. Kurz:

$$\text{Kurbelumdrehungen} = \frac{\text{Verhältniszahl für Schneckenrad}}{\text{gewünschte Teilung}}.$$

Für Kurbelumdrehungen wollen wir k sagen;
„ Verhältniszahl „ „ v „ ;
„ gewünschte Teilung „ „ t „ .

So können wir die Formel aufstellen

$$\boldsymbol{k = \frac{v}{t}}.$$

Diese Formel gilt für jeden Fall!

1. Beispiel: Ein Teilapparat hat eine 1gängige Schnecke und ein Schneckenrad von 60 Zähnen. Wieviel Kurbelumdrehungen sind für eine 2-, 3-, 4-, 5-, 6-, 12-, 15-, 20-, 30-, 60-Teilung nötig?

Lösung: Verhältnis zwischen Schnecke und Schneckenrad 1 : 60.

a) 2-Teilung: $k = \frac{v}{t}$; $k = \frac{60}{2}$; $k = \mathbf{30}$.

b) 3-Teilung: $k = \frac{v}{t} = \frac{60}{3} = \mathbf{20}$.

c) 4-Teilung: $k = \frac{v}{t} = \frac{60}{4} = \mathbf{15}$.

Führe die Lösung bis zur Teilung 60 weiter!

2. Beispiel: Schnecke = 2gängig; Schneckenrad = 80 Zähne. Wieviel Kurbelumdrehungen sind für eine 2-, 4-, 5-, 8-, 10-, 20-, 40-Teilung nötig?

Lösung: Verhältnis zwischen Schnecke und Schneckenrad = 2 : 80 = **1 : 40.**

a) 2-Teilung: $k = \frac{v}{t} = \frac{40}{2} = \mathbf{20}$.

b) 4-Teilung: $k = \frac{v}{t} = \frac{40}{4} = \mathbf{10}$.

Führe die Lösung zu Ende!

1. Aufgabe: Schnecke = 3gängig; Schneckenrad = 120 Zähne. Wieviel Kurbelumdrehungen sind für eine 2-, 4-, 5-, 8-, 10-, 20-, 40-Teilung nötig?

2. Aufgabe: Schnecke 1gängig; Schneckenrad 80 Zähne. Wieviel Kurbelumdrehungen sind nötig für eine 2-, 4-, 5-, 8-, 10-, 20-, 40-, 80-Teilung?

In allen bisher angeführten Beispielen waren nur volle Kurbelumdrehungen nötig. Diese Fälle sind jedoch verhältnismäßig selten und beschränken sich auf die oben angeführten Aufgaben. In den meisten Fällen werden Bruchteile von Kurbelumdrehungen nötig werden; oft nur Bruchteile, oft ganze Kurbelumdrehungen und Bruchteile.

3. Beispiel: Schnecke 1gängig; Schneckenrad 40 Zähne. Es sollen 6 Teilungen vorgenommen werden. Wieviel Kurbelumdrehungen sind nötig?

Lösung: Verhältnis zwischen Schnecke und Schneckenrad 1 : 40.

$$k = \frac{v}{t} = \frac{40}{6} = 6\tfrac{4}{6} = \mathbf{6\tfrac{2}{3}}.$$

Es sind demnach 6 volle Kurbelumdrehungen nötig, außerdem noch $\frac{2}{3}$ der siebenten Umdrehung. Die 6 vollen Umdrehungen sind leicht auszuführen. Wie können aber von der nächsten genau $\frac{2}{3}$ abgemessen werden?

Wir denken uns hinter der Kurbel festsitzend eine kreisrunde Scheibe. (Siehe Abb. 47 und 48 *L*). Hätte diese Scheibe Gradeinteilung (also 360° für den ganzen Umfang), so wären $\frac{2}{3}$ des Umfanges bald zu bestimmen; denn $\frac{2}{3}$ Umfang = 240°. Es wäre jedoch nicht nur mühsam, die Grade jedesmal sicher abzuzählen, sondern es kämen auch Ungenauigkeiten vor, die auf jeden Fall vermieden werden müssen.

Darum wendet man ein anderes Mittel an. Man versieht die kreisrunde Scheibe hinter der Kurbel mit Löchern, die in einem Kreise angeordnet sind und in die der Index-

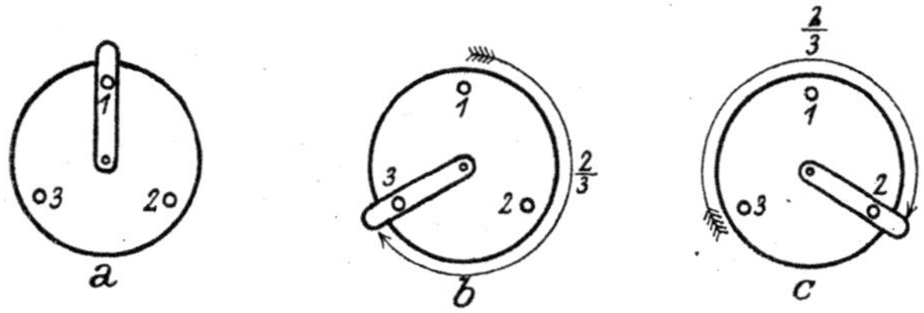

Abb. 49.

stift genau hineinpaßt. Solche Scheiben nennt man Lochscheiben, die zu Kreisen angeordneten Löcher Lochkreise. Die Teilung dieser Lochkreise ist auf das denkbar Genaueste ausgeführt.

Hätte die Scheibe *L* in Abb. 48 in einer Kreislinie liegend 3 Löcher von genauem Abstande, so wäre mittels dieser Scheibe (dieses Lochkreises) die 6-Teilung genau auszuführen: Zunächst wird die erste Einfräsung ausgeführt; Stellung der Kurbel wie Abb. 49a. Jetzt erfolgt die Weiterteilung für die zweite Einfräsung! Dazu sind 6 volle Kurbelumdrehungen nötig, außerdem von der 7. noch $\frac{2}{3}$. Da von Loch 1 bis Loch 2 erst $\frac{1}{3}$ ist, so muß Loch 2 übersprungen und der Indexstift in Loch 3 gesteckt werden. (Siehe Abb. 49b). Für die dritte Einfräsung muß die Weiterteilung in ähnlicher Weise erfolgen: erst 6 volle Umdrehungen der Kurbel, dann noch $\frac{2}{3}$ Umdrehung. Abb. 49c veranschaulicht diese Weiterteilung.

4. Beispiel: Es sollen 7 Teilungen vorgenommen werden. Schnecke 1gängig; Schneckenrad 60 Zähne.

Lösung: Verhältnis zwischen Schnecke und Schneckenrad = 1 : 60.

$$k = \frac{v}{t} = \frac{60}{7} = 8\frac{4}{7},$$

d. h. es sind außer 8 vollen Kurbelumdrehungen noch $\frac{4}{7}$ der nächsten Umdrehung für jede Weiterteilung nötig.

Die Scheibe muß demnach einen Lochkreis von 7 Löchern aufweisen. Dadurch wird es möglich, die notwendigen $\frac{4}{7}$ genau

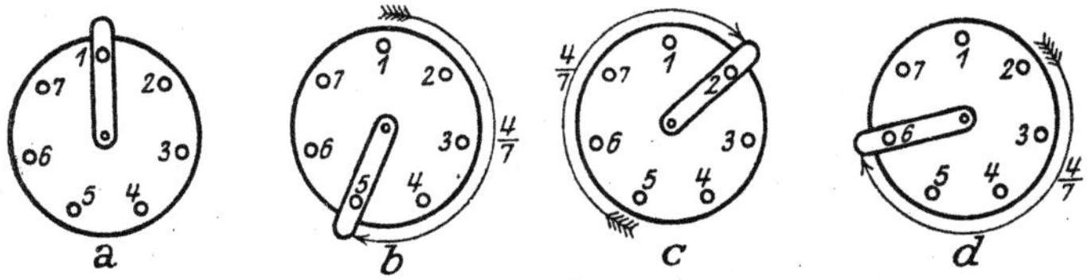

Abb. 50.

abzumessen. Die nachfolgenden Abbildungen mögen das noch einmal veranschaulichen (Abb. 50):

Stellung *a* für erste Einfräsung;
„ *b* „ zweite Einfräsung (8 volle Umdrehungen der Kurbel sind vorausgegangen!);
„ *c* „ dritte Einfräsung;
„ *d* „ vierte Einfräsung,

und so fort, bis alle sieben Einfräsungen ausgeführt worden sind.

Es ist also jedesmal ein lästiges Auszählen der Löcher nötig, das bei größeren Zahlen leicht zum Verzählen führen kann. Darum hat man den Zeigerwinkel angebracht, dessen Schenkel so weit auseinandergespreizt werden, daß sie die Anzahl der Teile, die der Bruch angibt, einschließen; im obigen Beispiel also $\frac{4}{7}$, d. h. 4 **Teile** des siebener Lochkreises. Zu beachten ist dabei, daß 4 **Teile** nicht vom 1. bis 4. Loch reichen, sondern vom 1. bis **5.** Loch. Es ist demnach immer **1 Loch mehr** einzuschließen, als **Teile** notwendig sind. (Siehe Abb. 50.)

Um eine $\frac{2}{3}$-Teilung vornehmen zu können, braucht man jedoch nicht unbedingt einen Lochkreis mit 3 Löchern. Es kann auch ein solcher von 6 Löchern verwertet werden. Dann darf man aber nicht 2 Teile weiterzählen, sondern es müssen deren jetzt 4 sein; denn $\frac{2}{3}$ auf $\frac{}{6}$ erweitert, ergibt $\frac{4}{6}$.

Ebenso hätte ein Lochkreis von 18 Löchern verwertet werden können; es hätte dann aber eine Weiterzählung von 12 Teilen zu erfolgen; denn $\frac{2}{3} = \frac{12}{18}$.

Merke: Durch Erweiterung des Bruches auf den zu benutzenden Lochkreis ergibt sich die Zahl, um welche die Weiterstellung zu erfolgen hat.

Die folgenden Beispiele werden Klarheit schaffen!

5. Beispiel: Es sind $\frac{4}{7}$ einer Kurbelumdrehung auszuführen. Welche Lochkreise können benutzt werden?

Lösung:

1)	Lochkreis	mit	7	Löchern;	4	Teile	weiterteilen
2)	,,	,,	14	,,	8	,,	,,
3)	,,	,,	21	,,	12	,,	,,
4)	,,	,,	28	,,	16	,,	,,
5)	,,	,,	35	,,	20	,,	,,

usw.,

denn $\frac{4}{7} = \frac{8}{14} = \frac{12}{21} = \frac{16}{28} = \frac{20}{35}$ usw.

6. Beispiel: Es wird eine Kurbelumdrehung von $\frac{7}{9}$ nötig. Welche Lochkreise können benutzt werden?

Lösung:

1)	Lochkreis	mit	9	Löchern;	7	Teile	weiterteilen
2)	,,	,,	18	,,	14	,,	,,
3)	,,	,,	27	,,	21	,,	,,
4)	,,	,,	36	,,	28	,,	,,

usw.,

denn $\frac{7}{9} = \frac{14}{18} = \frac{21}{27} = \frac{28}{36}$ usw.

3. Aufgabe: Welche Lochkreise wären für folgende Kurbelumdrehungen zu verwerten:

a) $\frac{7}{10}$	c) $\frac{3}{4}$	e) $\frac{4}{9}$	g) $\frac{1}{2}$
b) $\frac{5}{11}$	d) $\frac{7}{12}$	f) $\frac{13}{21}$	h) $\frac{2}{5}$

Um wieviel Löcher hätte jedesmal die Weiterteilung zu erfolgen? Warum?

Löse nach Muster von Beispiel 5 und 6!

Demnach ist es nicht nötig, für jeden vorkommenden Nenner einen Lochkreis haben zu müssen. Der Nenner kann durch Erweiterung auf einen vielleicht vorhandenen Lochkreis geführt werden.

In der Praxis ist es üblich, folgende Lochkreise zu benutzen: 15, 16, 17, 18, 19, 20, 21, 23, 27, 29, 31, 33, 37, 39, 41, 43, 47, 49.

Auf einer Scheibe sind stets mehrere Lochkreise vorhanden, um dadurch die Anzahl der Scheiben zu verringern. Die Firma Ludw. Loewe, Berlin, benutzt sogar beide Seiten der Scheibe; die Bohrungen gehen nicht durch.

7. Beispiel: Die Teilzahl soll 46 betragen. Schnecke 1gängig; Schneckenrad 40 Zähne. Bestimme Kurbelumdrehung und Lochkreis!

Lösung: Schnecke : Schneckenrad = 1 : 40.

$$k = \frac{v}{t} = \tfrac{40}{46}, \quad \text{gekürzt} = \tfrac{20}{23}.$$

Lochkreis 23 ist vorhanden. Wir benutzen ihn! Jedesmalige Weiterteilung = **20 Teile.** Vorsicht bei Zeigerwinkeleinstellung! **21 Löcher** einschließen!

8. Beispiel: Teilzanl = 19. Schnecke 2gängig; Schneckenrad 120 Zähne. Bestimme Kurbelumdrehungen und Lochkreis!

Lösung: Schnecke : Schneckenrad = 2 : 120 = 1 : 60.

$$k = \frac{v}{t} = \tfrac{60}{19} = 3\tfrac{3}{19}.$$

Also 3 volle Kurbelumdrehungen; außerdem noch $\tfrac{3}{19}$! Lochkreis 19 ist vorhanden und kann benutzt werden; jedesmal **3 Teile** weiterteilen!

9. Beispiel: Teilzahl = 60. Schnecke 2gängig; Schneckenrad 80 Zähne.

Lösung: Schnecke : Schneckenrad = 2 : 80 = 1 : 40.

$$k = \frac{v}{t} = \tfrac{40}{60} = \tfrac{2}{3}.$$

Lochkreis mit 3 Löchern ist nicht vorhanden. Die 3 ist jedoch auf 15 oder 18 oder 21 oder 27 oder 33 oder 39 zu erweitern. Diese Lochkreise können nach Belieben benutzt werden.

Z. B. Lochkreis 15; $\tfrac{2}{3} = \tfrac{10}{15}$; jedesmal 10 Teile weiterteilen!
Oder Lochkreis 18; $\tfrac{2}{3} = \tfrac{12}{18}$; jedesmal 12 Teile weiterteilen!
Oder Lochkreis 33; $\tfrac{2}{3} = \tfrac{22}{33}$; jedesmal 22 Teile weiterteilen!

usw.

10. Beispiel: Teilzahl = 215. Schnecke 1gängig; Schneckenrad 80 Zähne.

Lösung: Schnecke : Schneckenrad = 1 : 80.

$$k = \frac{v}{t} = \tfrac{80}{215} = \tfrac{16}{43}.$$

Also auf Lochkreis 43 jedesmal 16 Teile weiterteilen!

Zusammenfassung:

1. **Stelle das Verhältnis zwischen Schnecke und Schneckenrad fest.**
2. **Suche nach Formel $k = \frac{v}{t}$ die Zahl für die Kurbelumdrehungen.**
3. **Erweitere, wenn es nötig wird, den Nenner so, daß er auf einen vorhandenen Lochkreis führt.**

4. Aufgabe: Die Teilzahl sei:

a) 78	e) 43	i) 90	n) 12
b) 24	f) 35	k) 144	o) 25
c) 135	g) 72	l) 145	p) 75
d) 240	h) 88	m) 100	q) 64

	Schnecke	1gängig;	Schneckenrad	40 Zähne;
oder	,,	2 ,, ;	,,	80 ,, ;
oder	,,	3 ,, ;	,,	120 ,, .

5. Aufgabe: Die Teilzahl sei:

a) 14	e) 32	i) 156	n) 47
b) 190	f) 40	k) 230	o) 390
c) 340	g) 68	l) 86	p) 222
d) 124	h) 99	m) 81	q) 62

	Schnecke	1gängig;	Schneckenrad	60 Zähne;
oder	,,	2 ,, ;	,,	120 ,, ;
oder	,,	3 ,, ;	,,	180 ,, .

6. Aufgabe: Die Teilzahl sei:

a) 210	e) 248	i) 65	n) 490
b) 48	f) 560	k) 49	o) 800
c) 220	g) 208	l) 55	p) 155
d) 108	h) 19	m) 470	q) 304

	Schnecke	1gängig;	Schneckenrad	80	Zähne,	
oder	„	2 „ ;	„	160	„ ,	
oder	„	3 „ ;	„	240	„ .	

7. Aufgabe: Entnimm den Tabellen auf Seite 128 bis 130 Aufgaben und löse sie selbständig! Vergleiche das Ergebnis mit den Angaben der Tabelle! Beachte jedoch, daß häufig die Wahl eines anderen Lochkreises möglich ist! Die Lösung braucht noch nicht falsch zu sein, wenn das Ergebnis der eigenen Lösung mit den Angaben der Tabelle nicht übereinstimmt. Die gekürzten Werte müssen jedoch gleich sein.

Z. B: Ergebnis meiner Lösung $\frac{22}{33}$. Angabe der Tabelle $\frac{12}{18}$. Meine Lösung ist dennoch richtig!

$$\text{Denn } \frac{22}{33} = \frac{2}{3}; \quad \text{ebenso } \frac{12}{18} = \frac{2}{3}.$$

Auf diese Weise können alle Teilungen von 1 bis 50 berechnet werden; dann kommen zwischen 51 und 100 nur solche Zahlen in Betracht, die sich durch 2 oder 5 kürzen lassen. Über 100 hinaus wird die Möglichkeit immer seltener.

Die Tabellen auf Seite 128 bis 130 enthalten alle Teilungen, die nach Art vorstehender Muster gelöst werden können.

Von der Richtigkeit der Lösungen kann man sich auch durch folgende **Probe** überzeugen:

Zur Berechnung der Kurbelumdrehung (k) benutzten wir die Formel

$$k = \frac{v}{t}.$$

Eine Formel ist eine Gleichung und kann rechnerisch als solche behandelt werden. Wenn $k = \frac{v}{t}$ ist, so ist demnach auch $k \cdot t = v$ (Seite 25) oder, was dasselbe ist,

$$v = k \cdot t.$$

Diese Formel wollen wir für die Probe benutzen. In Worten ausgedrückt, will sie sagen:

Die Kurbelumdrehungen (k) mit der Teilzahl (t) malgenommen, müssen die Verhältniszahl für das Schneckenrad (y) ergeben, das ist eine volle Schneckenrad- resp. Werkstückumdrehung.

11. Beispiel:

Probe (zu dem Beispiel 7; siehe daselbst!).

Das Ergebnis war dort $\frac{20}{23}$ Kurbelumdrehungen.

$$v = k \cdot t; \quad v = \frac{20}{23} \cdot 46 = \frac{20 \cdot 46}{23} = \frac{20 \cdot 2}{1} = 40\,.$$

Da zwischen Schnecke und Schneckenrad laut Aufgabe das Verhältnis **1 : 40** besteht, so ist die Lösung richtig.

Tabelle 6.

Teiltabelle für Übersetzung 1 : 40.

(Schnecke = 1 gängig; Schneckenrad = 40 Zähne)
(„ = 2 „ ; „ = 80 „)
(„ = 3 „ ; „ = 120 „)

Teilzahl	Lochkreis	Volle Kurbelumdrehungen	Teil-Kurbelumdrehungen	Teilzahl	Lochkreis	Volle Kurbelumdrehungen	Teil-Kurbelumdrehungen	Teilzahl	Lochkreis	Teil-Kurbelumdrehungen	Teilzahl	Lochkreis	Teil-Kurbelumdrehungen	Teilzahl	Lochkreis	Teil-Kurbelumdrehungen
2	—	20		**26**	39	1	$\frac{21}{39}$	**50**	20	$\frac{16}{20}$	**90**	27	$\frac{12}{27}$	**152**	19	$\frac{5}{19}$
3	39	13	$\frac{13}{39}$	**27**	27	1	$\frac{13}{27}$	**52**	39	$\frac{30}{39}$	**92**	23	$\frac{10}{23}$	**155**	31	$\frac{8}{31}$
4	—	10		**28**	49	1	$\frac{21}{49}$	**54**	27	$\frac{20}{27}$	**94**	47	$\frac{20}{47}$	**156**	39	$\frac{10}{39}$
5	—	8		**29**	29	1	$\frac{11}{29}$	**55**	33	$\frac{24}{33}$	**95**	19	$\frac{8}{19}$	**160**	20	$\frac{5}{20}$
6	39	6	$\frac{26}{39}$	**30**	39	1	$\frac{13}{39}$	**56**	49	$\frac{35}{49}$	**96**	24	$\frac{10}{24}$	**164**	41	$\frac{10}{41}$
7	49	5	$\frac{35}{49}$	**31**	31	1	$\frac{9}{31}$	**58**	29	$\frac{20}{29}$	**98**	49	$\frac{20}{49}$	**165**	33	$\frac{8}{33}$
8	—	5		**32**	20	1	$\frac{5}{20}$	**60**	39	$\frac{36}{39}$	**100**	20	$\frac{8}{20}$	**168**	21	$\frac{5}{21}$
9	27	4	$\frac{12}{27}$	**33**	33	1	$\frac{7}{33}$	**62**	31	$\frac{20}{31}$	**104**	39	$\frac{15}{39}$	**170**	17	$\frac{4}{17}$
10	—	4		**34**	17	1	$\frac{3}{17}$	**64**	16	$\frac{10}{16}$	**108**	27	$\frac{10}{27}$	**172**	43	$\frac{10}{43}$
11	33	3	$\frac{21}{33}$	**35**	49	1	$\frac{7}{49}$	**65**	39	$\frac{24}{39}$	**110**	33	$\frac{12}{33}$	**180**	27	$\frac{6}{27}$
12	39	3	$\frac{13}{39}$	**36**	27	1	$\frac{3}{27}$	**66**	33	$\frac{20}{33}$	**115**	23	$\frac{8}{23}$	**184**	23	$\frac{5}{23}$
13	39	8	$\frac{3}{39}$	**37**	37	1	$\frac{3}{37}$	**68**	17	$\frac{10}{17}$	**116**	29	$\frac{10}{29}$	**185**	37	$\frac{8}{37}$
14	49	2	$\frac{42}{49}$	**38**	19	1	$\frac{1}{19}$	**70**	49	$\frac{28}{49}$	**120**	39	$\frac{13}{39}$	**188**	47	$\frac{10}{47}$
15	39	2	$\frac{26}{39}$	**39**	39	1	$\frac{1}{19}$	**72**	27	$\frac{15}{27}$	**124**	31	$\frac{10}{31}$	**190**	19	$\frac{4}{19}$
16	20	2	$\frac{10}{20}$	**40**	—	1		**74**	37	$\frac{20}{37}$	**128**	16	$\frac{5}{16}$	**195**	39	$\frac{8}{39}$
17	17	2	$\frac{6}{17}$	**41**	41		$\frac{40}{41}$	**75**	15	$\frac{8}{15}$	**130**	39	$\frac{12}{33}$	**196**	49	$\frac{10}{49}$
18	27	2	$\frac{6}{27}$	**42**	21		$\frac{20}{21}$	**76**	19	$\frac{10}{19}$	**132**	33	$\frac{10}{33}$	**200**	20	$\frac{4}{20}$
19	19	2	$\frac{2}{19}$	**43**	43		$\frac{40}{43}$	**78**	39	$\frac{20}{39}$	**135**	27	$\frac{8}{27}$	**210**	21	$\frac{4}{21}$
20	—	2		**44**	33		$\frac{30}{33}$	**80**	20	$\frac{10}{20}$	**136**	17	$\frac{5}{17}$	**220**	33	$\frac{6}{33}$
21	21	1	$\frac{19}{21}$	**45**	27		$\frac{24}{27}$	**82**	41	$\frac{20}{41}$	**140**	49	$\frac{14}{49}$	**230**	23	$\frac{4}{23}$
22	33	1	$\frac{27}{33}$	**46**	23		$\frac{20}{23}$	**84**	21	$\frac{10}{21}$	**144**	18	$\frac{5}{18}$	**240**	18	$\frac{3}{18}$
23	23	1	$\frac{17}{23}$	**47**	47		$\frac{40}{47}$	**85**	17	$\frac{8}{17}$	**145**	29	$\frac{8}{29}$	**248**	31	$\frac{5}{31}$
24	39	1	$\frac{26}{39}$	**48**	18		$\frac{15}{18}$	**86**	43	$\frac{20}{43}$	**148**	37	$\frac{10}{37}$	**280**	49	$\frac{7}{49}$
25	20	1	$\frac{12}{20}$	**49**	49		$\frac{40}{49}$	**88**	33	$\frac{15}{33}$	**150**	15	$\frac{4}{15}$	**300**	15	$\frac{2}{15}$

Tabelle 7.

Teiltabelle für Übersetzung 1 : 60.

(Schnecke = 1 gängig; Schneckenrad = 60 Zähne)
(„ = 2 „ ; „ = 120 „)
(„ = 3 „ ; „ = 180 „)

Teilzahl	Lochkreis	Volle Kurbelumdrehungen	Teil-Kurbelumdrehungen	Teilzahl	Lochkreis	Volle Kurbelumdrehungen	Teil-Kurbelumdrehungen	Teilzahl	Lochkreis	Teil-Kurbelumdrehungen	Teilzahl	Lochkreis	Teil-Kurbelumdrehungen	Teilzahl	Lochkreis	Teil-Kurbelumdrehungen
2	—	30		**37**	37	1	$\frac{23}{37}$	**80**	20	$\frac{15}{20}$	**138**	23	$\frac{10}{23}$	**235**	47	$\frac{12}{47}$
3	—	20		**38**	19	1	$\frac{11}{19}$	**81**	27	$\frac{20}{27}$	**140**	21	$\frac{9}{21}$	**240**	20	$\frac{5}{20}$
4	—	15		**39**	39	1	$\frac{21}{39}$	**82**	41	$\frac{30}{41}$	**144**	24	$\frac{10}{24}$	**245**	49	$\frac{12}{49}$
5	—	12		**40**	20	1	$\frac{10}{20}$	**84**	21	$\frac{15}{21}$	**145**	29	$\frac{12}{29}$	**260**	39	$\frac{9}{39}$
6	—	10		**41**	41	1	$\frac{19}{41}$	**85**	17	$\frac{12}{17}$	**147**	49	$\frac{20}{49}$	**264**	44	$\frac{10}{44}$
7	21	8	$\frac{12}{21}$	**42**	21	1	$\frac{9}{21}$	**86**	43	$\frac{30}{43}$	**148**	37	$\frac{15}{37}$	**270**	27	$\frac{6}{27}$
8	24	7	$\frac{12}{24}$	**43**	43	1	$\frac{17}{43}$	**87**	29	$\frac{20}{29}$	**150**	20	$\frac{8}{20}$	**276**	23	$\frac{5}{23}$
9	27	6	$\frac{18}{27}$	**44**	33	1	$\frac{12}{33}$	**88**	22	$\frac{15}{22}$	**155**	31	$\frac{12}{31}$	**280**	14	$\frac{3}{14}$
10	—	6		**45**	33	1	$\frac{11}{33}$	**90**	39	$\frac{26}{39}$	**156**	26	$\frac{10}{26}$	**290**	29	$\frac{6}{29}$
11	33	5	$\frac{15}{33}$	**46**	23	1	$\frac{7}{23}$	**92**	23	$\frac{15}{23}$	**158**	79	$\frac{30}{79}$	**300**	20	$\frac{4}{20}$
12	—	5		**47**	47	1	$\frac{13}{47}$	**93**	31	$\frac{20}{31}$	**160**	16	$\frac{6}{16}$	**310**	31	$\frac{6}{31}$
13	39	4	$\frac{24}{39}$	**48**	20	1	$\frac{5}{20}$	**94**	47	$\frac{30}{47}$	**164**	41	$\frac{15}{41}$	**320**	16	$\frac{3}{16}$
14	21	4	$\frac{6}{21}$	**49**	49	1	$\frac{11}{49}$	**95**	19	$\frac{12}{19}$	**165**	33	$\frac{12}{33}$	**330**	33	$\frac{6}{33}$
15	—	4		**50**	20	1	$\frac{4}{20}$	**96**	16	$\frac{10}{16}$	**170**	17	$\frac{6}{17}$	**340**	17	$\frac{3}{17}$
16	20	3	$\frac{15}{20}$	**51**	17	1	$\frac{3}{17}$	**98**	49	$\frac{30}{49}$	**172**	43	$\frac{15}{43}$	**345**	23	$\frac{4}{23}$
17	17	3	$\frac{9}{17}$	**52**	39	1	$\frac{6}{39}$	**99**	33	$\frac{20}{33}$	**174**	29	$\frac{10}{29}$	**360**	18	$\frac{5}{18}$
18	39	3	$\frac{13}{39}$	**54**	27	1	$\frac{3}{27}$	**100**	20	$\frac{12}{20}$	**180**	18	$\frac{6}{18}$	**370**	37	$\frac{6}{37}$
19	19	3	$\frac{3}{19}$	**55**	33	1	$\frac{3}{33}$	**102**	17	$\frac{10}{17}$	**185**	37	$\frac{12}{37}$	**372**	31	$\frac{5}{31}$
20	—	3		**56**	28	1	$\frac{2}{28}$	**104**	26	$\frac{15}{26}$	**188**	47	$\frac{15}{47}$	**380**	19	$\frac{3}{19}$
21	21	2	$\frac{18}{21}$	**57**	19	1	$\frac{1}{19}$	**105**	21	$\frac{12}{21}$	**190**	19	$\frac{6}{19}$	**390**	39	$\frac{6}{39}$
22	33	2	$\frac{24}{33}$	**58**	29	1	$\frac{1}{29}$	**108**	27	$\frac{15}{27}$	**192**	16	$\frac{5}{16}$	**400**	20	$\frac{3}{20}$
23	23	2	$\frac{14}{23}$	**60**	—	1		**110**	33	$\frac{18}{33}$	**195**	39	$\frac{12}{39}$	**410**	41	$\frac{6}{41}$
24	20	2	$\frac{10}{20}$	**62**	31		$\frac{30}{31}$	**111**	37	$\frac{20}{37}$	**196**	49	$\frac{15}{49}$	**420**	21	$\frac{3}{21}$
25	20	2	$\frac{8}{20}$	**63**	21		$\frac{20}{21}$	**114**	19	$\frac{10}{19}$	**200**	20	$\frac{6}{20}$	**430**	43	$\frac{8}{43}$
26	39	2	$\frac{12}{39}$	**64**	16		$\frac{15}{16}$	**115**	23	$\frac{12}{23}$	**204**	17	$\frac{5}{17}$	**440**	22	$\frac{3}{22}$
27	27	2	$\frac{6}{27}$	**65**	39		$\frac{36}{39}$	**116**	29	$\frac{15}{29}$	**205**	41	$\frac{12}{41}$	**450**	15	$\frac{2}{15}$
28	21	2	$\frac{3}{21}$	**66**	33		$\frac{30}{33}$	**117**	39	$\frac{20}{39}$	**210**	21	$\frac{6}{21}$	**460**	23	$\frac{3}{23}$
29	29	2	$\frac{2}{29}$	**68**	17		$\frac{15}{17}$	**120**	20	$\frac{10}{20}$	**215**	43	$\frac{12}{43}$	**470**	47	$\frac{6}{47}$
30	—	2		**69**	23		$\frac{20}{23}$	**123**	41	$\frac{20}{41}$	**216**	18	$\frac{5}{18}$	**480**	16	$\frac{2}{16}$
31	31	1	$\frac{29}{31}$	**70**	21		$\frac{18}{21}$	**124**	31	$\frac{15}{31}$	**220**	33	$\frac{9}{33}$	**510**	17	$\frac{2}{17}$
32	24	1	$\frac{21}{24}$	**72**	18		$\frac{15}{18}$	**126**	21	$\frac{10}{21}$	**222**	37	$\frac{10}{37}$	**540**	27	$\frac{3}{27}$
33	33	1	$\frac{27}{33}$	**74**	37		$\frac{30}{37}$	**129**	43	$\frac{20}{43}$	**225**	15	$\frac{4}{15}$	**600**	20	$\frac{2}{20}$
34	17	1	$\frac{13}{17}$	**75**	20		$\frac{16}{20}$	**130**	39	$\frac{18}{39}$	**228**	19	$\frac{5}{19}$			
35	21	1	$\frac{15}{21}$	**76**	19		$\frac{15}{19}$	**132**	33	$\frac{15}{33}$	**230**	23	$\frac{6}{23}$			
36	39	1	$\frac{26}{39}$	**78**	39		$\frac{30}{39}$	**135**	18	$\frac{8}{18}$	**234**	39	$\frac{10}{39}$			

Tabelle 8.

Teiltabelle für Übersetzung 1 : 80.

(Schnecke = 1 gängig; Schneckenrad = 60 Zähne)
(„ = 2 „ ; „ = 160 „)
(„ = 3 „ ; „ = 240 „)

Teilzahl	Lochkreis	Volle Kurbelumdrehungen	Teil-Kurbelumdrehungen	Teilzahl	Lochkreis	Volle Kurbelumdrehungen	Teil-Kurbelumdrehungen	Teilzahl	Lochkreis	Teil-Kurbelumdrehungen	Teilzahl	Lochkreis	Teil-Kurbelumdrehungen	Teilzahl	Lochkreis	Teil-Kurbelumdrehungen
2	—	40		**37**	37	2	$\frac{6}{37}$	**86**	43	$\frac{40}{43}$	**176**	33	$\frac{15}{33}$	**320**	16	$\frac{4}{16}$
3	39	26	$\frac{26}{39}$	**38**	19	2	$\frac{2}{19}$	**88**	33	$\frac{30}{33}$	**180**	18	$\frac{8}{18}$	**328**	41	$\frac{10}{41}$
4	—	20		**39**	39	2	$\frac{2}{39}$	**90**	27	$\frac{24}{27}$	**184**	23	$\frac{10}{23}$	**330**	33	$\frac{8}{33}$
5	—	16		**40**	—	2		**92**	23	$\frac{20}{23}$	**185**	37	$\frac{16}{37}$	**336**	21	$\frac{3}{21}$
6	39	13	$\frac{13}{39}$	**41**	41	1	$\frac{39}{41}$	**94**	47	$\frac{40}{47}$	**188**	47	$\frac{20}{47}$	**340**	17	$\frac{4}{17}$
7	21	11	$\frac{9}{21}$	**42**	21	1	$\frac{19}{21}$	**96**	18	$\frac{15}{18}$	**190**	19	$\frac{8}{19}$	**344**	43	$\frac{10}{43}$
8	—	10		**43**	43	1	$\frac{37}{43}$	**98**	49	$\frac{40}{49}$	**195**	39	$\frac{16}{39}$	**360**	18	$\frac{4}{18}$
9	18	9	$\frac{16}{18}$	**44**	33	1	$\frac{27}{33}$	**100**	20	$\frac{16}{20}$	**196**	49	$\frac{20}{49}$	**368**	23	$\frac{5}{23}$
10	—	8		**45**	18	1	$\frac{14}{18}$	**104**	39	$\frac{30}{39}$	**200**	20	$\frac{8}{20}$	**370**	37	$\frac{8}{37}$
11	33	7	$\frac{9}{33}$	**46**	23	1	$\frac{17}{23}$	**105**	21	$\frac{16}{21}$	**205**	41	$\frac{16}{41}$	**376**	47	$\frac{10}{47}$
12	18	6	$\frac{12}{18}$	**47**	47	1	$\frac{33}{47}$	**108**	27	$\frac{20}{27}$	**208**	39	$\frac{15}{39}$	**380**	19	$\frac{4}{19}$
13	39	6	$\frac{6}{39}$	**48**	39	1	$\frac{26}{39}$	**110**	33	$\frac{24}{33}$	**210**	21	$\frac{8}{21}$	**390**	39	$\frac{8}{39}$
14	21	5	$\frac{15}{21}$	**49**	49	1	$\frac{31}{49}$	**112**	21	$\frac{15}{21}$	**215**	43	$\frac{16}{43}$	**400**	20	$\frac{4}{20}$
15	15	5	$\frac{5}{15}$	**50**	20	1	$\frac{12}{20}$	**115**	23	$\frac{16}{23}$	**216**	27	$\frac{10}{27}$	**410**	41	$\frac{8}{41}$
16	—	5		**52**	39	1	$\frac{21}{39}$	**116**	29	$\frac{20}{29}$	**220**	33	$\frac{12}{33}$	**420**	21	$\frac{4}{21}$
17	17	4	$\frac{12}{17}$	**54**	27	1	$\frac{13}{27}$	**120**	39	$\frac{26}{39}$	**225**	45	$\frac{16}{45}$	**430**	43	$\frac{8}{43}$
18	18	4	$\frac{8}{18}$	**55**	33	1	$\frac{15}{33}$	**124**	31	$\frac{30}{31}$	**230**	23	$\frac{8}{23}$	**440**	33	$\frac{6}{33}$
19	19	4	$\frac{4}{19}$	**56**	21	1	$\frac{9}{21}$	**128**	16	$\frac{10}{16}$	**232**	29	$\frac{10}{29}$	**460**	23	$\frac{4}{23}$
20	—	4		**58**	29	1	$\frac{11}{29}$	**130**	39	$\frac{24}{39}$	**235**	47	$\frac{16}{47}$	**470**	47	$\frac{8}{47}$
21	21	3	$\frac{17}{21}$	**60**	18	1	$\frac{6}{18}$	**132**	33	$\frac{20}{33}$	**240**	18	$\frac{6}{18}$	**480**	18	$\frac{3}{18}$
22	33	3	$\frac{21}{33}$	**62**	31	1	$\frac{9}{31}$	**135**	27	$\frac{16}{27}$	**245**	49	$\frac{16}{49}$	**490**	49	$\frac{8}{49}$
23	23	3	$\frac{11}{23}$	**64**	20	1	$\frac{5}{20}$	**136**	17	$\frac{10}{17}$	**248**	31	$\frac{10}{31}$	**500**	25	$\frac{4}{25}$
24	39	3	$\frac{13}{39}$	**65**	39	1	$\frac{9}{39}$	**140**	21	$\frac{12}{21}$	**250**	25	$\frac{8}{25}$	**520**	39	$\frac{6}{39}$
25	20	3	$\frac{4}{20}$	**66**	33	1	$\frac{7}{33}$	**144**	27	$\frac{15}{27}$	**256**	16	$\frac{5}{16}$	**540**	27	$\frac{4}{27}$
26	39	3	$\frac{3}{39}$	**68**	17	1	$\frac{3}{17}$	**145**	29	$\frac{16}{29}$	**260**	39	$\frac{12}{39}$	**560**	21	$\frac{3}{21}$
27	27	2	$\frac{26}{27}$	**70**	21	1	$\frac{2}{21}$	**148**	37	$\frac{20}{37}$	**270**	27	$\frac{8}{27}$	**580**	29	$\frac{4}{29}$
28	21	2	$\frac{18}{21}$	**72**	18	1	$\frac{3}{18}$	**150**	15	$\frac{8}{15}$	**272**	17	$\frac{5}{17}$	**600**	15	$\frac{2}{15}$
29	29	2	$\frac{22}{29}$	**74**	37	1	$\frac{3}{37}$	**152**	19	$\frac{10}{19}$	**280**	21	$\frac{6}{21}$	**620**	31	$\frac{4}{31}$
30	39	2	$\frac{26}{39}$	**75**	15	1	$\frac{1}{15}$	**155**	31	$\frac{16}{31}$	**288**	18	$\frac{5}{18}$	**640**	16	$\frac{2}{16}$
31	31	2	$\frac{18}{31}$	**76**	19	1	$\frac{1}{19}$	**156**	39	$\frac{20}{39}$	**290**	29	$\frac{8}{29}$	**660**	33	$\frac{4}{33}$
32	20	2	$\frac{10}{20}$	**78**	39	1	$\frac{1}{39}$	**160**	16	$\frac{8}{16}$	**296**	37	$\frac{10}{37}$	**680**	17	$\frac{2}{17}$
33	33	2	$\frac{14}{33}$	**80**	—	1		**164**	41	$\frac{20}{41}$	**300**	15	$\frac{4}{15}$	**720**	18	$\frac{2}{18}$
34	17	2	$\frac{6}{17}$	**82**	41		$\frac{40}{41}$	**168**	21	$\frac{10}{21}$	**304**	19	$\frac{5}{19}$	**800**	20	$\frac{2}{20}$
35	21	2	$\frac{6}{21}$	**84**	21		$\frac{20}{21}$	**170**	17	$\frac{8}{17}$	**310**	31	$\frac{8}{31}$			
36	18	2	$\frac{4}{18}$	**85**	17		$\frac{16}{17}$	**172**	43	$\frac{20}{43}$	**312**	39	$\frac{10}{39}$			

12. Beispiel:

Probe (zu dem Beispiel 8; siehe daselbst!).

Das Ergebnis war dort $3\frac{3}{19}$.

$$v = k \cdot t; \quad v = 3\tfrac{3}{19} \cdot 19 = \frac{60 \cdot 19}{19} = \frac{60 \cdot 1}{1} = \mathbf{60}\,.$$

Da laut Aufgabe zwischen Schnecke und Schneckenrad das Verhältnis 1 : **60** besteht, so ist die Lösung richtig!

13. Beispiel: (Eine vollständig ausgeführte Aufgabe!)

Aufgabe: Teilzahl 260; Schnecke 1gängig; Schneckenrad 40 Zähne.

Lösung: Verhältnis zwischen Schnecke und Schneckenrad = 1 : 40.

$$k = \frac{v}{t} = \tfrac{40}{260} = \tfrac{2}{13}\,, \quad \text{erweitert } \mathbf{\tfrac{6}{39}}\,,$$

also 39er Lochkreis; jedesmal 6 Teile weiterteilen!

Probe:

$$v = k \cdot t; \quad v = \tfrac{6}{39} \cdot 260 = \frac{6 \cdot 260}{39}\,, \quad \text{gekürzt } \frac{2 \cdot 20}{1} = \mathbf{40}\,.$$

Die Lösung ist demnach richtig!

14. Beispiel: Teilzahl 18; Schnecke 2gängig; Schneckenrad 120 Zähne.

Lösung: Schnecke: Schneckenrad = 2 : 120 = 1 : 60.

$$k = \frac{v}{t} = \tfrac{60}{18} = \tfrac{10}{3} = 3\tfrac{1}{3}\,, \quad \text{erweitert } 3\tfrac{5}{15} \text{ oder } 3\tfrac{6}{18} \text{ oder } 3\tfrac{7}{21} \text{ oder } 3\tfrac{9}{27}$$

und andere Möglichkeiten.

Probe:

$$v = k \cdot t; \; v = 3\tfrac{5}{15} \cdot 18 = \tfrac{50}{15} \cdot 18 = \frac{50 \cdot 18}{15}\,, \text{ gekürzt } \frac{10 \cdot 6}{1} = \mathbf{60}\,.$$

Die Lösung ist demnach richtig!

8. Aufgabe: Führe für die Aufgaben 4, 5 und 6 nachträglich die Proben aus!

2. Das Verbund-Teilverfahren.

(Das kombinierende Teilverfahren.)

Wenn auch durch das indirekte Teilverfahren eine große Anzahl von Teilungen vorgenommen werden kann, so bleibt doch noch eine größere Zahl von Teilungen über, die auf diese Weise nicht gelöst werden kann. Sollen z. B. 51 Zähne in den Umfang eines Rades eingefräst werden, so ist diese Teilung mittels des indirekten Verfahrens nicht möglich; denn $k = \frac{v}{t} = \frac{40}{51}$.

Ein 51er Lochkreis ist nicht vorhanden. Er könnte zwar hergestellt werden, wie auch 53er, 57er, 59er Lochkreise. Doch würde das schließlich seine Grenzen haben, da die Teilscheiben nicht beliebig groß genommen, also auch nicht mit beliebig viel Löchern versehen werden können. Praktisch wäre es z. B. unmöglich, einen Lochkreis von 253 Löchern zu benutzen. Bei solchen Aufgaben führen andere Methoden zum Ziel: Das *Verbundteilen* und das *Differentialteilen*. Wir beschäftigen uns zunächst mit dem *Verbundteilen*, auch *kombinierendes* Teilen genannt. Den Namen werden die folgenden Darlegungen erklären, die in anschaulichster und einfachster Weise den Leser in dies schwierige, aber desto interessantere Rechengebiet einführen wollen.

Das Wesen des Verbundteilens besteht darin, daß statt mit 1 Lochkreise mit 2 solchen gearbeitet wird. Was jedem einzelnen dieser Kreise unmöglich war, das bewirken nun beide. Da 2 Lochkreise zu gemeinschaftlicher Arbeit verbunden oder kombiniert werden, so wird das Verfahren danach benannt.

Um das Verbundteilen anwenden zu können, müssen folgende Bedingungen erfüllt sein:

1. Beide Lochkreise müssen sich auf *einer* Scheibe befinden. Ist das nicht der Fall, so können zwar *zwei* Scheiben benutzt werden, die dann, gegen jede Verschiebung gesichert, gegeneinander gesetzt werden müssen.

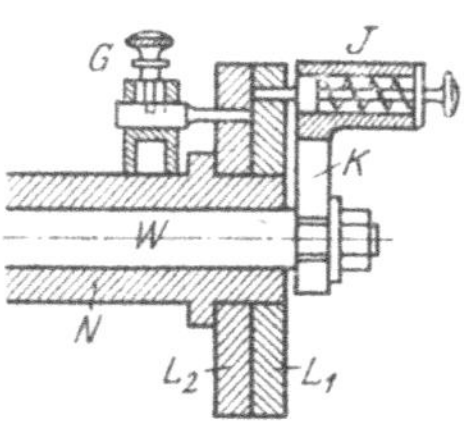

Abb. 51.

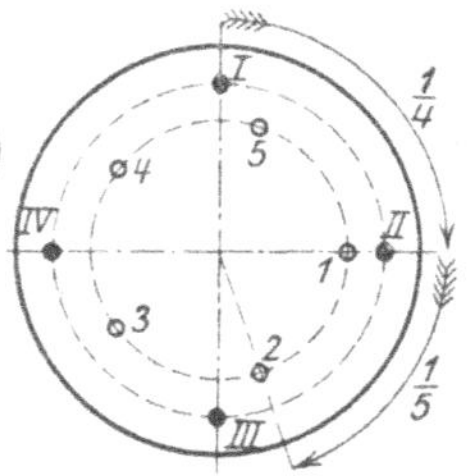

Abb. 52.

2. Außer dem Index J muß ein Gegenindex (G) vorhanden sein, der festsitzt und in die Löcher der zweiten Scheibe eingreifen kann. (Siehe Abb. 51.)

3. Die Teilscheiben müssen sich um die Welle W drehen lassen.

Vorweg noch folgende *allgemeine* Betrachtungen! Die Teilscheibe in Abb. 52 hat 2 Lochkreise, einen mit 5 und einen mit

4 Löchern. Drehe ich die Kurbel von I bis II, so hat sie $\frac{1}{4}$ des ganzen Umfanges zurückgelegt. Würde ich sie nun unter Benutzung des 2. Lochkreises weiter drehen, und zwar von 1 bis 2, so hat sie nochmals ein Stück des Umfanges zurückgelegt, das diesmal $\frac{1}{5}$ beträgt. Die Gesamtstrecke ist demnach $\frac{1}{4} + \frac{1}{5} = \frac{9}{20}$. Um eine Teilstrecke von $\frac{9}{20}$ mit der Kurbel abzuschreiten, könnte man also in doppelter Weise verfahren:

1. wir könnten einen 20er Lochkreis benutzen und jedesmal 9 Teile weiterteilen;
2. wir könnten 2 Lochkreise benutzen, den 4er und 5er Lochkreis, um zunächst $\frac{1}{4}$ und dann $\frac{1}{5}$ weiterzuteilen.

Die Gesamtstrecke $\frac{9}{20}$ setzt sich aus den beiden Teilstrecken $\frac{1}{4}$ und $\frac{1}{5}$ zusammen; kurz: $\frac{9}{20} = \frac{1}{4} + \frac{1}{5}$.

Das ist eine *Additionsaufgabe*, von der das Ergebnis $\frac{9}{20}$ bekannt ist, die beiden Posten sollen gesucht werden. Zu diesem Zwecke zerlegen wir den Nenner (Hauptnenner) $\frac{}{20}$ in zwei Faktoren, $\frac{}{4}$ und $\frac{}{5}$, aus denen er ja offenbar entstanden ist. Das Schwierigere ist nun, zu diesen *Nennern* die *Zähler* zu finden.

Der Hauptnenner $\frac{}{20}$ ist auf den Nenner $\frac{}{4}$ zurückgeführt worden, er ist demnach durch 5 gekürzt; denn $20 : 5 = 4$. Folglich muß ein solcher Zähler angenommen werden, der auch durch 5 kürzbar ist. Das kann in vorliegendem Beispiel nur die 5 sein, also $\frac{5}{20}$; denn die nächste durch 5 kürzbare Zahl, die 10 ($\frac{10}{20}$), wäre schon zu hoch. Wenn der eine Posten $\frac{5}{20}$ heißt, so *muß* der andere $\frac{4}{20}$ heißen; denn im ganzen waren es ja $\frac{9}{20}$. Demnach $\frac{9}{20} = \frac{5}{20} + \frac{4}{20} = \frac{1}{4} + \frac{1}{5}$.

15. Beispiel: $\frac{15}{28}$ ist in 2 Posten zu zerlegen!

Lösung: Der Hauptnenner $\frac{}{28}$ ist aus den Nennern $4 \cdot 7$ oder $2 \cdot 14$ entstanden. Wir nehmen das Nennerpaar $4 \cdot 7$ an! Wenn $\frac{}{28}$ auf $\frac{}{4}$ zurückgeführt wird, so hat eine Kürzung durch 7 stattgefunden; folglich muß der Zähler so beschaffen sein, daß er auch durch 7 kürzbar ist. Es kommen als Zähler für den ersten Posten die 7 oder die 14 in Betracht, also $\frac{7}{28}$ oder $\frac{14}{28}$ (denn $\frac{21}{28}$ wäre schon zu viel, da das Ergebnis nur $\frac{15}{28}$ ist). Heißt der *eine* $\frac{7}{28}$, so *muß* der andere $\frac{8}{28}$ sein; denn $\frac{7}{28} + \frac{8}{28} = \frac{15}{28}$. Umgekehrt $\frac{15}{28} = \frac{7}{28} + \frac{8}{28} = \mathbf{\frac{1}{4} + \frac{2}{7}}$.

Hätten wir als Zähler die 14 angenommen, so würde es heißen $\frac{14}{28} + \frac{1}{28}$. Diese beiden Posten kämen jedoch nicht in Betracht, da es bei unseren Zerlegungen stets darauf ankommen wird, die Hauptnennerzahl in den Posten zu vermeiden. Der Posten $\frac{1}{28}$ würde aber die Zahl für den Hauptnenner $(\frac{}{28})$ noch aufweisen.

16. Beispiel: $\frac{37}{45}$ ist in 2 Posten zu zerlegen!

Lösung: Hauptnenner $\frac{}{45}$ ist aus $\frac{}{5}$ und $\frac{}{9}$ entstanden. Wenn $\frac{}{45}$ auf $\frac{}{5}$ zurückgeführt wird, so hat eine Kürzung durch 9 stattgefunden; folglich war der Zähler auch durch 9 kürzbar. Er kann $\frac{9}{}$ oder $\frac{18}{}$ oder $\frac{27}{}$ oder $\frac{36}{}$ geheißen haben. Also

a) $\frac{37}{45} = \frac{9}{45} + \frac{28}{45} = \frac{1}{5} + \frac{28}{45}$ (kommt nicht in Betracht!)

b) $\frac{37}{45} = \frac{18}{45} + \frac{19}{45} = \frac{2}{5} + \frac{19}{45}$ (,, ,, ,, ,, !)

c) $\frac{37}{45} = \frac{27}{45} + \frac{10}{45} = \mathbf{\frac{3}{5} + \frac{2}{9}}$.

Diese Zerlegung in zwei Posten eignet sich; denn der unbequeme Nenner $\frac{}{45}$, den wir vermeiden wollten, ist tatsächlich vermieden worden.

17. Beispiel: $\frac{121}{105}$ soll in 2 Posten zerlegt werden!

Lösung: $\frac{}{105} = \frac{}{7} \cdot \frac{}{15}$. Ist $\frac{}{105}$ auf $\frac{}{7}$ zurückgeführt worden, so hat eine Kürzung durch 15 stattgefunden. Also war der Zähler auch durch 15 kürzbar. Er kann nur $\frac{15}{}$ oder $\frac{30}{}$ oder $\frac{45}{}$ oder $\frac{60}{}$ oder $\frac{75}{}$ usw. geheißen haben. Demnach:

a) $\frac{121}{105} = \frac{15}{105} + \frac{106}{105} = \frac{1}{7} + \frac{106}{105}$ (ungeeignet!)

b) $\frac{121}{105} = \frac{30}{105} + \frac{91}{105} = \mathbf{\frac{2}{7} + \frac{13}{15}}$ (geeignet!).

18. Beispiel: $\frac{109}{84}$ soll in 2 Posten zerlegt werden!

Lösung: $\frac{}{84} = \frac{}{7} \cdot \frac{}{12}$.

a) $\frac{109}{84} = \frac{12}{84} + \frac{97}{84} = \frac{1}{7} + \frac{97}{84}$ (ungeeignet!)

b) $\frac{109}{84} = \frac{24}{84} + \frac{85}{84} = \frac{2}{7} + \frac{85}{84}$ (,,)

c) $\frac{109}{84} = \frac{36}{84} + \frac{73}{84} = \frac{3}{7} + \frac{73}{84}$ (,,)

d) $\frac{109}{84} = \frac{48}{84} + \frac{61}{84} = \frac{4}{7} + \frac{61}{84}$ (,,)

e) $\frac{109}{84} = \frac{60}{84} + \frac{49}{84} = \mathbf{\frac{5}{7} + \frac{7}{12}}$ (geeignet!)

Dies Beispiel zeigt, daß häufig eine lange Versuchsreihe nötig ist, um zum geeigneten Resultat zu gelangen.

9. Aufgabe: Zerlege in 2 Posten nach vorstehenden Mustern:

a) $\frac{59}{72}$	d) $\frac{67}{60}$	g) $\frac{253}{180}$	k) $\frac{61}{70}$
b) $\frac{29}{21}$	e) $\frac{67}{40}$	h) $\frac{58}{69}$	l) $\frac{91}{120}$
c) $\frac{85}{66}$	f) $\frac{127}{104}$	i) $\frac{137}{132}$	m) $\frac{83}{80}$.

In einzelnen Fällen wird für das Verbundverfahren eine Zerlegung in eine **Subtraktions**aufgabe nötig werden. (Siehe Abb. 53.)

Drehen wir die Kurbel von I bis II (Abb. 53), so beträgt die Umdrehung $\frac{1}{4}$ des Umfanges der Scheibe. Wird darauf die Kurbel von 1 bis 2 zurückbewegt, so geht von dem $\frac{1}{4}$ der Umdrehung $\frac{1}{5}$ ab. Es bleibt nur noch $\frac{1}{20}$ übrig; denn $\frac{1}{4} - \frac{1}{5} = \frac{1}{20}$. Das Stück *ab* (Abb. 53) ist demnach $\frac{1}{20}$ des Umfanges der Scheibe. Um eine Teilung von $\frac{1}{20}$ vorzunehmen, könnte man demnach:

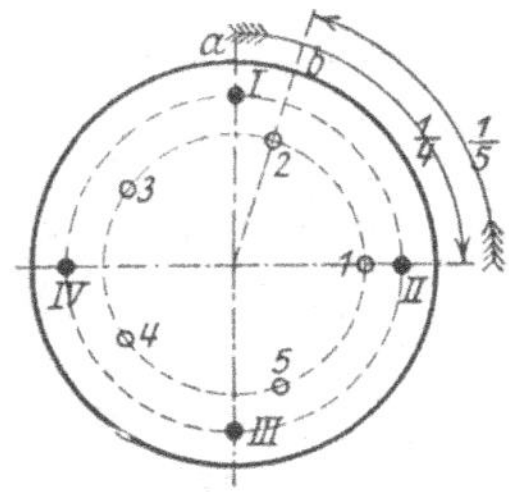

Abb. 53.

1. einen 20er Lochkreis benutzen und an diesem jedesmal um 1 Teil weiterteilen;
2. könnte man auch mit einem 4er und 5er Lochkreis arbeiten, indem man die Kurbel zunächst um $\frac{1}{4}$ vorwärts bewegs, dann um $\frac{1}{5}$ zurück.

19. Beispiel: $\frac{13}{30}$ soll in eine Subtraktionsaufgabe zerlegt werden!

Lösung: Hauptnenner $\frac{}{30}$ ist aus $\frac{}{5}$ und $\frac{}{6}$ entstanden (auch aus $\frac{}{3}$ und $\frac{}{10}$; außerdem aus $\frac{}{2}$ und $\frac{}{15}$). Wenn $\frac{}{30}$ auf $\frac{}{5}$ zurückgeführt werden soll, muß eine Kürzung durch 6 stattfinden. Dann muß aber der Zähler auch durch 6 kürzbar sein. Er kann also nur $\frac{6}{}$ oder $\frac{12}{}$ oder $\frac{18}{}$ usw. heißen. Also

a) $\frac{13}{30} = \frac{6}{30} + \frac{7}{30} = \frac{1}{5} + \frac{7}{30}$ (ungeeignet!)

b) $\frac{13}{30} = \frac{12}{30} + \frac{1}{30} = \frac{2}{5} + \frac{1}{30}$ („)

c) $\frac{13}{30} = \frac{18}{30} - \frac{5}{30} = \mathbf{\frac{3}{5} - \frac{1}{6}}$ (geeignet!)

Mittels Lochkreises 5 wären 3 Teile vorzustellen, mittels Lochkreises 6 wäre die Kurbel wieder um 1 Teil zurückzudrehen.

20. Beispiel: $\frac{25}{91}$ ist in 2 Posten (Subtraktion!) zu zerlegen!

Lösung: $\frac{}{91} = \frac{}{7} \cdot \frac{}{13}$.

a) $\frac{13}{91} + \frac{12}{91} = \frac{1}{7} + \frac{12}{91}$ (ungeeignet!)

b) $\frac{26}{91} - \frac{1}{91} = \frac{2}{7} - \frac{1}{91}$ („)

c) $\frac{39}{91} - \frac{14}{91} = \mathbf{\frac{3}{7} - \frac{2}{13}}$ (geeignet!)

Wann werden wir nun Zerlegungen zu Additionsaufgaben, wann zu Subtraktionsaufgaben vornehmen? Darüber läßt sich nichts Bestimmtes sagen. Wie das 19. und 20. Beispiel zeigen, werden die Versuchsreihen zunächst immer Additions(+)-zerlegungen ergeben. Führen diese nicht zu einem geeigneten Ergebnis, so setzen wir die Reihe fort als Subtraktions(—)-zerlegungen.

10. Aufgabe: Zerlege in 2 Posten (Additions- oder Subtraktionszerlegungen!):

a) $\frac{1}{33}$	c) $\frac{13}{80}$	e) $\frac{19}{24}$	g) $\frac{41}{55}$
b) $\frac{53}{90}$	d) $\frac{23}{60}$	f) $\frac{43}{63}$	h) $\frac{37}{75}$

Nach diesen Vorbereitungen wird das Verbundteilen keine Schwierigkeiten mehr bereiten.

21. Beispiel: Teilzahl 51; Schnecke 1gängig; Schneckenrad 40 Zähne.

Lösung: Schnecke : Schneckenrad = 1 : 40.

$$k = \frac{v}{t} = \frac{40}{51}$$

51er Lochkreis ist aber nicht vorhanden. Die 51 ist zerlegbar in 3 · 17. Also $\frac{\;}{51} = \frac{\;}{3} \cdot \frac{\;}{17}$.

Wir zerlegen nun den Zähler $\frac{40}{\;}$ in Additions-, resp. Subtraktionsposten:

a) $\frac{17}{51} + \frac{23}{51} = \frac{1}{3} + \frac{23}{51}$ (ungeeignet!)

b) $\frac{34}{51} + \frac{6}{51} = \frac{2}{3} + \frac{2}{17}$ (geeignet!)

Da ein Lochkreis mit 3-Teilung nicht vorhanden ist, erweitern wir $\frac{2}{3}$ auf $\frac{10}{15}$ oder $\frac{12}{18}$ oder $\frac{14}{21}$ usw.

Ein 17er Lochkreis ist vorhanden.

Also $\frac{10}{15} + \frac{2}{17}$ oder $\frac{12}{18} + \frac{2}{17}$ oder $\frac{14}{21} + \frac{2}{17}$ usw.

Probe: $v = k \cdot t$; $v = \left(\frac{10}{15} + \frac{2}{17}\right) \cdot 51 = \left(\frac{2}{3} + \frac{2}{17}\right) \cdot 51$

$$= \left(\frac{34 + 6}{51}\right) \cdot 51 = \frac{40 \cdot 51}{51} = \frac{40 \cdot 1}{1} = 40$$

Welche **mechanische** Arbeit hat nun dieser **rechnerischen** zu folgen?

1. Befinden sich der 15er und der 17er Lochkreis auf einer Lochscheibe, so wird diese aufgesteckt; befinden sie sich auf zwei verschiedenen Lochscheiben, so werden beide aufgesteckt und gegen Verschiebung gesichert. Dabei ist es vorteilhaft, den Lochkreis, den der vordere Bruch angibt (in obiger Lösung $\frac{10}{15}$) auch vorn hinzubringen, daß in ihn also der Index der Kurbel eingreifen kann.

2. In den vorderen Lochkreis (15er) läßt man den Index der Kurbel eingreifen, in den hinteren Lochkreis (17er) den feststehenden Index (*G* in Abb. 51).

3. Man zieht den vorderen Index (*J*) zurück und dreht die Kurbel um 10 Teile weiter ($\frac{10}{15}$!), dann läßt man den Index wieder in das betreffende Loch.

4. Nun zieht man den Gegenindex (*G*) zurück und dreht die Kurbel, die jetzt die Scheiben mitnimmt, nochmals in derselben Richtung (Uhrzeigerrichtung; rechts!) weiter, bis 2 Teile des 17er Lochkreises an dem Gegenindex vorbeigezogen sind; dann läßt man den Gegenindex wieder eingreifen.

22. Beispiel: Teilung 57; Schnecke 1gängig; Schneckenrad 40 Zähne.

Lösung: Schnecke : Schneckenrad = 1 : 40.

$$k = \frac{v}{t} = \frac{40}{57}.$$ 57er Lochkreis ist nicht vorhanden.

$\frac{}{57} = \frac{}{3} \cdot \frac{}{19}$. Nun zerlegen wir auch den Zähler, und zwar in Additions- resp. Subtraktionsposten.

a) $\frac{19}{57} + \frac{21}{57} = \frac{1}{3} + \frac{7}{19}$ (schon geeignet!)

$= \frac{5}{15} + \frac{7}{19}$ oder $\frac{6}{18} + \frac{7}{19}$ usw.

Probe:

$$v = k \cdot t;\quad v = \left(\frac{5}{15} + \frac{7}{19}\right) \cdot 57 = \left(\frac{1}{3} + \frac{7}{19}\right) \cdot 57 = \left(\frac{19}{57} + \frac{21}{57}\right) \cdot 57$$

$$= \frac{40}{57} \cdot 57 = \frac{40 \cdot 57}{57} = \frac{40 \cdot 1}{1} = \mathbf{40}.$$

Die nun folgende mechanische Arbeit verläuft genau so, wie sie beim 21. Beispiel angegeben wurde.

23. Beispiel: Teilzahl 69; Schnecke 2gängig; Schneckenrad 80 Zähne.

Lösung: Schnecke : Schneckenrad = 2 : 80 = 1 : 40.

$$k = \frac{v}{t} = \frac{40}{69}.$$ 69er Lochkreis ist nicht vorhanden.

$\frac{}{69} = \frac{}{3} \cdot \frac{}{23}$. Nun ist der Zähler $\frac{40}{}$ zu zerlegen.

a) $\frac{23}{69} + \frac{17}{69} = \frac{1}{3} + \frac{17}{69}$ (ungeeignet!)

b) $\frac{46}{69} - \frac{6}{69} = \frac{2}{3} - \frac{2}{23}$ (geeignet!) $= \mathbf{\frac{10}{15} - \frac{2}{23}}$.

Probe:

$$v = k \cdot t = \left(\frac{10}{15} - \frac{2}{23}\right) \cdot 69 = \left(\frac{2}{3} - \frac{2}{23}\right) \cdot 69 = \left(\frac{46}{69} - \frac{6}{69}\right) \cdot 69$$

$$= \frac{40}{69} \cdot 69 = \frac{40 \cdot 69}{69} = \frac{40 \cdot 1}{1} = \mathbf{40}.$$

Die mechanische Arbeit erfordert diesmal eine kleine Änderung!

1. Wie bei Beispiel 21!
2. Wie bei Beispiel 21!
3. Wie bei Beispiel 21!
4. Da diesmal die Bewegung des 2. Lochkreises subtrahiert werden muß, dürfen wir die Kurbel nicht in Uhrzeigerrichtung (rechts!) weiterdrehen, sondern entgegengesetzt (links!), und zwar um soviel, daß 2 Teile des 23er Lochkreises am Gegenindex vorbeigezogen sind.

24. Beispiel: Teilzahl 91; Schnecke 1gängig; Schneckenrad 60 Zähne.

Lösung: Schnecke : Schneckenrad = 1 : 60.

$$k = \frac{v}{t} = \frac{60}{91}.$$ 91er Lochkreis ist nicht da.

$\frac{\ }{91} = \frac{\ }{7} \cdot \frac{\ }{13}.$ Nun ist der Zähler $\frac{60}{\ }$ zu zerlegen.

a) $\frac{13}{91} + \frac{47}{91} = \frac{1}{7} + \frac{47}{91}$ (ungeeignet!)

b) $\frac{26}{91} + \frac{34}{91} = \frac{2}{7} + \frac{34}{91}$ („)

c) $\frac{39}{91} + \frac{21}{91} = \frac{3}{7} + \frac{3}{13}$ (geeignet!) $= \mathbf{\frac{9}{21} + \frac{9}{39}}$.

Probe:

$$v = k \cdot t = (\tfrac{9}{21} + \tfrac{9}{39}) \cdot 91 = (\tfrac{3}{7} + \tfrac{3}{13}) \cdot 91 = (\tfrac{39}{91} + \tfrac{21}{91}) \cdot 91$$

$$= \tfrac{60}{91} \cdot 91 = \frac{60 \cdot 91}{91} = \frac{60 \cdot 1}{1} = 60.$$

Die mechanische Arbeit gleicht der beim 21. Beispiel angegebenen!

25. Beispiel: Teilzahl 63; Schnecke 1gängig; Schneckenrad 40 Zähne.

Lösung: Schnecke : Schneckenrad = 1 : 40.

$$k = \frac{v}{t} = \frac{40}{63}.$$ 63er Lochkreis ist nicht da.

$\frac{\ }{63} = \frac{\ }{7} \cdot \frac{\ }{9}.$ Nun ist der Zähler $\frac{40}{\ }$ zu zerlegen.

a) $\frac{9}{63} + \frac{31}{63} = \frac{1}{7} + \frac{31}{63}$ (ungeeignet!)

b) $\frac{18}{63} + \frac{22}{63} = \frac{2}{7} + \frac{22}{63}$ („)

c) $\frac{27}{63} + \frac{13}{63} = \frac{3}{7} + \frac{13}{63}$ („)

d) $\frac{36}{63} + \frac{4}{63} = \frac{4}{7} + \frac{4}{63}$ („)

e) $\frac{45}{63} - \frac{5}{63} = \frac{5}{7} - \frac{5}{63}$ („)

f) $\frac{54}{63} - \frac{14}{63} = \frac{6}{7} - \frac{2}{9}$ (geeignet!) $= \mathbf{\frac{18}{21} - \frac{4}{18}}$.

Probe:

$$v = k \cdot t = \left(\tfrac{18}{21} - \tfrac{4}{18}\right) \cdot 63 = \left(\tfrac{6}{7} - \tfrac{2}{9}\right) \cdot 63 = \left(\tfrac{54}{63} - \tfrac{14}{63}\right) \cdot 63$$

$$= \tfrac{40}{63} \cdot 63 = \frac{40 \cdot 63}{63} = \frac{40 \cdot 1}{1} = 40.$$

Die mechanische Arbeit gleicht der beim 23. Beispiel angegebenen!

11. Aufgabe: Löse folgende Aufgaben nach den Mustern von den Beispielen 21 bis 25!

a)	Teilzahl	99;	Schnecke	1gängig;		Schneckenrad	40	Zähne;
b)	,,	91;	,,	1	,, ;	,,	40	,, ;
c)	,,	129;	,,	1	,, ;	,,	40	,, ;
d)	,,	221;	,,	1	,, ;	,,	40	,, ;
e)	,,	154;	,,	1	,, ;	,,	40	,, ;
f)	,,	77;	,,	2	,, ;	,,	80	,, ;
g)	,,	192;	,,	2	,, ;	,,	80	,, ;
h)	,,	225;	,,	2	,, ;	,,	80	,, ;
i)	,,	133;	,,	2	,, ;	,,	80	,, ;
k)	,,	119;	,,	1	,, ;	,,	60	,, ;
l)	,,	323;	,,	1	,, ;	,,	60	,, ;
m)	,,	435;	,,	1	,, ;	,,	40	,, ;
n)	,,	87;	,,	1	,, ;	,,	40	,, ;
o)	,,	329;	,,	1	,, ;	,,	60	,, ;
p)	,,	279;	,,	1	,, ;	,,	40	,, ;

Bemerk.: Zu d) $221 = 13 \cdot 17$; zu k) $133 = 7 \cdot 19$; zu l) $323 = 17 \cdot 19$; zu m) $435 = 15 \cdot 29$; zu o) $329 = 7 \cdot 47$; zu p) $279 = 9 \cdot 31$.

12. Aufgabe: Wähle selbst eine Teilzahl und führe die Lösung aus!

Beachte dabei folgendes: Jede Zahl ist zu verwerten, die sich so zerlegen läßt, daß die entstehenden Faktoren schon direkt oder nach Erweiterung einen vorhandenen Lochkreis angeben! Ausgeschlossen sind solche Zahlen, die gleiche Faktoren ergeben, z. B. $81 = 3 \cdot 3 \cdot 3 \cdot 3$, oder $121 = 11 \cdot 11$ usw.; dagegen ist 143 brauchbar, denn $143 = 11 \cdot 13$; ebenso 187, denn $187 = 11 \cdot 17$ usw.

Es wird selbst dem Erfahrenen schwer, die Faktoren von ungewöhnlichen Zahlen zu erkennen. Deshalb möge der Leser folgende Winke beachten:

1. Schreibe die Zahlen der Reihe nach von 51 bis 600 auf!

2. Bilde aus 2 Faktoren, von denen jeder einen Lochkreis bezeichnet oder doch durch Erweiterung auf einen solchen geführt werden kann, das Produkt. Z. B. 7 · 23 = **161**; 17 · 29 = **493**; 11 · 47 = **517** usw.

3. Suche in der unter 1. genannten Zahlenreihe die betreffende Zahl auf und schreibe die Faktoren dahinter. Z. B.

⋮	⋮	⋮
159	492	515
160	493 = 17 · 29	516
161 = 7 · 23	494	517 = 11 · 47
162	495	518
⋮	⋮	⋮

Diese Zahlenreihe wäre mit der Zeit zu vervollständigen. Viele Zahlen bleiben über, die sich überhaupt nicht zerlegen lassen, z. B. 131, 301, 71 usw. Andere Zahlen werden sich zum mittelbaren Teilen eignen; sie sind in den Tabellen, Seite 128, vollständig aufgeführt.

4. Tritt nun an den Arbeiter eine praktische Aufgabe heran, so entnimmt er seiner selbstangefertigten Zahlenreihe die Faktoren. Z. B.:

Die Teilzahl beträgt 161.

In der Zahlenreihe findet er hinter 161 die Faktoren 7 · 23.

Sind die Zahlen nicht passend zu zerlegen, so ist eine genaue Teilung durch das Verbundverfahren nicht zu erzielen. In diesen Fällen arbeiten wir wieder mit **Näherungswerten**, die wir in gewohnter Weise suchen. (Dreher als Rechner § 22.) Die damit erreichte Genauigkeit wird für die meisten Fälle genügen, namentlich dann, wenn nicht der ganze Umfang des Werkstückes geteilt werden braucht. Die Proben werden uns von der Genauigkeit der Ergebnisse überzeugen.

26. Beispiel: Teilzahl 53; Schnecke 1gängig; Schneckenrad 40 Zähne.

Lösung: Schnecke : Schneckenrad = 1 : 40.

$k = \frac{v}{t} = \frac{40}{53}$. Ein 53er Lochkreis ist nicht vorhanden.

In Faktoren ist die 53 auch nicht zu zerlegen. Wir versuchen darum, für den unbequemen Bruch $\frac{40}{53}$ einen geeigneten Bruch zu finden, der ihm im Werte aber möglichst nahe kommt.

Suchen des Näherungswertes:

$\frac{40}{53} = \frac{40 \cdot 50}{50 \cdot 53} = \frac{40 \cdot 400}{50 \cdot 424}$ (wir haben $\frac{50}{53}$ verachtfacht)

$= \frac{40 \cdot 399}{50 \cdot 423}$ (der Bruch $\frac{399}{423}$ wurde um 1 verschoben)

$= \frac{4 \cdot 133}{5 \cdot 141}$ (es wurde gekürzt) $= \frac{532}{5 \cdot 3 \cdot 47}$ (der Nenner $\frac{}{141}$ wurde in $3 \cdot 47$ zerlegt) $= \frac{532}{15 \cdot 47}$ ($5 \cdot 3$ wurden zu 15 zusammengefaßt) $= \frac{532}{705}$.

Genauer Wert: 40 : 53 = 0,7547
Näherungswert: 532 : 705 = 0,7546
Unterschied 0,0001.

Das ist $\frac{1}{7547}$.

Wir benutzen nun also das Verhältnis $\frac{532}{705} = \frac{532}{15 \cdot 47}$. Der Zähler 532 ist in Posten zu zerlegen.

a) $\frac{47}{15 \cdot 47} + \frac{485}{15 \cdot 47}$, gekürzt $\frac{1}{15} + \frac{485}{15 \cdot 47}$ (ungeeignet!)

b) $\frac{94}{15 \cdot 47} + \frac{437}{15 \cdot 47}$, „ $\frac{2}{15} + \frac{437}{15 \cdot 47}$ („)

c) $\frac{141}{15 \cdot 47} + \frac{391}{15 \cdot 47}$, „ $\frac{3}{15} + \frac{391}{15 \cdot 47}$ („)

usw. bis endlich

l) $\frac{517}{15 \cdot 47} + \frac{15}{15 \cdot 47}$, gekürzt $\mathbf{\frac{11}{15} + \frac{1}{47}}$

einen geeigneten Wert liefert.

Probe:

$$v = k \cdot t = (\tfrac{11}{15} + \tfrac{1}{47}) \cdot 53 = \left(\frac{517}{15 \cdot 47} + \frac{15}{15 \cdot 47}\right) \cdot 53 = \frac{532}{15 \cdot 47} \cdot 53$$

$$= \tfrac{532}{705} \cdot 53 = \frac{532 \cdot 53}{705} = \tfrac{28196}{705} = 28196 : 705 = \mathbf{39{,}994.}$$

Das genaue Ergebnis der Probe hätte 40,000 sein müssen. Unterschied = 0,006; das ist $\frac{6}{40000}$ oder abgerundet $\frac{1}{7000}$. Das wäre ein günstiges Ergebnis, denn die Probe sagt: Bei 53 Einstellungen sind im ganzen 39,994 Kurbelumdrehungen erfolgt. Eine einmalige Umdrehung des Werkstückes erfordert aber 40 Kurbelumdrehungen. Demnach hat das Werkstück noch keine volle Umdrehung gemacht, sondern es fehlen noch 40,000 — 39,994 = 0,006 Kurbelumdrehungen; das sind $\frac{6}{40000}$ oder abgerundet $\frac{1}{7000}$ der notwendigen 40 Kurbelumdrehungen. Mit andern Worten: Es fehlt $\frac{1}{7000}$ des Umfanges. Bei einem Umfange des Werkstückes von 700 mm (etwa 230 mm Durchmesser) würden 700 : 7000 = $\frac{700}{7000} = \frac{1}{10}$ mm fehlen. Die Entfernung von der Zahnmitte des 53. Zahnes bis zur Zahnmitte des 1. Zahnes ist um $\frac{1}{10}$ mm zu groß. Der Unterschied ist bei dieser groben Teilung äußerst gering.

27. Beispiel: Teilzahl 283; Schnecke 1gängig; Schneckenrad 60 Zähne.

Lösung: Schnecke : Schneckenrad = 1 : 60.

$$k = \frac{v}{i} = \tfrac{60}{283}.$$

Ein 283er Lochkreis ist nicht vorhanden; in Faktoren ist 283 nicht zu zerlegen; demnach ist eine Lösung nur mittels Näherungswertes möglich.

Näherungswert:

$$\tfrac{60}{283} = \frac{60 \cdot 282}{282 \cdot 283}, \quad \text{gekürzt} \quad \frac{10 \cdot 282}{47 \cdot 283}, \quad \text{verschoben} \quad \frac{10 \cdot 289}{47 \cdot 290},$$

$$\text{nochmals gekürzt} \quad \frac{1 \cdot 289}{47 \cdot 29} = \tfrac{289}{1363}$$

Genauer Wert:	60 : 283 =	0,21201
Näherungswert:	289 : 1363 =	0,21203
	Unterschied	0,00002.

Das ist $\frac{2}{21201}$, rund $\frac{1}{10500}$.

Wir benutzen nun das Verhältnis $\frac{289}{1363}$ für unsere Berechnungen.

Der Nenner 1363 kann in die Faktoren $47 \cdot 29$ zerlegt werden (denn daraus ist er ja entstanden!).

Also $$\frac{289}{47 \cdot 29}$$

Jetzt muß der Zähler 289 in geeignete Posten zerlegt werden.

a) $\frac{47}{29 \cdot 47} + \frac{242}{29 \cdot 47} = \frac{1}{29} + \frac{242}{29 \cdot 47}$ (ungeeignet!)

b) $\frac{94}{29 \cdot 47} + \frac{195}{29 \cdot 47} = \frac{2}{29} + \frac{195}{29 \cdot 47}$ (,,)

c) $\frac{141}{29 \cdot 47} + \frac{148}{29 \cdot 47} = \frac{3}{29} + \frac{148}{29 \cdot 47}$ (,,)

d) $\frac{188}{29 \cdot 47} + \frac{101}{29 \cdot 47} = \frac{4}{29} + \frac{101}{29 \cdot 47}$ (,,)

e) $\frac{235}{29 \cdot 47} + \frac{54}{29 \cdot 47} = \frac{5}{29} + \frac{54}{29 \cdot 47}$ (,,)

f) $\frac{282}{29 \cdot 47} + \frac{7}{29 \cdot 47} = \frac{6}{29} + \frac{7}{29 \cdot 47}$ (,,)

g) $\frac{329}{29 \cdot 47} - \frac{40}{29 \cdot 47} = \frac{7}{29} - \frac{40}{29 \cdot 47}$ (,,)

h) $\frac{376}{29 \cdot 47} - \frac{87}{29 \cdot 47} = \frac{8}{29} - \frac{3}{47}$ (geeignet!)

Probe:

$$v = k \cdot t = \left(\tfrac{8}{29} - \tfrac{3}{47}\right) \cdot 283 = \left(\frac{376}{29 \cdot 47} - \frac{87}{29 \cdot 47}\right) \cdot 283$$

$$= \frac{289}{29 \cdot 47} \cdot 283 = \tfrac{289}{1363} \cdot 283 = \frac{289 \cdot 283}{1363} = \tfrac{81787}{1363}$$

$$= 81787 : 1363 = \mathbf{60{,}005}.$$

Das will sagen: Nach 283 Einstellungen sind nicht 60 Kurbelumdrehungen, wie es eigentlich sein müßte, erfolgt, sondern 60,005 Kurbelumdrehungen, also $\frac{5}{60005}$ oder abgerundet $\frac{1}{12000}$ Kurbelumdrehungen zu viel. Dadurch wird der Abstand vom 283. Zahn bis zum nächsten, also zum 1. Zahn, um $\frac{1}{12000}$ des Umfanges zu klein. Das ist verschwindend wenig; beträgt doch der Fehler bei einem Umfange des Rades von 1200 mm (etwa 400 mm Durchmesser) nur $\frac{1}{10}$ mm! Bei kleineren Rädern verringert sich der Fehler noch weiter.

13. Aufgabe: Löse nach vorstehenden Mustern:

a)	Teilzahl 107;	Schnecke 1gängig;	Schneckenrad 40 Zähne;
b)	„ 149;	„ 1 „ ;	„ 40 „ ;
c)	„ 89;	„ 1 „ ;	„ 40 „ ;
d)	„ 173;	„ 2 „ ;	„ 80 „ ;
e)	„ 79;	„ 2 „ ;	„ 80 „ .

14. Aufgabe: Löse nach vorstehenden Mustern:

a)	Teilzahl 83;	Schnecke 1gängig;	Schneckenrad 60 Zähne;
b)	„ 137;	„ 1 „ ;	„ 60 „ ;
c)	„ 191;	„ 1 „ ;	„ 60 „ ;
d)	„ 179;	„ 2 „ ;	„ 120 „ ;
e)	„ 71;	„ 2 „ ;	„ 120 „ .

In ähnlicher Weise ist die Tabelle Seite 145 entstanden. Sie ist von der Firma Schuchardt & Schütte, Berlin, herausgegeben worden und bezieht sich auf ihre Teilapparate.

Die Primzahlen dieser Tabelle weisen wesentlich andere Zahlen auf für die Bewegungen der Zeigerstifte, ohne jedoch die Genauigkeit zu erreichen, die durch die vom Verfasser ausgearbeitete Methode erzielt wird.

1. Als Fehler für eine 53-Teilung haben wir in der Probe des 26. Beispiels (Seite 142) $\frac{1}{7000}$ festgestellt.

Die Schuchardt-Schüttesche Tabelle gibt für dieselbe Teilung in Spalte 3 als Fehler 1,0002 an. Auf 10002 Zehntausendstel beträgt der Fehler 2 Zehntausendstel; also $= \frac{2}{10000} = \frac{1}{5000}$. Unser Ergebnis ist demnach günstiger!

In Beispiel 27 stellt die Probe einen Fehler von $\frac{1}{12000}$ fest. Solche günstigen Ergebnisse treffen wir in jener Tabelle nicht an. Siehe die 3. Spalte durch!

2. Während die nach unserer Methode ausgerechneten Zahlen für die Kurbelbewegungen derartig sind, daß Zahn für Zahn gefräst wird, werden nach der Schuchardt-Schütteschen Tabelle die Zähne intervallweise gefräst (siehe 4. Spalte!), d. h. nach der ersten Einfräsung erfolgt nicht die einen Teil, sondern die **9 Teile** weiterliegende, also die 10-Einfräsung. Dann folgen die

Tabelle 9.

Teiltabelle zum kombinierten Teilen mit einem Teilapparat, dessen Übersetzungszahl = 40 ist[1]).

Vorhandene Lochkreise: 15, 16, 17, 18, 19, 20, 21, 23, 27, 29, 31, 33, 37, 39, 41, 43, 47, 49.

Teilzahl	Bewegungen der Zeigerstifte	Fehler für einen Durchmesser = 1	Teilintervall	Teilzahl	Bewegungen der Zeigerstifte	Fehler für einen Durchmesser = 1	Teilintervall
51	$\frac{2}{17}+\frac{12}{18}$			**114**	$\frac{12}{18}-\frac{6}{19}$		
53	$6\frac{43}{47}-\frac{6}{49}$	1,0002	9	**117**	$7\frac{1}{47}-\frac{9}{49}$	1,0002	20
57	$\frac{6}{18}+\frac{7}{19}$			**118**	$1\frac{8}{39}+\frac{24}{49}$	1,0019	5
59	$7\frac{10}{47}+\frac{12}{49}$	1,0009	11	**119**	$3\frac{4}{23}-\frac{16}{33}$	1,0015	8
61	$3\frac{42}{47}+\frac{2}{49}$	1,0003	6	**121**	$1\frac{14}{47}-\frac{15}{49}$	1,0055	3
63	$4\frac{19}{29}+\frac{14}{33}$	1,0019	8	**122**	$3\frac{41}{43}-\frac{17}{49}$	1,0008	11
67	$2\frac{27}{41}+\frac{16}{49}$	1,0005	5	**123**	$1\frac{12}{43}-\frac{17}{49}$	1,0018	5
69	$\frac{21}{23}-\frac{11}{33}$			**125**	$2\frac{33}{41}-\frac{13}{49}$	1,0031	8
71	$3\frac{34}{41}-\frac{22}{49}$	1,0005	6	**126**	$3\frac{16}{19}-\frac{7}{20}$	1,0047	11
73	$6\frac{28}{47}-\frac{1}{49}$	1,0002	12	**127**	$2\frac{23}{39}+\frac{12}{49}$	1,0006	9
77	$\frac{9}{21}+\frac{3}{33}$			**129**	$\frac{13}{39}-\frac{1}{43}$		
79	$2\frac{42}{43}+\frac{3}{49}$	1,0005	6	**131**	$2\frac{40}{43}+\frac{21}{49}$	1,0031	11
81	$5\frac{5}{43}-\frac{9}{49}$	1,0003	10	**133**	$3\frac{23}{29}-\frac{16}{33}$	1,0020	11
83	$3\frac{45}{47}-\frac{5}{49}$	1,0011	8	**134**	$3\frac{27}{47}+\frac{15}{49}$	1,0007	13
87	$\frac{23}{29}-\frac{11}{33}$			**137**	$3\frac{17}{43}-\frac{9}{49}$	1,0005	11
89	$3\frac{28}{39}-\frac{6}{49}$	1,0005	8	**138**	$\frac{22}{23}-\frac{22}{33}$		
91	$\frac{6}{39}+\frac{14}{49}$			**139**	$2\frac{25}{37}+\frac{24}{49}$	1,0005	11
93	$\frac{3}{31}+\frac{11}{33}$			**141**	$\frac{26}{39}-\frac{18}{47}$		
96	$\frac{3}{18}+\frac{5}{20}$			**142**	$4\frac{1}{47}+\frac{10}{49}$	1,0006	15
97	$4\frac{27}{41}-\frac{6}{49}$	1,0004	11	**143**	$1\frac{36}{47}-\frac{18}{49}$	1,0029	5
99	$\frac{15}{27}-\frac{5}{33}$			**146**	$2\frac{3}{37}-\frac{8}{49}$	1,0018	7
101	$4\frac{32}{43}-\frac{19}{49}$	1,0003	11	**147**	$\frac{13}{39}-\frac{3}{49}$		
102	$\frac{1}{17}+\frac{6}{18}$			**149**	$3\frac{5}{43}-\frac{8}{49}$	1,0010	11
103	$1\frac{8}{43}+\frac{18}{49}$	1,0010	4	**151**	$1\frac{42}{43}-\frac{6}{49}$	1,0024	7
106	$2\frac{38}{41}+\frac{23}{49}$	1,0009	9	**153**	$\frac{12}{17}-\frac{8}{18}$		
107	$2\frac{21}{31}-\frac{2}{33}$	1,0012	7	**154**	$\frac{8}{21}-\frac{4}{33}$		
109	$2\frac{19}{39}+\frac{4}{49}$	1,0006	7	**157**	$2\frac{23}{31}+\frac{2}{33}$	1,0011	11
111	$3\frac{29}{47}+\frac{17}{49}$	1,0003	11	**158**	$5\frac{5}{43}-\frac{15}{49}$	1,0031	19
112	$4\frac{10}{31}-\frac{13}{33}$	1,0063	11	**159**	$2\frac{7}{37}+\frac{16}{49}$	1,0007	10
113	$3\frac{26}{47}-\frac{18}{49}$	1,0004	9	**161**	$2\frac{10}{39}-\frac{1}{49}$	1,0051	9

[1]) Nach Schuchardt & Schütte, Berlin.

Tabelle 9 (Fortsetzung).

Teilzahl	Bewegungen der Zeigerstifte	Fehler für einen Durchmesser = 1	Teilintervall
162	$1\frac{30}{39} - \frac{2}{49}$	1,0057	7
163	$3\frac{7}{37} - \frac{24}{49}$	1,0013	11
166	$1\frac{19}{48} + \frac{12}{49}$	1,0035	7
167	$2\frac{1}{29} + \frac{4}{33}$	1,0015	9
169	$1\frac{32}{37} + \frac{13}{49}$	1,0016	9
171	$\frac{8}{18} - \frac{4}{19}$		
173	$1\frac{7}{43} + \frac{11}{49}$	1,0011	6
174	$\frac{11}{33} - \frac{3}{29}$		
175	$1\frac{4}{31} + \frac{8}{33}$	1,0112	6
176	$1\frac{14}{43} + \frac{13}{49}$	1,0075	7
177	$2\frac{19}{47} + \frac{4}{49}$	1,0027	11
178	$3\frac{28}{47} + \frac{11}{49}$	1,0014	17
179	$2\frac{34}{47} - \frac{13}{49}$	1,0006	11
181	$2\frac{8}{43} + \frac{12}{49}$	1,0012	11
182	$\frac{3}{39} + \frac{7}{49}$		
183	$1\frac{24}{41} + \frac{8}{49}$	1,0009	8
186	$\frac{17}{31} - \frac{11}{33}$		
187	$1\frac{20}{47} + \frac{14}{49}$	1,0056	8
189	$2\frac{26}{41} - \frac{15}{49}$	1,0046	11
191	$1\frac{38}{47} + \frac{14}{49}$	1,0046	10
192	$\frac{6}{16} - \frac{3}{18}$		
193	$1\frac{5}{37} - \frac{15}{49}$	1,0021	4
194	$2\frac{22}{37} - \frac{16}{49}$	1,0061	11
197	$1\frac{39}{43} + \frac{16}{49}$	1,0013	11
198	$\frac{3}{27} + \frac{3}{33}$		
199	$2\frac{12}{41} - \frac{4}{49}$	1,0014	11
201	$2\frac{18}{47} + \frac{10}{49}$	1,0011	13
202	$3\frac{10}{41} + \frac{6}{49}$	1,0028	17
203	$1\frac{23}{39} + \frac{9}{49}$	1,0065	9
204	$\frac{9}{17} - \frac{6}{18}$		
206	$2\frac{34}{39} + \frac{2}{49}$	1,0023	15
207	$3\frac{8}{41} - \frac{24}{49}$	1,0029	14
208	$1\frac{19}{47} + \frac{16}{49}$	1,0063	9
209	$\frac{9}{41} + \frac{8}{49}$	1,0041	2
211	$1\frac{28}{39} + \frac{18}{49}$	1,0039	11
212	$3\frac{4}{47} + \frac{6}{45}$	1,0017	17
213	$1\frac{18}{39} + \frac{2}{49}$	1,0033	8
214	$3\frac{9}{47} - \frac{19}{49}$	1,0010	15
217	$\frac{12}{21} - \frac{12}{31}$		
218	$1\frac{22}{47} - \frac{9}{49}$	1,0042	7
219	$3\frac{29}{43} - \frac{10}{49}$	1,0034	19
221	$1\frac{5}{47} - \frac{1}{49}$	1,0013	6
222	$2\frac{8}{43} - \frac{10}{49}$	1,006	11
223	$2\frac{26}{43} + \frac{13}{49}$	1,0005	16
224	$2\frac{6}{23} + \frac{2}{33}$	1,0143	13
225	$\frac{5}{18} - \frac{2}{20}$		
226	$1\frac{38}{39} + \frac{16}{49}$	1,0014	13
227	$3\frac{3}{43} + \frac{5}{49}$	1,0005	18
228	$\frac{6}{18} - \frac{3}{19}$		
229	$2\frac{19}{41} - \frac{18}{49}$	1,0007	12
231	$\frac{3}{21} + \frac{1}{33}$		
233	$1\frac{36}{47} + \frac{6}{49}$	1,0022	11
234	$2\frac{21}{29} + \frac{6}{33}$	1,0068	17
236	$2\frac{30}{43} + \frac{9}{49}$	1,0021	17
237	$2\frac{12}{47} - \frac{3}{49}$	1,0006	13
238	$2\frac{3}{31} + \frac{14}{33}$	1,0024	15
239	$1\frac{23}{43} + \frac{15}{49}$	1,0008	11
241	$1\frac{1}{41} + \frac{23}{49}$	1,0010	9
242	$2\frac{23}{41} - \frac{4}{49}$	1,0013	15
243	$1\frac{29}{41} - \frac{3}{49}$	1,0009	10
244	$2\frac{15}{31} + \frac{10}{33}$	0,0044	17
246	$1\frac{6}{43} - \frac{16}{49}$	1,0037	5
247	$2\frac{15}{43} - \frac{4}{49}$	1,0007	14
249	$3\frac{4}{43} - \frac{2}{49}$	1,0005	19
250	$2\frac{9}{37} - \frac{8}{49}$	1,0083	13

19, 28, 37, 46, (55 =) 2, 11, 20, 29, 38, 47, (56 =) 3, 12 ..., bis schließlich alle 53 Einfräsungen gemacht sind. Dadurch wird ein Verzählen stark begünstigt. Die 9 vollen Umdrehungen, die das Werkstück bei diesem intervallweisen Fräsen erfährt, vergrößert außerdem den Fehler.

3. Für viele Zahlen gibt die Tabelle Kurbelumdrehungen an, die eine angenäherte Teilung bewirken, während eine genaue Teilung möglich ist. (111, 112, 117, 119, 123, 126, 133, 143, 175, 176, 186, 187, 189, 207, 208, 209, 221, 222, 224, 234, 238, 246, 247.)

Z. B. gibt die Tabelle für 221-Teilung die Kurbelbewegung $1\frac{5}{47} - \frac{1}{49}$ an. Fehler $\frac{13}{10000}$, rund $\frac{1}{800}$.

Es ist aber eine genaue Teilung möglich; denn

$$k = \frac{v}{t} = \frac{40}{221}.$$

Der Nenner 221 ist in die Faktoren $13 \cdot 17$ zu zerlegen. Nun hat eine Zerlegung des Zählers 40 in Additionsposten zu erfolgen.

a) $\frac{17}{13 \cdot 17} + \frac{23}{13 \cdot 17} = \frac{1}{13} + \frac{23}{13 \cdot 17}$ (ungeeignet!)

b) $\frac{34}{13 \cdot 17} + \frac{6}{13 \cdot 17} = \frac{2}{13} + \frac{6}{13 \cdot 17}$ („)

c) $\frac{51}{13 \cdot 17} - \frac{11}{13 \cdot 17} = \frac{3}{13} - \frac{11}{13 \cdot 17}$ (ungeeignet!)

d) $\frac{68}{13 \cdot 17} - \frac{38}{13 \cdot 17} = \frac{4}{13} - \frac{38}{13 \cdot 17}$ („)

usw. bis

k) $\frac{170}{13 \cdot 17} - \frac{130}{13 \cdot 17} = \frac{10}{13} - \frac{10}{17}$ (geeignet!) $= \frac{30}{39} - \frac{10}{17}$.

Ähnlich ist es bei 111-Teilung. Genaue Teilung ist durch Kurbelbewegung $\frac{10}{15} + \frac{1}{37}$ zu erreichen. Führe die Lösung selbständig aus!

Auch bei 112-Teilung ist genaue Teilung möglich! Kurbelbewegung $= \frac{6}{7} - \frac{8}{16} = \frac{18}{21} - \frac{8}{16}$. Führe die Rechnung selbständig aus!

Suche aus der Tabelle weitere Zahlen, die eine genaue Teilung ermöglichen!

Als besonders wichtig sei noch erwähnt, daß bei dieser Art Teilung der Teilkopf nicht den geringsten **toten Gang** aufweisen darf, wenn genaue Ergebnisse erzielt werden sollen.

3. Das Differentialteilen.

Durch das mittelbare Teilen und durch das Verbundteilen ist zwar eine große Anzahl von Teilungen genau auszuführen, doch sind, wie wir uns überzeugt haben, bei Primzahlen nur angenäherte Ergebnisse zu erreichen. Den Erfindergeist drängte es, Konstruktionen zu ersinnen, die auch für diese Zahlen einwandfreie Ergebnisse ermöglichen. Das ist durch die Einrichtung der Teilköpfe zum **Differentialteilen** gelungen. Wie der Name sagt, wird absichtlich für Berechnung der Kurbelumdrehungen eine andere als die gewünschte Teilzahl gewählt, also eine solche, die mit der anderen eine Differenz (einen Unterschied) bildet. Diese Differenz wird durch eine Wechselräderanordnung wieder ausgeglichen.

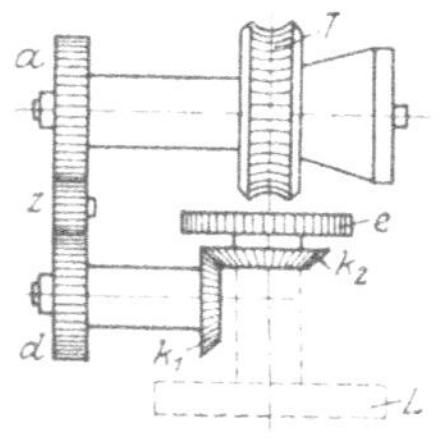

Abb. 54.

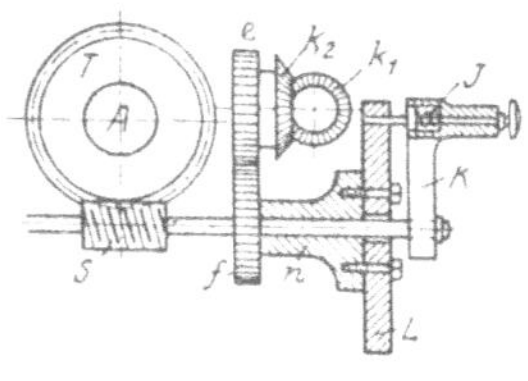

Abb. 55.

Die Abb. 54 und 55 bringen in schematischer Anordnung die wesentlichen Teile des Apparates.

Im Unterschiede zu anderen Teilköpfen besteht bei den zum Differentialteilen eingerichteten Teilköpfen die Möglichkeit, der Teilscheibe (Lochkreis) eine zwangläufige Bewegung zu erteilen, die von den Umdrehungen des Schneckenrades abhängig ist. Zu diesem Zwecke wird in die innere Bohrung der Spindel A (Abb. 55) ein Spreizkonus mit Zugschraube und Radbolzen angebracht, so daß sich jetzt die Achse A zur Aufnahme eines Wechselrades (a) eignet. Zwischenräder (z) oder weitere Wechselräder oder Zwischenräder und weitere Wechselräder übertragen die Bewegung auf das Wechselrad d und damit auf das Kegelrad k_1. k_1 steht im Eingriff mit Kegelrad k_2, welches wiederum mit Stirnrad e dieselbe Achse hat. Das Stirnrad e greift in das Stirnrad f. Die Nabe (n) des Stirnrades f dient der Schneckenwelle als Lager und hat an ihrem anderen Ende festverschraubt die Teilscheibe L.

Wie verläuft nun die Bewegungsübertragung?

Wir nehmen an, die Wechselräder *a* und *d* hätten gleiche Zähnezahl, ebenso die Kegelräder k_1 und k_2 und auch die Stirnräder *e* und *f*. Die Übersetzung von *a* bis *f* ist dann gleich 1 : 1.

Die Schnecke soll eingängig sein; das Schneckenrad soll 40 Zähne haben.

Drehe ich die Kurbel *K* ein volles Mal herum, so macht, wie uns längst bekannt ist, das Schneckenrad $\frac{1}{40}$ Umdrehung. Da die Übersetzung von *a* bis *f* 1 : 1 ist, so macht auch die Teilscheibe *L* $\frac{1}{40}$ Umdrehung.

Abb. 56a bedeute die Anfangsstellung. Der Indexstift befindet sich im Loch *m*. Wird die Kurbel nun ein volles Mal herumgedreht, so hat sie wiederum die gleiche Stellung; aber der Stift kann nicht in Loch *m* eingelassen werden, denn dieses hat infolge der Umdrehung der Teilscheibe seine Stellung verändert und ist um $\frac{1}{40}$ des Umfanges weitergewandert (Abb. 56b). Soll der Stift in *m* eingelassen werden, so muß die Kurbel noch weitergedreht werden, bis sie Loch *m* eingeholt hat (Abb. 56c).

Abb. 56.

Von besonderer Wichtigkeit ist es zu wissen, welche Umdrehungsrichtung die Teilscheibe hat. Ist ihre Umdrehungsrichtung der des Schneckenrades gleich (Rechtsumdrehung), so wird die Kurbel den fliehenden Punkt *m* einholen müssen. Die Kurbelumdrehung wird größer (Abb. 56). Hat die Teilscheibe zur Schneckenradbewegung entgegengesetzte Richtung, so kommt der Punkt *m* der Kurbel entgegen; die Kurbelumdrehung wird geringer (Abb. 57).

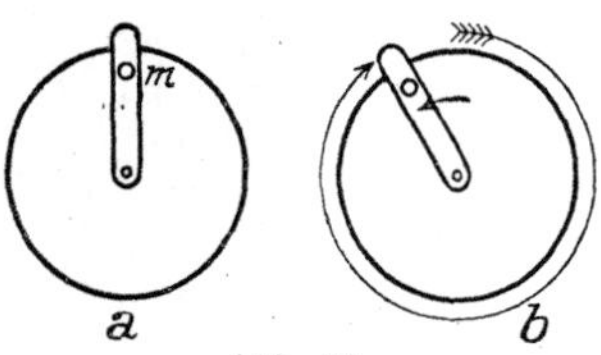

Abb. 57.

Merke: Gleiche Umdrehungsrichtung zwischen Schneckenrad und Teilscheibe wird erzielt, wenn:

a) 2 Wechselräder und 1 Zwischenrad (Abb. 58),

b) 4 Wechselräder (Abb. 59)

Verwendung finden.

Abb. 58. Wanderer-Teilkopf (2 Wechselräder und Zwischenrad).

Abb. 59. Wanderer-Teilkopf (4 Wechselräder).

Beweis nach Abb. 54 und 55.

T = rechts.

a = rechts; denn a hat gleiche Welle mit T.

z = links; z könnten auch 2 weitere Wechselräder sein.

d = rechts.

k_1 = rechts; denn gleiche Welle mit d.

k_2 = links.

e = links; denn gleiche Welle mit k_2.

f = rechts; folglich auch L = rechts.

Entgegengesetzte Umdrehungsrichtung wird erzielt, wenn:

a) 2 Wechselräder und 2 Zwischenräder (Abb. 60),

b) 4 Wechselräder und 1 Zwischenrad

Verwendung finden (Abb. 61).

Warum?

Welche Wirkungen das zwangläufige Mitdrehen der Teilscheibe ausübt, werden die nachfolgenden Darlegungen klar und anschaulich zeigen.

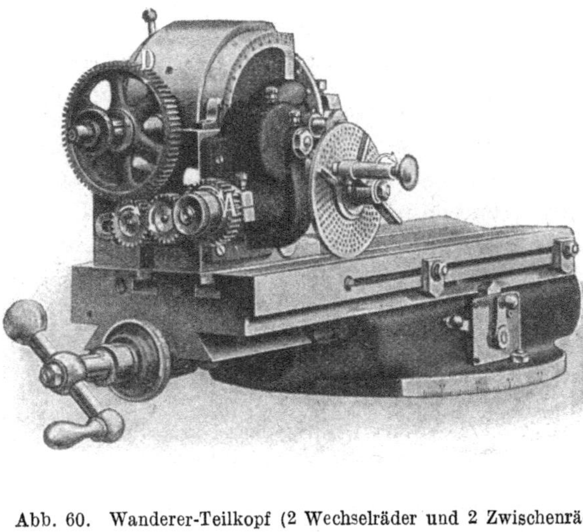

Abb. 60. Wanderer-Teilkopf (2 Wechselräder und 2 Zwischenräder).

Um zu möglichst einfachen Verhältnissen zu gelangen, die es gestatten, durch Zeichnung das geschriebene Wort zu unterstützen, nehmen wir an, die Schnecke sei 5gängig, das Schneckenrad habe 20 Zähne; Übersetzungsverhältnis also 1 : 4.

Übersetzung zwischen *a* bis *f* (Abb. 55) sei wiederum 1 : 1. Bei 1 Kurbelumdrehung dreht sich demnach das Schneckenrad um $\frac{1}{4}$ seines Umfanges, ebenso die Teilscheibe.

Abb. 62a bedeute die Anfangsstellung. Nach 1 vollen Kurbelumdrehung wird der Index das Loch nicht erreichen, da dasselbe

Abb. 61. Wanderer-Teilkopf (4 Wechselräder und 1 Zwischenrad).

um $\frac{1}{4}$ des Teilscheibenumfanges weitergeeilt ist. Nach $1\frac{1}{4}$ Kurbelumdrehung wird das Loch *m* auch noch nicht erreicht sein, denn es hat sich inzwischen schon wieder ein Stückchen weiterbewegt. Eingeholt wird es erst dann sein, wenn die Kurbel $1\frac{1}{3}$ Umdrehungen gemacht hat (Abb. 62b).

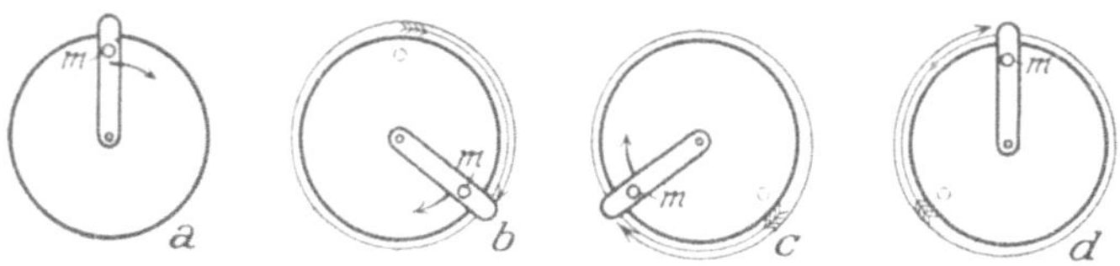

Abb. 62.

Nach abermaligen $1\frac{1}{3}$ Umdrehungen wird die Kurbel mit Index das Loch *m* zum zweitenmal eingeholt haben (Abb. 62c), und nach nochmals $1\frac{1}{3}$ Umdrehungen zum drittenmal. Jetzt ist die Ausgangsstellung wieder erreicht (Abb. 62d).

Hätten wir bei Stellung *a* das Werkstück mit einer Einfräsung versehen, ferner bei Stellung *b* und *c*, so wäre der Umfang des Werkstückes genau in 3 Teile geteilt. (Stellung *d* gleicht ja schon wieder Stellung *a*!) Die Teilzahl wäre gleich 3.

Bei feststehender Teilscheibe wäre dagegen eine 4-Teilung erfolgt. Gibt die Erklärung! Mittelbares Teilen!

Dadurch also, daß wir der Teilscheibe eine Drehungsbewegung, die sich zur Kurbelbewegung wie 1:4 verhält und die in **gleicher** Richtung mit der Schneckenradumdrehung geschieht, gegeben haben, ist **eine** Teilung **verloren** gegangen; statt 4 Teilungen gibt es nur 3.

Anders ausgedrückt:

Die Bedingungen lagen so, daß eine 4-Teilung zustande kommen mußte; aber dadurch, daß der Teilscheibe eine Rechtsumdrehung gegeben wurde, die $\frac{1}{4}$ seiner vollen Kurbelumdrehung betrug, ging 1 Teil, das ist $\frac{1}{4}$ der Teilung, verloren.

Umgekehrt:

Um eine 3-Teilung zu erzielen, können wir die Bedingungen für eine 4-Teilung benutzen, müssen dann aber 1 Teil ($\frac{1}{4}$ der Teilung) verlorengehen lassen, indem wir der Teilscheibe eine Umdrehung geben, die $\frac{1}{4}$ einer vollen Kurbelumdrehung ist, und zwar muß es eine **Rechts**drehung der Teilscheibe sein.

Zur Erläuterung noch ein zweites Beispiel!

Mit einiger Phantasie können wir unsere Taschenuhr als Differentialteilkopf ansehen: Der große Zeiger ist die Kurbel, die Spitze des kleinen Zeigers ist ein Loch in der Teilscheibe. Der große Zeiger dreht sich 12mal so schnell wie der kleine Zeiger, folglich können wir uns eine 1gängige Schnecke und ein Schneckenrad von 12 Zähnen zu unserm Apparat denken. Die Übersetzung zwischen *a* bis *f* (nach Abb. 54 und 55) wäre 1 : 1.

Würde die Teilscheibe feststehen, so würde bei jeder vollen Kurbelumdrehung $\frac{1}{12}$ des Umfanges des Werkstückes abgeteilt werden. Das Werkstück würde eine 12-Teilung erhalten.

Mittels der Räder *a* bis *f* empfängt die Teilscheibe jetzt aber eine Umdrehung, die gleich ist einem zwölften Teil einer vollen Kurbelbewegung. Welche Folgen das hat, soll der Leser selbst finden! Zur Veranschaulichung nehme er seine Taschenuhr hervor und stelle beide Zeiger auf 12 Uhr. Das sei die Ausgangsstellung! Jetzt drehe der Leser den großen Zeiger (die Kurbel) ein volles Mal herum. Trifft er den kleinen Zeiger (Loch im

Lochkreise) wieder? Wo befindet sich dieser bereits? Drehe den großen Zeiger weiter, bis er den kleinen genau eingeholt hat! An welcher Stelle ist das? (Ungefähr $5\frac{1}{2}$ Min. nach 1 Uhr.) Führe eine weitere Kurbelbewegung (großer Zeiger) aus, bis der kleine Zeiger abermals gedeckt wird! Wann ist das der Fall? (Etwa 11 Min. nach 2 Uhr.) Setze die Kurbelumdrehungen fort, bis schließlich beide Zeiger über der 12 wieder genau übereinanderstehen. Jede Kurbeldrehung bedeutet ja eine Einstellung. Wieviel solcher Einstellungen ergeben sich im ganzen, d. h. wie oft deckten sich beide Zeiger in der Zeit, in der der kleine Zeiger von 12 über 1, 2 ... bis wieder zur 12 wanderte? (Es werden **11** Einstellungen!)

Es waren die Vorbedingungen für eine 12-Teilung gegeben; aber dadurch, daß die Teilscheibe (kleiner Zeiger) eine Umdrehung erhielt, die $\frac{1}{12}$ von der Geschwindigkeit der Kurbelumdrehung war, ging 1 Teilung verloren, statt 12 Einstellungen ergaben sich nur 11 Einstellungen. Demnach:

Um eine 11-Teilung zu erzielen, kann ich die Vorbedingungen für eine 12-Teilung benutzen. **Eine** Einstellung lasse ich dadurch verlorengehen, daß ich der Teilscheibe eine Umdrehung gebe, die $\frac{1}{12}$ der Umdrehung der Kurbel beträgt. Die Umdrehung muß nach **rechts,** also in Uhrzeigerrichtung, erfolgen.

Was wir an der 3- und 11-Teilung klar und deutlich erkannt haben, können wir nun auf jede andere Zahl anwenden.

Z. B.: Um eine 39-Teilung zu erzielen, kann ich die Bedingungen für eine 40-Teilung benutzen. 1 Teil lasse ich dadurch verloren gehen, daß ich der Teilscheibe eine Umdrehung gebe, die $\frac{1}{40}$ der Umdrehung der Kurbel beträgt. Die Umdrehung muß nach rechts erfolgen.

Oder: Um eine 67-Teilung zu erzielen, kann ich die Vorbedingungen für eine 68-Teilung benutzen. 1 Teil lasse ich dadurch verlorengehen, daß ich der Teilscheibe eine Umdrehung gebe, die $\frac{1}{68}$ der Kurbelumdrehung beträgt. Drehungsrichtung nach rechts!

Die Differenz zwischen der gewünschten und der benutzten Teilung braucht nicht immer 1 zu sein; es kann jede andere Differenz benutzt werden.

Also: Um eine 67-Teilung zu erzielen, kann ich die Vorbedingungen für eine 70-Teilung benutzen. **3 Teile** (denn 70 — 67 = **3**) lasse ich dadurch verlorengehen, daß ich der Teilscheibe eine Umdrehung gebe, die $\frac{3}{70}$ der Kurbelumdrehung beträgt. Drehungsrichtung rechts!

Oder: Um eine 67-Teilung zu erzielen, kann ich die Bedingungen für eine 72-Teilung benutzen. **5 Teile** (72 — 67 = **5**) lasse ich dadurch verloren gehen, daß ich der Teilscheibe eine Umdrehung gebe, die $\frac{5}{72}$ der Kurbelumdrehung beträgt. Drehungsrichtung rechts!

1. Aufgabe: Wie lassen sich folgende Teilungen erzielen?

a) 97	d) 151	g) 89	k) 401
b) 57	e) 173	h) 157	l) 103
c) 83	f) 213	i) 311	m) 16

Sprich nach den vorausgegangenen Mustern!

Nimm stets eine höhere Teilung; es müssen ja Teile verloren gehen! Benutze bei jeder Zahl verschiedene Differenzen, also nicht bloß die 1!

Z. B.:

Um eine 97-Teilung zu erzielen, benutze ... eine 98-Teilung.

Oder:

Um eine 97-Teilung zu erzielen, benutze ... eine 100-Teilung.

Oder:

Um eine 97-Teilung zu erzielen, benutze ... eine 104-Teilung.

Eine andere Wirkung wird dadurch herbeigeführt, daß der Teilscheibe eine Drehung nach **links** gegeben wird. Wiederum denken wir uns der Einfachheit wegen einen Teilapparat, bei dem zwischen Schnecke und Schneckenrad ein Verhältnis von 1 : 4 besteht. Die Räder a bis f (Abb. 54 und 55), die im Verhältnis von 1 : 1 stehen, ändern das Verhältnis 1 : 4 nicht. Bei einer vollen Kurbelumdrehung macht die Teilscheibe demnach $\frac{1}{4}$ Umdrehung. Diese soll diesmal jedoch nach links erfolgen.

Abb. 63a gibt die Anfangsstellung an. Nach einer vollen Umdrehung der Kurbel wird das Loch m um $\frac{1}{4}$ des Scheibenumfanges nach links weitergerückt sein. Es ist also längst von der Kurbel überholt worden. Übereinander standen Loch und Kurbel in der Stellung, wie Abb. 63b angibt. Das Loch m hatte inzwischen $\frac{1}{5}$ des Umfanges zurückgelegt, nicht aber $\frac{1}{4}$ desselben. Das nächste Mal wird der Index das ihm entgegenkommende Loch m an der Stelle erreichen, die Abb. 63c angibt. Das Loch m hat nun im ganzen $\frac{2}{5}$ des Umfanges zurückgelegt. Den vollen Umfang ($\frac{5}{5}$) wird es nach 5 Einstellungen zurückgelegt haben.

Die Wirkung der Linksdrehung der Teilscheibe ist demnach folgende:

Es waren die Vorbedingungen für eine 4-Teilung gegeben. Durch die Linksdrehung ist in Wirklichkeit aber eine 5-Teilung zustandegekommen. Es ist demnach 1 Teil **gewonnen** worden.

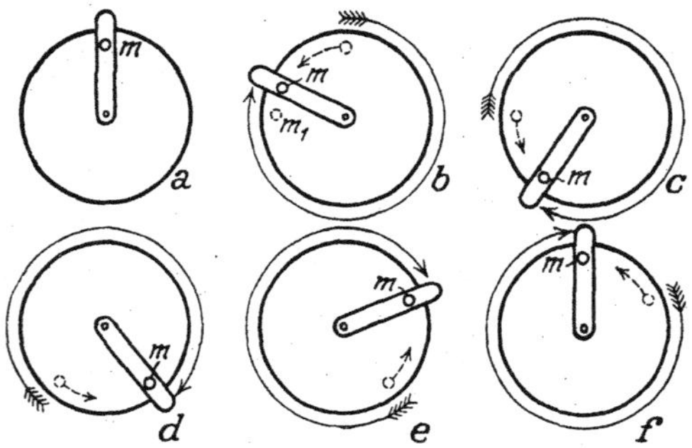

Abb. 63.

Merke: Um Teile zu **gewinnen,** muß der Teilscheibe eine **Links**drehung erteilt werden.

Um Teile zu **verlieren,** muß der Teilscheibe eine **Rechts**drehung erteilt werden.

Die Uhr wird uns diesmal nicht zur Veranschaulichung dienen können, da es nicht möglich ist, dem kleinen Zeiger eine Linksdrehung zu geben. Könnten wir es, so würde die Wirkung genau so sein, wie soeben durch Zeichnung erläutert wurde. Trotz den Bedingungen für eine 12-Teilung würden wir bei Linksdrehung des Zeigers eine 13-Teilung erhalten.

Demnach können wir sagen:

Um eine 13-Teilung zu erzielen, können wir die Bedingungen für eine 12-Teilung benutzen. 1 Teil wird dadurch gewonnen, daß der Teilscheibe eine Umdrehung nach links gegeben wird, die $\frac{1}{12}$ der Umdrehung der Kurbel beträgt.

Ähnlich:

Um eine 67-Teilung zu erzielen, können wir die Bedingungen für eine 65-Teilung benutzen. 2 Teile werden dadurch gewonnen, daß der Teilscheibe eine Umdrehung nach links gegeben wird, die $\frac{2}{65}$ der Umdrehung der Kurbel beträgt.

Oder:

Um eine 67-Teilung zu erzielen, können wir die Bedingungen für eine 64-Teilung benutzen. **3** Teile werden dadurch gewonnen, daß der Teilscheibe eine Umdrehung nach links gegeben wird, die $\frac{3}{64}$ der Umdrehung der Kurbel beträgt.

Für jede Teilzahl gibt es demnach wieder viele Möglichkeiten, da die Differenz nicht nur 1 zu sein braucht.

2. Aufgabe: Wie lassen sich folgende Teilungen erzielen?

a) 97	d) 151	g) 89	k) 401
b) 57	e) 173	h) 157	l) 103
c) 83	f) 213	i) 311	m) 61

Sprich nach den vorausgegangenen Mustern!

Aufgabe 2 enthält dieselben Zahlen wie Aufgabe 1. Diesmal soll jedoch eine niedrigere Teilung benutzt werden; denn durch Linksdrehung sollen Teile gewonnen werden.

Benutze bei jeder Zahl verschiedene Differenzen! Z. B. kann man, um eine 97-Teilung zu erzielen, eine 80- oder 96- oder 95- oder 90- usw. Teilung benutzen.

Zusammenfassung: Um eine bestimmte Teilung (t) zu erzielen, kann man eine höhere oder niedrigere Teilung benutzen, die man, da sich auf ihr die ganze Rechnung aufbaut, Grundteilung nennt (t_1). Ist die Grundteilung höher als die geforderte Teilung, so müssen durch Rechtsdrehung der Teilscheibe Teile verloren gehen. Ist die Grundteilung kleiner, so müssen durch Linksdrehung der Teilscheibe Teile gewonnen werden. Die Größe der Drehung der Teilscheibe im Verhältnis zur Kurbeldrehung wird ausgedrückt durch einen Bruch, der als Zähler den Unterschied (Differenz) zwischen geforderter und Grundteilung hat, als Nenner dagegen die Grundteilungszahl.

3. Aufgabe: Wie lassen sich folgende Teilungen erzielen?

a) 93	d) 79	g) 349	k) 71
b) 181	e) 113	h) 318	l) 106
c) 251	f) 199	i) 261	m) 67

Benutze höhere und niedrigere Grundzahlen!

Übe bis zur vollständigen Sicherheit!

Benutze der besseren Übersichtlichkeit wegen folgendes Schema:

1. Geforderte Teilung (t)	2. Grundteilung (t_1)	3. Differenz. Gewinnen oder verlieren (d)	4. Drehung der Teilscheibe: Richtung rechts oder links	5. Drehung der Teilscheibe: Größe der Drehung $\left(\frac{d}{t_1}\right)$
93	96	3 verl.	rechts	$\frac{3}{96}$
	92	1 gew.	links	$\frac{1}{92}$
	90	3 gew.	links	$\frac{3}{90}$
	100	7 verl.	rechts	$\frac{7}{100}$
	88	5 gew.	links	$\frac{5}{88}$
	95	2 verl.	rechts	$\frac{2}{95}$
181	180	1 gew.	links	$\frac{1}{180}$
	200	19 verl.	rechts	$\frac{19}{200}$
	175	6 gew.	links	$\frac{6}{175}$
	160	21 gew.	links	$\frac{21}{160}$
	190	9 verl.	rechts	$\frac{9}{190}$

usw.

Nach diesen Vorbereitungen können wir zu den eigentlichen Aufgaben, deren Lösung keine Schwierigkeiten mehr bieten wird, übergehen. Die nachfolgenden Berechnungen beziehen sich auf den **Wanderer-Teilkopf.** Abbildungen desselben bringen die Abb. 36, 58, 59, 60 und 61. Die Schnecke ist 1gängig; das Schneckenrad hat 40 Zähne. Die Übersetzung beträgt demnach 1 : 40. An Wechselrädern sind vorhanden: 24, 28, 32, 40, 48, 56, 64, 72, 86, 100, 105.

1. Beispiel: Die Teilzahl soll 51 betragen.

Lösung:

$$k = \frac{v}{t} = \frac{40}{51}.$$

Da ein 51er Lochkreis nicht vorhanden ist, kann das mittelbare Teilverfahren nicht angewandt werden. Das Verbundverfahren würde eine genaue Lösung ermöglichen. (Siehe 21. Beispiel, Seite 136.) Da sich der Teilapparat aber zum Differentialteilen eignet, werden wir dieses als das einfachere anwenden.

1. Geforderte Teilung: 51.

2. Grundteilung: 50.

Als Grundteilung nimmt man eine Teilzahl, die in der Nähe der geforderten liegt, ob darunter oder darüber, ist gleichgültig. Die gewählte Grundzahl muß sich jedoch zum mittelbaren Teilen eignen. Brauchbare Zahlen gibt demnach die Tabelle

Seite 128. Die Grundteilung wollen wir zum Unterschiede zur geforderten Teilung t_1 nennen. Die Grundteilung wird zur Berechnung der Kurbelstellung benutzt. Also:

$$k = \frac{v}{t_1} = \tfrac{40}{50} = \tfrac{4}{5} = \tfrac{12}{15} \text{ oder } \tfrac{16}{20}.$$

das heißt es können verwertet werden Lochkreis 15 mit Weiterteilung 12 oder Lochkreis 20 mit Weiterteilung 16.

3. Differenz zwischen geforderter Teilung und Grundteilung gleich 1. Dieser 1 Teil muß gewonnen werden.

4. Es ist demnach eine Linksdrehung der Teilscheibe nötig.

5. Die Geschwindigkeit dieser Drehung muß $\frac{1}{50}$ $\left(\text{nämlich } \frac{d}{t_1}\right)$ von der Geschwindigkeit der Kurbelumdrehung betragen. Also:

Kurbelumdrehung : Scheibenumdrehung $= 1 : \frac{1}{50} = 50 : 1$.

Soll aber die Scheibenumdrehung 50mal kleiner sein, so muß das treibende Wechselrad das kleinere sein. Das Räderverhältnis beträgt demnach $1 : 50 = \frac{1}{50}$:

Umdrehungsverhältnis	50 : 1,
Räderverhältnis	1 : 50.

Umdrehungs- und Räderverhältnis sind stets entgegengesetzt.

Das Radverhältnis ist $\frac{1}{50}$. Der Bruch, der die Größe der Scheibenumdrehung angab, war auch $\frac{1}{50}$. Merke darum:

Das Radverhältnis ist gleich dem Bruch, der die Größe der notwendigen Teilscheibenumdrehung angibt.

6. Da das Radverhältnis bekannt ist, können die Wechselräder ausgerechnet werden. Die an der Übersetzung teilnehmenden Räder ordnen wir in treibende und getriebene Räder; die treibenden Räder kommen über den Bruchstrich, die getriebenen darunter:

$$\frac{\text{Schnecke} \cdot \text{Wechselrad } a \cdot k_1 \cdot e}{\text{Schneckenrad} \cdot \text{Wechselrad } d \cdot k_2 \cdot f} = \tfrac{1}{50}. \text{ (Siehe Abb. 54 und 55.)}$$

Das heißt: Alle diese Räder müssen das Verhältnis $\frac{1}{50}$ ausmachen.

Die Räder k_1, k_2, e und f können fortgelassen werden. Da sie im Verhältnis von 1 : 1 stehen, beeinflussen sie das Radverhältnis nicht.

Schnecke und Schneckenrad stehen im Verhältnis von 1 : 40. Diese Zahlenwerte setzen wir in obige Gleichung ein.

Wechselräder a und d sind unbekannt. Das wollen wir durch Fragezeichen andeuten. Also heißt die verkürzte Gleichung jetzt

$$\frac{1 \cdot ?}{40 \cdot ?} = \frac{1}{50}.$$

Die linke Seite setzt sich aus den beiden Faktoren $\frac{1}{40}$ und $\frac{?}{?}$ zusammen. Ein Faktor ist bekannt $(\frac{1}{40})$. Ein Faktor ist unbekannt $\left(\frac{?}{?}\right)$.

Der unbekannte Faktor wird gefunden, wenn wir das Ergebnis $(\frac{1}{50})$ durch den bekannten Faktor $(\frac{1}{40})$ teilen. (Siehe „Dreher als Rechner", Seite 108.)

Also $\frac{1}{50} : \frac{1}{40} = \frac{1}{50} \cdot \frac{40}{1} = \frac{40}{50}$, gekürzt $\frac{4}{5}$.

(Über Teilen von Bruch durch Bruch siehe „Dreher als Rechner" Seite 16!)

Die notwendigen Wechselräder stehen im Verhältnis von 4 : 5 oder $\frac{4}{5}$.

Durch entsprechende Erweiterung führen wir diese Zahlen auf vorhandene Räder.

$$\frac{4}{5} = \frac{32}{40}.$$

Das 32er Rad kommt als treibendes Rad an die Teilkopfspindel (a in Abb. 54); das 40er Rad kommt als getriebenes Rad an die Teilscheibenwelle (d in Abb. 54).

7. Da Linksdrehung der Teilscheibe nötig ist, müssen zwei Zwischenräder verwertet werden. (Siehe Seite 151 und Abb. 60.)

2. Beispiel: Teilzahl = 53.

Lösung: (In knapper Form; bei Unklarheit siehe 1. Beispiel!)

1. Geforderte Teilung: 53.
2. Grundteilung: 50.

$$k = \frac{v}{t_1} = \frac{40}{50} = \frac{4}{5} = \frac{12}{15} \text{ oder } \frac{16}{20}.$$

Also Lochkreis 15 mit Weiterteilung 12 oder Lochkreis 20 mit Weiterteilung 16.

3. Differenz = 3. Diese 3 Teile müssen gewonnen werden.
4. Es ist Linksdrehung der Teilscheibe nötig.
5. Geschwindigkeit dieser Drehung $= \frac{d}{t_1} = \frac{3}{50}$.

6. Radverhältnis ebenfalls $\frac{3}{50}$.

$$\frac{1 \cdot ?}{40 \cdot ?} = \tfrac{3}{50};\ \tfrac{3}{50} : \tfrac{1}{40} = \tfrac{3}{50} \cdot \tfrac{40}{1} = \frac{3 \cdot 40}{50 \cdot 1}, \quad \text{gekürzt} \quad \frac{3 \cdot 4}{5 \cdot 1} = \tfrac{12}{5}.$$

Durch Erweiterung kommen wir nicht zu passenden Rädern. Darum zerlegen wir vorher den Bruch $\frac{12}{5}$

$$\tfrac{12}{5} = \frac{3 \cdot 4}{1 \cdot 5} = \frac{72 \cdot 32}{24 \cdot 40}.$$

Teilkopfspindel	= 72er	Rad	(*a* in Abb. 54)
Bolzen	= 24 „	„	(getriebenes Rad)
„	= 32 „	„	(treibendes Rad)
Teilscheibenwelle	= 40 „	„	(*d* in Abb. 54).

7. Da Linksdrehung der Teilscheibe nötig ist, muß ein Zwischenrad verwertet werden (siehe Seite **151** und Abb. **61**).

3. Beispiel: Teilzahl = 53.

Lösung: 1. Geforderte Teilung: 53.

2. Grundteilung: 56 (vgl. 2. Beispiel!).

$$k = \frac{v}{t_1} = \tfrac{40}{56} = \tfrac{5}{7} = \tfrac{15}{21} \quad \text{oder} \quad \tfrac{35}{49}.$$

Also Lochkreis 21 mit Weiterteilung 15 oder Lochkreis 49 mit Weiterteilung 35.

3. Differenz = 3. Diese 3 Teile müssen verloren gehen.

4. Es ist Rechtsdrehung der Teilscheibe nötig.

5. Geschwindigkeit dieser Drehung $= \frac{d}{t_1} = \frac{3}{56}$.

6. Radverhältnis ebenfalls $\frac{3}{56}$.

$$\frac{1 \cdot ?}{40 \cdot ?} = \tfrac{3}{56};\ \tfrac{3}{56} : \tfrac{1}{40} = \tfrac{3}{56} \cdot \tfrac{40}{1} = \frac{3 \cdot 40}{56 \cdot 1}, \quad \text{gekürzt} \quad \frac{3 \cdot 5}{7 \cdot 1} = \tfrac{15}{7}.$$

Eine Erweiterung führt nicht auf passende Räder. Zerlegung des Bruches ist nötig!

$$\tfrac{15}{7} = \frac{3 \cdot 5}{1 \cdot 7} = \frac{72 \cdot 40}{24 \cdot 56}.$$

Teilkopfspindel	= 72er	Rad.	
Bolzen	= 24 „	„	(getriebenes Rad)
„	= 40 „	„	(treibendes Rad)
Teilscheibenwelle	= 56 „	„	

Vergleiche das Ergebnis mit den Angaben der Tabelle Seite 169!

7. Da Rechtsdrehung der Teilscheibe nötig ist, kommt ein Zwischenrad nicht zur Verwendung (Abb. 59).

Die Möglichkeiten für eine 53-Teilung sind damit noch nicht erschöpft. Als Grundzahl hätten auch die 54 und die 60 dienen können.

Führe diese Berechnungen aus!

4. Beispiel: Teilzahl = 141.

1. Geforderte Teilung: 141.
2. Grundzahl: 144.

$$k = \frac{v}{t_1} = \frac{40}{144} = \frac{5}{18}.$$

Also Lochkreis 18 mit Weiterteilung 5.

3. Differenz = 3. Diese 3 Teile müssen verloren gehen.
4. Es ist Rechtsdrehung der Teilscheibe nötig.
5. Geschwindigkeit dieser Drehung $= \frac{d}{t_1} = \frac{3}{144}$.
6. Radverhältnis ebenfalls $= \frac{3}{144}$.

$$\frac{1 \cdot ?}{40 \cdot ?} = \frac{3}{144}; \quad \frac{3}{144} : \frac{1}{40} = \frac{3}{144} \cdot \frac{40}{1} = \frac{3 \cdot 40}{144 \cdot 1},$$

$$\text{gekürzt} \quad \frac{3 \cdot 5}{18} = \frac{1 \cdot 5}{6} = \frac{5}{6} = \frac{40}{48}.$$

Teilkopfspindel = 40er Rad.
Teilscheibenwelle = 48er Rad.

Vergleiche das Ergebnis mit den Angaben der Tabelle!

7. Da Rechtsdrehung der Teilscheibe nötig ist, kommt ein Zwischenrad zur Verwendung (Abb. 58).

5. Beispiel: Teilzahl = 417.

Lösung: 1. Geforderte Teilung: 417.
2. Grundzahl: 420.

$$k = \frac{v}{t_1} = \frac{40}{420} = \frac{2}{21}.$$

Also Lochkreis 21 mit Weiterteilung 2.

3. Differenz = 3. Diese 3 Teile müssen verloren gehen.
4. Es ist Rechtsdrehung der Teilscheibe nötig.
5. Geschwindigkeit dieser Drehung $= \frac{d}{t_1} = \frac{3}{420}$.

6. Radverhältnis ebenfalls $\frac{3}{420}$.

$$\frac{1 \cdot ?}{40 \cdot ?} = \tfrac{3}{420};\ \tfrac{3}{420} : \tfrac{1}{40} = \tfrac{3}{420} \cdot \tfrac{40}{1} = \frac{3 \cdot 40}{420 \cdot 1},$$

$$\text{gekürzt } = \frac{3 \cdot 2}{21 \cdot 1} = \frac{1 \cdot 2}{7 \cdot 1} = \tfrac{2}{7} = \frac{1 \cdot 2}{1 \cdot 7} = \frac{24 \cdot 16}{24 \cdot 56} = \frac{24 \cdot 32}{48 \cdot 56}.$$

7. Da Rechtsdrehung nötig ist, kommt ein Zwischenrad nicht zur Verwendung (Abb. 59).

4. Aufgabe: Berechne Kurbelumdrehungen und Wechselräder bei einer geforderten Teilung von:

a) 67	d) 87	g) 167	k) 307
b) 111	e) 97	h) 261	l) 305
c) 107	f) 193	i) 214	m) 79

Richte dich nach den vorstehenden Mustern! Vergleiche die Ergebnisse mit den Angaben der Tabelle Seite 169!

Da anzunehmen ist, daß nach diesen Übungen die verstandesmäßige Ausrechnung beherrscht wird, können wir dazu übergehen, die Lösung noch knapper zu gestalten, und zwar durch Anwendung von Formeln.

Für die Berechnung der Kurbelumdrehung haben wir uns bereits der Formel

$$k = \frac{v}{t} \quad \text{resp.} \quad k = \frac{v}{t_1}$$

bedient. (Entwicklung dieser Formel siehe Seite 120!)

Auch für die Berechnung der Wechselräder werden wir uns jetzt eine einfache Formel entwickeln.

Im 1. Beispiel (Seite 160) finden wir für die Berechnung der Wechselräder die Gleichung

$$\frac{1 \cdot ?}{40 \cdot ?} = \tfrac{1}{50}.$$

$$\tfrac{1}{50} : \tfrac{1}{40} = \tfrac{1}{50} \cdot \tfrac{40}{1} = \frac{1 \cdot 40}{50 \cdot 1}, \text{ gekürzt } \frac{1 \cdot 4}{5 \cdot 1} = \frac{4 \cdot 1}{5 \cdot 1}.$$

Nach diesem Räderverhältnis wurden die Wechselräder durch Erweiterung gefunden. Die Wechselräder wollen wir durch w bezeichnen. Also

$$w = \frac{4 \cdot 1}{5 \cdot 1}.$$

Die rechte Seite dieser Gleichung weist zunächst den Bruch $\frac{4}{5}$ auf. Das ist derselbe Bruch, der die Größe der Kurbelumdrehungen angibt. (Siehe 1. Beispiel, Lösung unter 2.) Statt $\frac{4}{5}$ können wir demnach k (d. h. Wert für die Kurbelumdrehungen) setzen.

Im Zähler der Gleichung steht ferner noch eine 1. Das ist die Zahl, die die Differenz zwischen geforderter (51) und benutzter Teilung (50) angibt. Sie ist die Differenz oder kurz „d".

Die 1 im Nenner kehrt in allen Lösungen wieder. Sie ist ein bestimmter Wert, für den wir keinen Buchstaben einzusetzen brauchen. Wir brauchen diese 1 überhaupt nicht, da eine Multiplikation mit 1 den Wert nicht ändert $(5 \cdot 1 = 5)$. Wir lassen diese 1 fort.

So entsteht die Gleichung

$$w = k \cdot d$$

(Für $\frac{4}{5}$ haben wir k gesagt, für die 1 im Zähler d.)

Im 2. Beispiele berechneten wir die Wechselräder nach dem Räderverhältnis $\frac{3 \cdot 4}{5 \cdot 1}$, anders geordnet $\frac{4 \cdot 3}{5 \cdot 1}$. (Siehe Seite 161.)

$\frac{4}{5}$ ist wiederum der Bruch für die Kurbelumdrehung, also k; die 3 ist d, d. h. sie ist die Differenz zwischen Teilzahl (53) und Grundzahl (50).

Auch in diesem Beispiel ist

$$w = k \cdot d.$$

Und so wird es in jeder Aufgabe sein!

Die Gleichung $w = k \cdot d$ gilt allgemein; sie ist eine Formel!

Merke: **Die Wechselräder finde ich bei Teilköpfen mit Lochscheiben nach der Formel**

$$\boldsymbol{w = k \cdot d}.$$

6. Beispiel: Teilzahl: 83.

1. Grundzahl: 80 $(t_1 = 80)$.
2. Kurbeleinstellung:

$$k = \frac{v}{t_1} = \frac{40}{80} = \frac{1}{2} = \frac{8}{16} \text{ oder } \frac{9}{18} \text{ oder } \frac{10}{20}.$$

Also Lochkreis	16	mit Weiterteilung	8
oder „	18	„	„	9
oder „	20	„	„	10.

3. Wechselräder:

$$w = k \cdot d = \frac{1}{2} \cdot 3 = \frac{1 \cdot 3}{2} = \frac{3}{2} = \frac{48}{32} \text{ oder } \frac{72}{48}.$$

Also	Teilkopfspindel	48er	Rad
	Teilscheibenwelle	32er	Rad.
Oder	Teilkopfspindel	72er	Rad
	Teilscheibenwelle	48er	Rad.

4. Drehungsrichtung: Es müssen 3 Teile gewonnen werden; darum ist Linksdrehung nötig. Es müssen 2 Zwischenräder verwertet werden.

7. Beispiel: Teilzahl: 107.

1. Grundzahl: 100 ($t_1 = 100$).
2. Kurbeleinstellung:

$$k = \frac{v}{t_1} = \tfrac{40}{100} = \tfrac{2}{5} = \tfrac{6}{15} \text{ oder } \tfrac{8}{20}.$$

3. Wechselräder:

$$w = k \cdot d = \tfrac{2}{5} \cdot 7 = \frac{2 \cdot 7}{5} = \tfrac{14}{5}. \text{ Es werden 4 Wechselräder nötig.}$$

$$\tfrac{14}{5} = \frac{2 \cdot 7}{1 \cdot 5} = \frac{48 \cdot 56}{24 \cdot 40} \text{ oder } \frac{64 \cdot 56}{32 \cdot 40}.$$

4. Drehungsrichtung: Es müssen 7 Teile gewonnen werden; also Linksdrehung; 1 Zwischenrad.

8. Beispiel: Teilzahl: 189.

1. Grundzahl: 180 ($t_1 = 180$).
2. Kurbeleinstellung:

$$k = \frac{v}{t_1} = \tfrac{40}{180} = \tfrac{2}{9} = \tfrac{4}{18} \text{ oder } \tfrac{6}{27}.$$

3. Wechselräder:

$$w = k \cdot d = \tfrac{2}{9} \cdot 9 = \frac{2 \cdot 9}{9} = \frac{2 \cdot 1}{1} = \tfrac{2}{1} = \tfrac{48}{24} \text{ oder } \tfrac{64}{32}.$$

4. Drehungsrichtung: Es müssen 9 Teile gewonnen werden; also Linksdrehung; 2 Zwischenräder.!

9. Beispiel: Teilzahl: 263.

1. Grundzahl: 245.
2. Kurbeleinstellung:

$$k = \frac{v}{t_1} = \tfrac{40}{245} = \tfrac{8}{49}.$$

3. Wechselräder:

$$w = k \cdot d = \tfrac{8}{49} \cdot 18 = \frac{8 \cdot 18}{49} = \frac{8 \cdot 18}{7 \cdot 7} = \frac{64 \cdot 72}{56 \cdot 28} = \frac{72 \cdot 64}{28 \cdot 56}.$$

4. Drehungsrichtung: Es müssen 18 Teile gewonnen werden; also Linksdrehung; 1 Zwischenrad!

5. Aufgabe: die Teilzahl beträgt

a) 129	c) 159	e) 83	g) 177
b) 118	d) 71	f) 122	h) 262

Berechne Kurbelumdrehungen und Wechselräder nach Muster der Beispiele 6 bis 9!

6. Aufgabe: Benutze die Teilzahlen der Aufgabe 5. Die Schnecke soll jedoch 1gängig sein. Das Schneckenrad soll 60 Zähne haben. Löse nach folgendem Muster!

10. Beispiel: Teilzahl: 129.

1. Grundzahl: 120.
2. Kurbeleinstellung:

$$k = \frac{v}{t_1} = \frac{60}{120} = \tfrac{1}{2} = \tfrac{8}{16} \text{ oder } \tfrac{9}{18} \text{ oder } \tfrac{10}{20}.$$

3. Wechselräder:

$$w = k \cdot d = \tfrac{1}{2} \cdot 9 = \frac{1 \cdot 9}{2} = \tfrac{9}{2} = \frac{3 \cdot 3}{1 \cdot 2} = \frac{72 \cdot 48}{24 \cdot 32}.$$

4. Drehungrichtung: Es müssen 9 Teile gewonnen werden; also Linksdrehung; 1 Zwischenrad!

Die bisher angewandte Lösungsform ist für jede Teilzahl zu verwerten. Dennoch sei einer zweiten Methode gedacht. Aber es ist ratsam, daß sich nur der im Rechnen „Starke" an sie heranwagt, um die in der ersten Methode erlangte Sicherheit nicht zu gefährden. An Einfachheit übertrifft die zweite Art der Lösung die erste fast. In der Wanderer-Tabelle wird sie für die Teilzahl 51 benutzt, sonst jedoch, wie es scheint, bei keiner anderen Zahl wieder.

11. Beispiel: Teilzahl: 51.

Lösung: Hätte das Schneckenrad 42 Zähne, so wäre

$$k = \frac{v_1}{t} = \tfrac{42}{51} = \tfrac{14}{17}.$$

(Die angenommene Zähnezahl des Schneckenrades nennen wir v_1.)

Also Lochkreis 17; Weiterteilung 14.

Nun hat aber das Schneckenrad gar nicht 42 Zähne, sondern nur 40. Es müssen also durch Wechselräderübertragung 2 Zähne (2 Teile des Umfanges) gewonnen werden. Es ist demnach Linksdrehung nötig. Die Größe dieser Drehung beträgt 2 Teile des Umfanges des Schneckenrades, also $\tfrac{2}{40}$ oder $\tfrac{1}{20}$. Radverhältnis also auch $\tfrac{1}{20}$. (Siehe Seite 159.)

$$\frac{1 \cdot ?}{40 \cdot ?} = \tfrac{1}{20}; \; \tfrac{1}{20} : \tfrac{1}{40} = \tfrac{1}{20} \cdot \tfrac{40}{1} = \frac{1 \cdot 40}{20 \cdot 1} = \frac{1 \cdot 2}{1 \cdot 1} = \tfrac{2}{1}.$$

$\tfrac{2}{1} = \tfrac{48}{24}$ oder $\tfrac{64}{32}$.

Also Rad an	Teilkopfspindel	= 48	Zähne
,, ,,	Teilscheibenwelle	= 24	,,
oder ,, ,,	Teilkopfspindel	= 64	,,
,, ,,	Teilscheibenwelle	= 32	,,

Drehungsrichtung Linksdrehung; denn es müssen 2 Teile gewonnen werden (von 40 auf 42). Darum 2 Zwischenräder.

Zusammenfassung:

1. Bestimmung einer bequemen Zahl für das Schneckenrad (v_1). Diese Zahl (v_1) muß in der Nähe der wirklichen Zähnezahl (v) liegen, aber mit der Teilzahl einen solchen Bruch bilden, der auf passende Lochkreise führt.

2. Berechnung der Kurbeleinstellung nach der Formel

$$\boldsymbol{k = \frac{v_1}{t}}.$$

3. Berechnung der Wechselräder nach Formel

$$\boldsymbol{w = \frac{d}{1}},$$

d. h. das Verhältnis für die Wechselräder ist gleich der Differenz zwischen v und v_1.

Beweis: Die Wechselräder in Beispiel 11 bestimmten wir nach dem Bruch $\frac{1 \cdot 40}{20 \cdot 1}$ (siehe daselbst!). $\tfrac{1}{20}$ war aus $\tfrac{2}{40}$ entstanden. So können wir auch schreiben $\frac{2 \cdot 40}{40 \cdot 1}$. Für die Zahlen wollen wir Buchstaben setzen! $2 = d$ (denn $42 - 40 = 2$); $40 = v$. Für 1 brauchen wir keinen Buchstaben; denn die 1 kehrt in jeder Aufgabe als bestimmte Zahl wieder. Also

$$w = \frac{d \cdot v}{v \cdot 1}, \quad \text{gekürzt} \quad \frac{d \cdot 1}{1 \cdot 1} = \frac{d}{1}.$$

4. Drehrichtung: Müssen Zähne gewonnen werden (wenn v_1 größer ist als v), dann Linksdrehung. Ist v größer als v_1, dann ist Rechtsdrehung nötig.

12. Beispiel: Teilzahl 57.

Lösung: 1. v_1 nehmen wir mit 38 an.

2. Kurbeleinstellung:

$$k = \frac{v_1}{t} = \tfrac{38}{57} = \tfrac{2}{3} = \tfrac{10}{15} \text{ oder } \tfrac{12}{18} \text{ oder } \tfrac{14}{21}.$$

3. Wechselräder:

$$w = \frac{d}{1} = \frac{2}{1} = \frac{48}{24} \quad \text{oder} \quad \frac{64}{32}.$$

4. Drehrichtung der Teilscheibe: Rechtsdrehung; denn es müssen Teile verloren gehen (von 40 auf 38!). Darum 1 Zwischenrad.

13. Beispiel: Teilzahl 53.

Lösung: 1. Wir nehmen v mit $42\frac{2}{5}$ an.

2. Kurbeleinstellung:

$$k = \frac{v_1}{t} = \frac{42\frac{2}{5}}{53} = \frac{212}{5 \cdot 53}, \quad \text{gekürzt } \frac{4}{5} = \frac{12}{15} \text{ oder } \frac{16}{20}.$$

3. Wechselräder:

$$w = \frac{d}{1} = \frac{2\frac{2}{5}}{1} = \frac{12}{5 \cdot 1} = \frac{12}{5} = \frac{3 \cdot 4}{1 \cdot 5} = \frac{72 \cdot 32}{24 \cdot 40}.$$

4. Drehungsrichtung: Linksdrehung; denn es müssen $2\frac{2}{5}$ Teile gewonnen werden (von 40 auf $42\frac{2}{5}$). Darum 1 Zwischenrad.

7. Aufgabe: Benutze die Teilzahlen von Aufgabe 4 und 5. Führe die Berechnungen aber nach der zweiten Methode durch! Übersetzungsverhältnis zwischen Schnecke und Schneckenrad = 1 : 40.

8. Aufgabe: Wie Aufgabe 7; Übersetzungsverhältnis jedoch 1 : 60.

Teiltabelle
für Wanderer-Teilkopf zum Einfach- und Differentialteilen.

1. Beachte die Anordnung der Wechselräder in der Tabelle! Wiederum steht das 1. treibende Rad in der letzten Spalte für die Wechselräder (wie bei der Wanderer-Tabelle für Spiralarbeiten). (Siehe Seite 112.) Beim Ordnen in treibende und getriebene Räder ist also mit dem letzten Rade zu beginnen. Z. B.: Für 139-Teilung nennt die Tabelle 56, 32, 48, 24. Geordnet also $\frac{24 \cdot 32}{48 \cdot 56}$!

2. Häufig führt die Tabelle für eine Teilung mehrere Möglichkeiten an. Der Druck läßt das erkennen. Z. B.:

3	39	$13\frac{13}{39}$
	33	$13\frac{11}{33}$
	18	$13\frac{6}{18}$

oder

9	27	$4\frac{12}{27}$	88
	18	$4\frac{8}{18}$	87

Tabelle 10.

Teiltabelle für Einfach- und Differentialteilen.

(Wanderer-Teilkopf.)

Teilkopfübersetzung = 1 : 40.

Wechselräder: 24, 28, 32, 40, 48, 56, 64, 72, 86, 100, 105.

Anzahl der Zähne	Lochkreis	Umdrehung der Zeigerkurbel	Zeigerstellung
2		20	
3	39	$13\frac{13}{39}$	65
	33	$13\frac{11}{33}$	65
	18	$13\frac{6}{18}$	65
4		10	
5		8	
6	39	$6\frac{26}{39}$	132
	33	$6\frac{22}{33}$	132
	18	$6\frac{12}{18}$	132
7	49	$5\frac{35}{49}$	140
	21	$5\frac{15}{21}$	142
8		5	
9	27	$4\frac{12}{27}$	88
	18	$4\frac{8}{18}$	87
10		4	
11	33	$3\frac{21}{33}$	126
12	39	$3\frac{13}{39}$	65
	33	$3\frac{11}{33}$	65
	18	$3\frac{6}{18}$	65
13	39	$3\frac{3}{39}$	14
14	49	$2\frac{42}{49}$	169
	21	$2\frac{18}{21}$	170
15	39	$2\frac{26}{39}$	132
	33	$2\frac{22}{33}$	132
	18	$2\frac{12}{18}$	132
16	20	$2\frac{10}{20}$	98
17	17	$2\frac{6}{17}$	69
18	27	$2\frac{6}{27}$	43
	18	$2\frac{4}{18}$	43
19	19	$2\frac{2}{19}$	19
20		2	
21	21	$1\frac{19}{21}$	18*
22	33	$1\frac{27}{33}$	161
23	23	$1\frac{17}{23}$	147

Anzahl der Zähne	Lochkreis	Umdrehung der Zeigerkurbel	Zeigerstellung
24	39	$1\frac{26}{39}$	132
	33	$1\frac{22}{33}$	132
	18	$1\frac{12}{18}$	132
25	20	$1\frac{12}{20}$	118
26	39	$1\frac{21}{39}$	106
27	27	$1\frac{13}{27}$	95
28	49	$1\frac{21}{49}$	83
	21	$1\frac{9}{21}$	85
29	29	$1\frac{11}{29}$	75
30	39	$1\frac{13}{39}$	65
	33	$1\frac{11}{33}$	65
	18	$1\frac{6}{18}$	65
31	31	$1\frac{9}{31}$	56
32	20	$1\frac{5}{20}$	48
33	33	$1\frac{7}{33}$	41
34	17	$1\frac{3}{17}$	33
35	49	$1\frac{7}{49}$	26
	21	$1\frac{3}{21}$	28
36	27	$1\frac{3}{27}$	21
	18	$1\frac{2}{18}$	21
37	37	$1\frac{3}{37}$	15
38	19	$1\frac{1}{19}$	9
39	39	$1\frac{1}{39}$	3
40		1	
41	41	$\frac{40}{41}$	3*
42	21	$\frac{20}{21}$	9*
43	43	$\frac{40}{43}$	12*
44	33	$\frac{30}{33}$	17*
45	27	$\frac{24}{27}$	21*
	18	$\frac{16}{18}$	21*
46	23	$\frac{20}{23}$	172
47	47	$\frac{40}{47}$	168
48	18	$\frac{15}{18}$	165
49	49	$\frac{40}{49}$	161
50	20	$\frac{16}{20}$	158

Bei den mit * bezeichneten Fällen ist der Außenwinkel zu benutzen.

Tabelle 10 (Fortsetzung).

Anzahl der Zähne	Lochkreis	Umdrehung der Zeigerkurbel	Zeigerstellung	A Rad an der Teilscheibenwelle	B Rad auf dem Bolzen	C Rad auf dem Bolzen	D Rad auf der Teilkopfspindel	Anzahl der Zwischenräder
51	17	$\frac{14}{17}$	33*	24			48	2
52	39	$\frac{30}{39}$	152					
53	49	$\frac{35}{49}$	140	56	40	24	72	
	21	$\frac{15}{21}$	142	56	40	24	72	
54	27	$\frac{20}{27}$	147					
55	33	$\frac{24}{33}$	144					
56	49	$\frac{35}{49}$	140					
	21	$\frac{15}{21}$	142					
57	49	$\frac{35}{49}$	140	56			40	2
	21	$\frac{15}{21}$	142	56			40	2
58	29	$\frac{20}{29}$	136					
59	39	$\frac{26}{39}$	132	48			32	1
	33	$\frac{22}{33}$	132	48			32	1
	18	$\frac{12}{18}$	132	48			32	1
60	39	$\frac{26}{39}$	132					
	33	$\frac{22}{33}$	132					
	18	$\frac{12}{18}$	132					
61	39	$\frac{26}{39}$	132	48			32	2
	33	$\frac{22}{33}$	132	48			32	2
	18	$\frac{12}{18}$	132	48			32	2
62	31	$\frac{20}{31}$	127					
63	39	$\frac{26}{39}$	132	24			48	2
	33	$\frac{22}{33}$	132	24			48	2
	18	$\frac{12}{18}$	132	24			48	2
64	16	$\frac{10}{16}$	123					
65	39	$\frac{24}{39}$	121					
66	33	$\frac{20}{33}$	120					
67	49	$\frac{28}{49}$	112	28			48	1
	21	$\frac{12}{21}$	113	28			48	1
68	17	$\frac{10}{17}$	116					
69	20	$\frac{12}{20}$	118	40			56	2
70	49	$\frac{28}{49}$	112					
	21	$\frac{12}{21}$	113					
71	27	$\frac{15}{27}$	110	72			40	1
	18	$\frac{10}{18}$	109	72			40	1
72	27	$\frac{15}{27}$	110					
	18	$\frac{10}{18}$	109					
73	49	$\frac{28}{49}$	112	28			48	2
	21	$\frac{12}{21}$	113	28			48	2
74	37	$\frac{20}{37}$	107					
75	15	$\frac{8}{15}$	105					
76	19	$\frac{10}{19}$	103					
77	20	$\frac{10}{20}$	98	32			48	1
78	39	$\frac{20}{39}$	101					
79	20	$\frac{10}{20}$	98	48			24	1
80	20	$\frac{10}{20}$	98					

Tabelle 10 (Fortsetzung).

Anzahl der Zähne	Lochkreis	Umdrehung der Zeigerkurbel	Zeigerstellung	A Rad an der Teilscheibenwelle	B Rad auf dem Bolzen	C Rad auf dem Bolzen	D Rad auf der Teilkopfspindel	Anzahl der Zwischenräder
81	20	$\frac{10}{20}$	98	48			24	2
82	41	$\frac{20}{41}$	96					
83	20	$\frac{10}{20}$	98	32			48	2
84	21	$\frac{10}{21}$	94					
85	17	$\frac{8}{17}$	92					
86	43	$\frac{20}{43}$	91					
87	15	$\frac{7}{15}$	92	40			24	2
88	33	$\frac{15}{33}$	89					
89	27	$\frac{12}{27}$	88	72			32	1
	18	$\frac{8}{18}$	87	72			32	1
90	27	$\frac{12}{27}$	88					
	18	$\frac{8}{18}$	87					
91	39	$\frac{18}{39}$	91	24			48	2
92	23	$\frac{10}{23}$	86					
93	27	$\frac{12}{27}$	88	24			32	2
	18	$\frac{8}{18}$	87	24			32	2
94	47	$\frac{20}{47}$	83					
95	19	$\frac{8}{19}$	82					
96	49	$\frac{21}{49}$	83	28			32	2
	21	$\frac{9}{21}$	85	28			32	2
97	20	$\frac{8}{20}$	78	40			48	1
98	49	$\frac{20}{49}$	79					
99	20	$\frac{8}{20}$	78	56	28	40	32	
100	20	$\frac{8}{20}$	78					
101	20	$\frac{8}{20}$	78	72	24	40	48	1
102	20	$\frac{8}{20}$	78	40			32	2
103	20	$\frac{8}{20}$	78	40			48	2
104	39	$\frac{15}{39}$	75					
105	21	$\frac{8}{21}$	75					
106	43	$\frac{16}{43}$	73	86	24	24	48	
107	20	$\frac{8}{20}$	78	40	56	32	64	1
108	27	$\frac{10}{27}$	73					
109	16	$\frac{6}{16}$	73	32			28	2
110	33	$\frac{12}{33}$	71					
	39	$\frac{13}{39}$	65	24			72	1
111	33	$\frac{11}{33}$	65	24			72	1
	18	$\frac{6}{18}$	65	24			72	1
	39	$\frac{13}{39}$	65	24			64	1
112	33	$\frac{11}{33}$	65	24			64	1
	18	$\frac{6}{18}$	65	24			64	1
	39	$\frac{13}{39}$	65	24			56	1
113	33	$\frac{11}{33}$	65	24			56	1
	18	$\frac{6}{18}$	65	24			56	1
	39	$\frac{13}{39}$	65	24			48	1
114	33	$\frac{11}{33}$	65	24			48	1
	18	$\frac{6}{18}$	65	24			48	1

Tabelle 10 (Fortsetzung).

Anzahl der Zähne	Lochkreis	Umdrehung der Zeigerkurbel	Zeigerstellung	A Rad an der Teilscheibenwelle	B Rad auf dem Bolzen	C Rad auf dem Bolzen	D Rad auf der Teilkopfspindel	Anzahl der Zwischenräder
115	23	$\frac{8}{23}$	68					
116	29	$\frac{10}{29}$	68					
	39	$\frac{13}{39}$	65	24			24	1
117	33	$\frac{11}{33}$	65	24			24	1
	18	$\frac{6}{18}$	65	24			24	1
	39	$\frac{13}{39}$	65	48			32	1
118	33	$\frac{11}{33}$	65	48			32	1
	18	$\frac{6}{18}$	65	48			32	1
	39	$\frac{13}{39}$	65	72			24	1
119	33	$\frac{11}{33}$	65	72			24	1
	18	$\frac{6}{18}$	65	72			24	1
	39	$\frac{13}{39}$	65					
120	33	$\frac{11}{33}$	65					
	18	$\frac{6}{18}$	65					
	39	$\frac{13}{39}$	65	72			24	2
121	33	$\frac{11}{33}$	65	72			24	2
	18	$\frac{6}{18}$	65	72			24	2
	39	$\frac{13}{39}$	65	48			32	2
122	33	$\frac{11}{33}$	65	48			32	2
	18	$\frac{6}{18}$	65	48			32	2
	39	$\frac{13}{39}$	65	24			24	2
123	33	$\frac{11}{33}$	65	24			24	2
	18	$\frac{6}{18}$	65	24			24	2
124	31	$\frac{10}{31}$	63					
	39	$\frac{13}{39}$	65	24			40	2
125	33	$\frac{11}{33}$	65	24			40	2
	18	$\frac{6}{18}$	65	24			40	2
	39	$\frac{13}{39}$	65	24			48	2
126	33	$\frac{11}{33}$	65	24			48	2
	18	$\frac{6}{18}$	65	24			48	2
	39	$\frac{13}{39}$	65	24			56	2
127	33	$\frac{11}{33}$	65	24			56	2
	18	$\frac{6}{18}$	65	24			56	2
128	16	$\frac{5}{16}$	61					
	39	$\frac{13}{39}$	65	24			72	2
129	33	$\frac{11}{33}$	65	24			72	2
	18	$\frac{6}{18}$	65	24			72	2
130	39	$\frac{12}{39}$	60					
131	20	$\frac{6}{20}$	58	40			28	1
132	33	$\frac{10}{33}$	59					
133	49	$\frac{14}{49}$	55	24			48	1
	21	$\frac{6}{21}$	56	24			48	1
134	49	$\frac{14}{49}$	55	28			48	1
	21	$\frac{6}{21}$	56	28			48	1
135	27	$\frac{8}{27}$	58					
136	17	$\frac{5}{17}$	57					

Tabelle 10 (Fortsetzung).

Anzahl der Zähne	Lochkreis	Umdrehung der Zeigerkurbel	Zeigerstellung	A Rad an der Teilscheibenwelle	B Rad auf dem Bolzen	C Rad auf dem Bolzen	D Rad auf der Teilkopfspindel	Anzahl der Zwischenräder
137	49	$\frac{14}{49}$	55	28			24	1
	21	$\frac{6}{21}$	56	28			24	1
138	49	$\frac{14}{49}$	55	56			32	1
	21	$\frac{6}{21}$	56	56			32	1
139	49	$\frac{14}{49}$	55	56	32	48	24	
	21	$\frac{6}{21}$	56	56	32	48	24	
140	49	$\frac{14}{49}$	55					
	21	$\frac{6}{21}$	56					
141	18	$\frac{5}{18}$	54	48			40	1
142	49	$\frac{14}{49}$	55	56			32	2
	21	$\frac{6}{21}$	56	56			32	2
143	49	$\frac{14}{49}$	55	28			24	2
	21	$\frac{6}{21}$	56	28			24	2
144	18	$\frac{5}{18}$	54					
145	29	$\frac{8}{29}$	54					
146	49	$\frac{14}{49}$	55	28			48	2
	21	$\frac{6}{21}$	56	28			48	2
147	49	$\frac{14}{49}$	55	24			48	2
	21	$\frac{6}{21}$	56	24			48	2
148	37	$\frac{10}{37}$	53					
149	49	$\frac{14}{49}$	55	28			72	2
	21	$\frac{6}{21}$	56	28			72	2
150	15	$\frac{4}{15}$	52					
151	20	$\frac{5}{20}$	48	32			72	1
152	19	$\frac{5}{19}$	51					
153	20	$\frac{5}{20}$	48	32			56	1
154	20	$\frac{5}{20}$	48	32			48	1
155	31	$\frac{8}{31}$	50					
156	39	$\frac{10}{39}$	50					
157	20	$\frac{5}{20}$	48	32			24	1
158	20	$\frac{5}{20}$	48	48			24	1
159	20	$\frac{5}{20}$	48	64	32	56	28	
160	20	$\frac{5}{20}$	48					
161	20	$\frac{5}{20}$	48	64	32	56	28	1
162	20	$\frac{5}{20}$	48	48			24	2
163	20	$\frac{5}{20}$	48	32			24	2
164	41	$\frac{10}{41}$	47					
165	33	$\frac{8}{33}$	47					
166	20	$\frac{5}{20}$	48	32			48	2
167	20	$\frac{5}{20}$	48	32			56	2
168	21	$\frac{5}{21}$	47					
169	20	$\frac{5}{20}$	48	32			72	2
170	17	$\frac{4}{17}$	45					
171	21	$\frac{5}{21}$	47	56			40	2
172	43	$\frac{10}{43}$	44					
173	27	$\frac{6}{27}$	43	72	56	32	64	

Tabelle 10 (Fortsetzung).

Anzahl der Zähne	Lochkreis	Umdrehung der Zeigerkurbel	Zeigerstellung	A Rad an der Teilscheibenwelle	B Rad auf dem Bolzen	C Rad auf dem Bolzen	D Rad auf der Teilkopfspindel	Anzahl der Zwischenräder
173	18	$\frac{4}{18}$	43	72	56	32	64	
174	27	$\frac{6}{27}$	43	24			32	1
	18	$\frac{4}{18}$	43	24			32	1
175	27	$\frac{6}{27}$	43	72	40	32	64	
	18	$\frac{4}{18}$	43	72	40	32	64	
176	27	$\frac{6}{27}$	43	72	24	24	64	
	18	$\frac{4}{18}$	43	72	24	24	64	
177	27	$\frac{6}{27}$	43	72			48	1
	18	$\frac{4}{18}$	43	72			48	1
178	27	$\frac{6}{27}$	43	72			32	1
	18	$\frac{4}{18}$	43	72			32	1
179	27	$\frac{6}{27}$	43	72	24	48	32	
	18	$\frac{4}{18}$	43	72	24	48	32	
180	27	$\frac{6}{27}$	43					
	18	$\frac{4}{18}$	43					
181	27	$\frac{6}{27}$	43	72	24	48	32	1
	18	$\frac{4}{18}$	43	72	24	48	32	1
182	27	$\frac{6}{27}$	43	72			32	2
	18	$\frac{4}{18}$	43	72			32	2
183	27	$\frac{6}{27}$	43	48			32	2
	18	$\frac{4}{18}$	43	48			32	2
184	23	$\frac{5}{23}$	42					
185	37	$\frac{8}{37}$	42					
186	27	$\frac{6}{27}$	43	48			64	2
	18	$\frac{4}{18}$	43	48			64	2
187	27	$\frac{6}{27}$	43	27	48	24	56	1
	18	$\frac{4}{18}$	43	27	48	24	56	1
188	47	$\frac{10}{47}$	40					
189	27	$\frac{6}{27}$	43	32			64	2
	18	$\frac{4}{18}$	43	32			64	2
190	19	$\frac{4}{19}$	40					
191	20	$\frac{4}{20}$	38	40			72	1
192	20	$\frac{4}{20}$	38	40			64	1
193	20	$\frac{4}{20}$	38	40			56	1
194	20	$\frac{4}{20}$	38	40			48	1
195	39	$\frac{8}{39}$	39					
196	49	$\frac{10}{49}$	38					
197	20	$\frac{4}{20}$	38	40			24	1
198	20	$\frac{4}{20}$	38	56	28	40	32	
199	20	$\frac{4}{20}$	38	100	40	64	32	
200	20	$\frac{4}{20}$	38					
201	20	$\frac{4}{20}$	38	72	24	40	24	1
202	20	$\frac{4}{20}$	38	72	24	40	48	1
203	20	$\frac{4}{20}$	38	40			24	2
204	20	$\frac{4}{20}$	38	40			32	2
205	41	$\frac{8}{41}$	37					

Tabelle 10 (Fortsetzung).

Anzahl der Zähne	Lochkreis	Umdrehung der Zeigerkurbel	Zeigerstellung	A Rad an der Teilscheibenwelle	B Rad auf dem Bolzen	C Rad auf dem Bolzen	D Rad auf der Teilkopfspindel	Anzahl der Zwischenräder
206	20	$\frac{4}{20}$	38	40			48	2
207	20	$\frac{4}{20}$	38	40			56	2
208	20	$\frac{4}{20}$	38	40			64	2
209	20	$\frac{4}{20}$	38	40			72	2
210	21	$\frac{4}{21}$	37					
211	16	$\frac{3}{16}$	36	64			28	1
212	43	$\frac{8}{43}$	35	86	24	24	48	
213	27	$\frac{5}{27}$	36	72			40	1
214	20	$\frac{4}{20}$	38	40	56	32	64	1
215	43	$\frac{8}{43}$	35					
216	27	$\frac{5}{27}$	36					
217	21	$\frac{4}{21}$	37	48			64	2
218	16	$\frac{3}{16}$	36	64			56	2
219	21	$\frac{4}{21}$	37	28			48	2
220	33	$\frac{6}{33}$	35					
221	17	$\frac{3}{17}$	33	24			24	1
222	18	$\frac{3}{18}$	32	24			72	1
223	43	$\frac{8}{43}$	35	86	48	24	64	1
224	18	$\frac{3}{18}$	32	24			64	1
225	27	$\frac{5}{27}$	36	24			40	2
226	18	$\frac{3}{18}$	32	24			56	1
227	49	$\frac{8}{49}$	30	56	64	28	72	
228	18	$\frac{3}{18}$	32	24			48	1
229	18	$\frac{3}{18}$	32	24			44	1
230	23	$\frac{4}{23}$	34					
231	18	$\frac{3}{18}$	32	32			48	1
232	29	$\frac{5}{29}$	33					
233	18	$\frac{3}{18}$	32	48			56	1
234	18	$\frac{3}{18}$	32	24			24	1
235	47	$\frac{8}{47}$	32					
236	18	$\frac{3}{18}$	32	48			32	1
237	18	$\frac{3}{18}$	32	48			24	1
238	18	$\frac{3}{18}$	32	72			24	1
239	18	$\frac{3}{18}$	32	72	24	64	32	
240	18	$\frac{3}{18}$	32					
241	18	$\frac{3}{18}$	32	72	24	64	32	1
242	18	$\frac{3}{18}$	32	72			24	2
243	18	$\frac{3}{18}$	32	64			32	2
244	18	$\frac{3}{18}$	32	48			32	2
245	49	$\frac{8}{49}$	30					
246	18	$\frac{3}{18}$	32	24			24	2
247	18	$\frac{3}{18}$	32	48			56	2
248	31	$\frac{5}{31}$	31					
249	18	$\frac{3}{18}$	32	32			48	2
250	18	$\frac{3}{18}$	32	24			40	2
251	18	$\frac{3}{18}$	32	48	44	32	64	1

Tabelle 10 (Fortsetzung).

Anzahl der Zähne	Loch-kreis	Umdrehung der Zeiger-kurbel	Zeiger-stellung	A Rad an der Teil-scheiben-welle	B Rad auf dem Bolzen	C Rad auf dem Bolzen	D Rad auf der Teilkopf-spindel	Anzahl der Zwi-schen-räder
252	18	$\frac{3}{18}$	32	24			48	2
253	33	$\frac{5}{33}$	29	24			40	1
254	18	$\frac{3}{18}$	32	24			56	2
255	18	$\frac{3}{18}$	32	48	40	24	72	1
256	18	$\frac{3}{18}$	32	24			64	2
257	49	$\frac{8}{49}$	30	56	48	28	64	1
258	43	$\frac{7}{43}$	31	32			64	2
259	49	$\frac{7}{49}$	26	24			72	1
	21	$\frac{3}{21}$	28	24			72	1
260	39	$\frac{6}{39}$	29					
261	29	$\frac{4}{29}$	26	48	64	24	72	
262	20	$\frac{3}{20}$	28	40			28	1
263	49	$\frac{8}{49}$	30	56	64	28	72	1
264	33	$\frac{5}{33}$	29					
265	49	$\frac{7}{49}$	26	56	40	24	72	
	21	$\frac{3}{21}$	28	56	40	24	72	
266	49	$\frac{7}{49}$	26	32			64	1
	21	$\frac{3}{21}$	28	32			64	1
267	27	$\frac{4}{27}$	28	72			32	1
268	49	$\frac{7}{49}$	26	28			48	1
	21	$\frac{3}{21}$	28	28			48	1
269	20	$\frac{3}{20}$	28	64	32	40	28	1
270	27	$\frac{4}{27}$	28					
271	49	$\frac{7}{49}$	26	56			72	1
	21	$\frac{3}{21}$	28	56			72	1
272	49	$\frac{7}{49}$	26	56			64	1
	21	$\frac{3}{21}$	28	56			64	1
273	49	$\frac{7}{49}$	26	24			24	1
	21	$\frac{3}{21}$	28	24			24	1
274	49	$\frac{7}{49}$	26	56			48	1
	21	$\frac{3}{21}$	28	56			48	1
275	49	$\frac{7}{49}$	26	56			40	1
	21	$\frac{3}{21}$	28	56			40	1
276	49	$\frac{7}{49}$	26	56			32	1
	21	$\frac{3}{21}$	28	56			32	1
277	49	$\frac{7}{49}$	26	56			24	1
	21	$\frac{3}{21}$	28	56			24	1
278	49	$\frac{7}{49}$	26	56	32	48	24	
	21	$\frac{3}{21}$	28	56	32	48	24	
279	27	$\frac{4}{27}$	28	24			32	2
280	49	$\frac{7}{49}$	26					
	21	$\frac{3}{21}$	28					
281	49	$\frac{7}{49}$	26	72	24	56	24	1
	21	$\frac{3}{21}$	28	72	24	56	24	1
282	43	$\frac{6}{43}$	26	86	24	24	56	
283	49	$\frac{7}{49}$	26	56			24	2

Tabelle 10 (Fortsetzung).

Anzahl der Zähne	Lochkreis	Umdrehung der Zeigerkurbel	Zeigerstellung	A Rad an der Teilscheibenwelle	B Rad auf dem Bolzen	C Rad auf dem Bolzen	D Rad auf der Teilkopfspindel	Anzahl der Zwischenräder
283	21	$\frac{3}{21}$	28	56			24	2
284	49	$\frac{7}{49}$	26	56			32	2
	21	$\frac{3}{21}$	28	56			32	2
285	49	$\frac{7}{49}$	26	56			40	2
	21	$\frac{3}{21}$	28	56			40	2
286	49	$\frac{7}{49}$	26	56			48	2
	21	$\frac{3}{21}$	28	56			48	2
287	49	$\frac{7}{49}$	26	24			24	2
	21	$\frac{3}{21}$	28	24			24	2
288	49	$\frac{7}{49}$	26	28			32	2
	21	$\frac{3}{21}$	28	28			32	2
289	49	$\frac{7}{49}$	26	56			72	2
	21	$\frac{3}{21}$	28	56			72	2
290	29	$\frac{4}{29}$	26					
291	15	$\frac{2}{15}$	25	40			48	1
292	49	$\frac{7}{49}$	26	28			48	2
	21	$\frac{3}{21}$	28	28			48	2
293	15	$\frac{2}{15}$	25	48	32	40	56	
294	49	$\frac{7}{49}$	26	24			48	2
	21	$\frac{3}{21}$	28	24			48	2
295	15	$\frac{2}{15}$	25	48			32	1
296	37	$\frac{5}{37}$	26					
297	33	$\frac{4}{33}$	23	28	48	24	56	
298	49	$\frac{7}{49}$	26	28			72	2
	21	$\frac{3}{21}$	28	28			72	2
299	23	$\frac{3}{23}$	25	24			24	1
300	15	$\frac{2}{15}$	25					
301	43	$\frac{6}{43}$	26	24			48	2
302	16	$\frac{2}{16}$	24	32			72	1
303	15	$\frac{2}{15}$	25	72	24	40	48	1
304	16	$\frac{2}{16}$	24	24			48	1
305	15	$\frac{2}{15}$	25	48			32	2
306	15	$\frac{2}{15}$	25	40			32	2
307	15	$\frac{2}{15}$	25	72	48	40	56	1
308	16	$\frac{2}{16}$	24	32			48	1
309	15	$\frac{2}{15}$	25	40			48	2
310	31	$\frac{4}{31}$	24					
311	16	$\frac{2}{16}$	24	64	24	24	72	
312	39	$\frac{5}{39}$	24					
313	16	$\frac{2}{16}$	24	32			28	1
314	16	$\frac{2}{16}$	24	32			24	1
315	16	$\frac{2}{16}$	24	64			40	1
316	16	$\frac{2}{16}$	24	64			32	1
317	16	$\frac{2}{16}$	24	64			24	1
318	16	$\frac{2}{16}$	24	56	28	48	24	
319	29	$\frac{4}{29}$	26	48	64	24	72	1

Tabelle 10 (Fortsetzung).

Anzahl der Zähne	Lochkreis	Umdrehung der Zeigerkurbel	Zeigerstellung	A Rad an der Teilscheibenwelle	B Rad auf dem Bolzen	C Rad auf dem Bolzen	D Rad auf der Teilkopfspindel	Anzahl der Zwischenräder
320	16	$\frac{2}{16}$	24					
321	16	$\frac{2}{16}$	24	72	24	64	24	1
322	23	$\frac{3}{23}$	25	32			64	2
323	16	$\frac{2}{16}$	24	64			24	2
324	16	$\frac{2}{16}$	24	64			32	2
325	16	$\frac{2}{16}$	24	64			40	2
326	16	$\frac{2}{16}$	24	32			24	2
327	16	$\frac{2}{16}$	24	32			28	2
328	41	$\frac{5}{41}$	23					
329	16	$\frac{2}{16}$	24	64	24	24	72	1
330	33	$\frac{4}{33}$	23					
331	16	$\frac{2}{16}$	24	64	44	24	48	1
332	16	$\frac{2}{16}$	24	32			48	2
333	27	$\frac{3}{27}$	21	24			72	1
	18	$\frac{2}{18}$	21	24			72	1
334	16	$\frac{2}{16}$	24	32			56	2
335	33	$\frac{4}{33}$	23	72	48	44	40	1
336	16	$\frac{2}{16}$	24	32			64	2
337	43	$\frac{5}{43}$	21	86	40	32	56	
338	16	$\frac{2}{16}$	24	32			72	2
339	27	$\frac{3}{27}$	21	24			56	1
	18	$\frac{2}{18}$	21	24			56	1
340	17	$\frac{2}{17}$	22					
341	43	$\frac{5}{43}$	21	86	24	32	40	
342	27	$\frac{3}{27}$	21	32			64	1
	18	$\frac{2}{18}$	21	32			64	1
343	15	$\frac{2}{15}$	25	40	64	24	86	1
344	43	$\frac{5}{43}$	21					
345	27	$\frac{3}{27}$	21	24			40	1
	18	$\frac{2}{18}$	21	24			40	1
346	27	$\frac{3}{27}$	21	72	56	32	64	
	18	$\frac{2}{18}$	21	72	56	32	64	
347	43	$\frac{5}{43}$	21	86	24	32	40	1
348	27	$\frac{3}{27}$	21	24			32	1
	18	$\frac{2}{18}$	21	24			32	1
349	27	$\frac{3}{27}$	21	72	44	24	48	
	18	$\frac{2}{18}$	21	72	44	24	48	
350	27	$\frac{3}{27}$	21	72	40	32	64	
	18	$\frac{2}{18}$	21	72	40	32	64	
351	27	$\frac{3}{27}$	21	24			24	1
	18	$\frac{2}{18}$	21	24			24	1
352	27	$\frac{3}{27}$	21	72	24	24	64	
	18	$\frac{2}{18}$	21	72	24	24	64	
353	27	$\frac{3}{27}$	21	72			56	1
	18	$\frac{2}{18}$	21	72			56	1
354	27	$\frac{3}{27}$	21	72			48	1

Tabelle 10 (Fortsetzung).

Anzahl der Zähne	Lochkreis	Umdrehung der Zeigerkurbel	Zeigerstellung	A Rad an der Teilscheibenwelle	B Rad auf dem Bolzen	C Rad auf dem Bolzen	D Rad auf der Teilkopfspindel	Anzahl der Zwischenräder
354	18	$\frac{2}{18}$	21	72			48	1
355	27	$\frac{3}{27}$	21	72			40	1
	18	$\frac{2}{18}$	21	72			40	1
356	27	$\frac{3}{27}$	21	72			32	1
	18	$\frac{2}{18}$	21	72			32	1
357	27	$\frac{3}{27}$	21	72			24	1
	18	$\frac{2}{18}$	21	72			24	
358	27	$\frac{3}{27}$	21	72	32	48	24	
	18	$\frac{2}{18}$	21	72	32	48	24	
359	43	$\frac{5}{43}$	21	86	48	32	100	1
360	27	$\frac{3}{27}$	21					
	18	$\frac{2}{18}$	21					
361	19	$\frac{2}{19}$	19	32			64	1
362	27	$\frac{3}{27}$	21	72	28	56	32	1
	18	$\frac{2}{18}$	21	72	28	56	32	1
363	27	$\frac{3}{27}$	21	72			24	2
	18	$\frac{2}{18}$	21	72			24	2
364	27	$\frac{3}{27}$	21	72			32	2
	18	$\frac{2}{18}$	21	72			32	2
365	20	$\frac{2}{20}$	18	32	48	24	56	
366	27	$\frac{3}{27}$	21	48			32	2
	18	$\frac{2}{18}$	21	48			32	2
367	27	$\frac{3}{27}$	21	72			56	2
	18	$\frac{2}{18}$	21	72			56	2
368	27	$\frac{3}{27}$	21	72	24	24	64	1
	18	$\frac{2}{18}$	21	72	24	24	64	1
369	41	$\frac{4}{41}$	18	32	56	28	64	
370	37	$\frac{4}{37}$	20					
371	21	$\frac{2}{21}$	18	32	56	24	64	
372	27	$\frac{3}{27}$	21	48			64	2
	18	$\frac{2}{18}$	21	48			64	2
373	20	$\frac{2}{20}$	18	40	48	32	72	[illegible]
374	27	$\frac{3}{27}$	21	72	64	32	56	1
	18	$\frac{2}{18}$	21	72	64	32	56	1
375	27	$\frac{3}{27}$	21	24			40	2
	18	$\frac{2}{18}$	21	24			40	2
376	47	$\frac{5}{47}$	19					
377	29	$\frac{3}{29}$	19	24			24	1
378	27	$\frac{3}{27}$	21	32			64	2
	18	$\frac{2}{18}$	21	32			64	2
379	20	$\frac{2}{20}$	18	48	56	40	72	
380	19	$\frac{2}{19}$	19					
381	27	$\frac{3}{27}$	21	24			56	2
	18	$\frac{2}{18}$	21	24			56	2
382	20	$\frac{2}{20}$	18	40			72	1

c) Das Teilen ohne Lochkreise.

(Reinecker-Teilkopf.)

1. Beschreibung des Reinecker Teilkopfes.

Ein Versehen beim Abzählen suchen die Wanderer-Werke durch Anwendung eines Zeigerwinkels zu verhüten. Andere

Abb. 64, 65 und 66. Universal-Teilkopf von J. E. Reinecker, Chemnitz.

Firmen haben, um nach dieser Seite hin die größtmögliche Sicherheit zu erreichen, ihre Teilapparate so konstruiert, daß **nur** ganze Kurbelumdrehungen nötig werden. Ein Verteilen infolge Verzählens ist bei diesen Apparaten ausgeschlossen. Zu dieser Gruppe von Teilköpfen gehört auch der von der Firma J. E. Reinecker, Chemnitz, hergestellte Apparat. Während die Abb. **64** bis **66** Gesamtansichten des Apparates bringen, lassen die Abb. **67** und **68** die Einzelheiten, soweit sie für die Berechnungen in Betracht kommen, in übersichtlicher Anordnung erkennen.

Wie die bisher beschriebenen Teilköpfe, so eignet sich auch der Reinecker-Teilkopf sowohl zum mittelbaren und unmittelbaren Teilen als auch zum Differentialteilen. Ebenso vermögen durch ihn die für das Fräsen von Spiralen mit großen Steigungen notwendigen hohen Übersetzungen erzeugt werden.

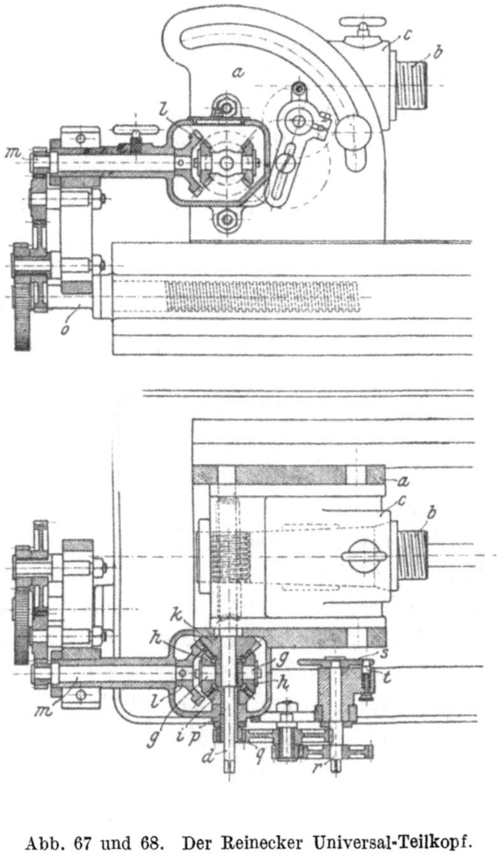

Abb. 67 und 68. Der Reinecker Universal-Teilkopf.

Das Mittel zur Erreichung der hohen Übersetzung sind wiederum die Schnecke und das Schneckenrad. Zur Erzeugung der für das Differentialteilen erforderlichen Zusatzbewegung wird, wie bei der Reinecker-Hinterdrehbank, ein sich auf einem Kegelrad, dem eine besondere Bewegung erteilt werden kann, abwälzendes Kegelräderpaar benutzt.

An der Hand der Abb. **67** und **68** möge eine genaue Beschreibung folgen!

Die Teilspindel *r* trägt an dem einen Ende die Teilscheibe *s*, die nur mit einem Loch versehen ist, in das der Indexstift *t* eingreifen kann. Das andere Ende ist zur Aufnahme eines Wechselrades geeignet. Die Räder auf der Schere bewirken die Verbindung dieses Wechselrades mit dem Wechselrade *q*, das nicht auf die Schneckenwelle *d* gesteckt wird, sondern auf eine Büchse, in der sich die Schneckenwelle dreht. An dem anderen Ende trägt die Büchse den konischen Trieb *i*. Trieb *i* greift wiederum in die konischen Triebe *hh*, die sich auf den Zapfen *gg* lose drehen. Die Zapfen gehören einem Kreuzkopf an, der fest auf Schneckenwelle *d* sitzt. Hinter dem Kreuzkopf befindet sich lose auf Welle *d* der konische Doppeltrieb *k*. In diesen Doppeltrieb greift ferner der auf der Welle *m* sitzende Trieb *l*. Das andere Ende der Welle *m* vermag ein Wechselrad aufzunehmen.

2. Das Fräsen von Spiralen.

Die Tischspindel *o*, die ein Gewinde von 8 mm Steigung aufweist, trägt an ihrem Ende das erste Wechselrad, in der Tabelle *a* genannt. Zwei weitere Wechselräder, auf dem Stelleisen sitzend, übermitteln die Bewegung dem Wechselrade auf der Spindel *m*. Dadurch kommt der ebenfalls auf der Welle *m* sitzende Trieb *l* in Umdrehung und durch diesen der lose Doppeltrieb *k*. Von *k* werden die Kegelräder *hh* angetrieben, die sich, da in diesem Falle Trieb *i* festsitzt, auf diesem Trieb abwälzen müssen. Da die Zapfen *gg* fest mit Schneckenwelle *d* verbunden sind, so muß sich Welle *d* mitdrehen. Auf diese Weise kommen auch Schnecke und Schneckenrad in Umdrehung.

Die Übersetzung von Trieb *l* bis Schneckenrad, die wir, wie schon früher, die „innere Übersetzung“ nennen wollen, beträgt 1 : 60.

Berechnungen siehe unter „Spiralarbeiten“, Seite 115.

3. Das mittelbare (indirekte) Teilen.

Für das mittelbare Teilen verläuft die Bewegungsübertragung folgendermaßen:

Wird der Teilscheibe *s* eine Umdrehung erteilt, so wird die Bewegung durch das auf der Teilscheibenspindel *r* sitzende Wechselrad und durch die auf dem Stelleisen befindlichen Wechsel räder dem Wechselrade *q* übertragen. Dadurch empfängt Trieb *i*, der mit dem Wechselrade q auf derselben Büchse sitzt, die Bewegung, die nun weiter den Trieben $h\,h$ mitgeteilt wird. Da die Triebe hh in den in diesem Falle feststehende Doppeltrieb k eingreifen, sind sie gezwungen, sich auf demselben abzuwälzen. Dadurch bringen sie die Welle d und damit auch Schnecke und Schneckenrad in Umdrehung.

Die innere Übersetzung beträgt in diesem Falle 1 : 30.

1. Beispiel: Teilzahl 25.

Lösung: Innere Übersetzung 1 : 30; v ist also $= 30$.

$k = \frac{v}{t} = \frac{30}{25}$, d. h. $\frac{30}{25}$ oder $\frac{6}{5}$ Kurbelumdrehungen sind nötig, um die geforderte Teilung zu erzielen. Statt der $\frac{30}{25}$ Kurbelumdrehung nehmen wir aber eine volle Umdrehung. Das ist natürlich falsch. Durch Wechselräder muß die Unrichtigkeit wieder gut gemacht werden. Eine volle Kurbelumdrehung nebst Wechselrädern müssen $\frac{30}{25}$ ergeben, dann wird das Ergebnis richtig. Kurz:

1 Kurbelumdrehung mal Wechselräder $= \frac{30}{25}$.

Oder $1 \cdot \frac{?}{?} = \frac{30}{25}$; den unbekannten Faktor $\frac{?}{?}$ finden wir wiederum, indem wir das Ergebnis $\frac{30}{25}$ durch den bekannten Faktor 1 teilen:

$$\tfrac{30}{25} : 1 = \frac{30}{25 \cdot 1} = \tfrac{30}{25}.$$

Die Wechselräder müssen demnach im Verhältnis $\frac{30}{25}$ (sprich 30 zu 25) stehen:

$$w = \tfrac{30}{25} = \tfrac{6}{5} = \frac{2 \cdot 3}{1 \cdot 5} = \frac{40 \cdot 30}{20 \cdot 50}$$

und viele andere Möglichkeiten!

40 = 1. treibendes Rad; auf die Teilscheibenwelle!
20 = 1. getriebenes „ ; auf das Stelleisen!
30 = 2. treibendes „ ; auf das Stelleisen!
50 = 2. getriebenes „ ; auf die Teilschneckenwelle!

Werden diese 4 Wechselräder aufgesteckt, so ist für jede Teilung nur **1** volle Kurbelumdrehung nötig.

Vergleichen wir unser Ergebnis mit den Angaben der Tabelle (Seite 187), so will sich gar keine Übereinstimmung ergeben. Und doch ist die Lösung richtig!

Zunächst ist zu berücksichtigen, daß die Tabelle die Wechselräder nicht in derselben Reihenfolge bringt wie unsere Ausrechnung. Es gilt hier dasselbe, was Seite 110 über die Wanderer-Tabelle gesagt wurde. Das 1. treibende Rad bezeichnet die Tabelle mit d, das 1. getriebene Rad mit c usw. Wollen wir die Räder, wie sie die Tabelle aufführt, in treibende und getriebene ordnen, so sind die Zahlen resp. Buchstaben rückwärts zu lesen; also $\frac{d \cdot b}{c \cdot a}$. Die entsprechenden Zahlen für unser Beispiel (Teilung = 25) würden heißen: $\frac{54 \cdot 40}{45 \cdot 80}$. (Siehe Tabelle!)

$$\frac{54 \cdot 40}{45 \cdot 80}, \quad \text{gekürzt} \quad \frac{3 \cdot 1}{5 \cdot 1} = \tfrac{3}{5}.$$

Das Verhältnis für die Wechselräder ist demnach $\frac{3}{5}$. Das stimmt mit unserer Lösung auch nicht überein. Dort stellten wir das Verhältnis $\frac{6}{5}$ auf. Doch ist auch das nur ein scheinbarer Widerspruch.

Nach unserer Lösung ist außer den Wechselrädern im Verhältnis von $\frac{6}{5}$ nur **1** volle Kurbelumdrehung nötig, während die Tabelle bei Wechselrädern im Verhältnis von $\frac{3}{5}$ **2** volle Kurbelumdrehungen als notwendig angibt. Es liegt jedoch kein zwingender Grund vor, mit mehreren Kurbelumdrehungen zu arbeiten. Bei sämtlichen Aufgaben, auch bei den Teilungszahlen 5 bis 29, kann die Rechnung so geführt werden, daß nur **1** volle Kurbelumdrehung nötig wird. Dennoch soll später gezeigt werden, wie man zu den mehrfachen Kurbelumdrehungen kommt.

Wir betrachten nun das Verhältnis, wie wir es für die Ausrechnung der Wechselräder für Teilung 25 benutzten, noch einmal näher:

$$w = \tfrac{30}{25}. \quad \text{(Siehe weiter vorn!)}$$

30 ist die größere Zahl aus dem inneren Übersetzungsverhältnis des Teilapparates (1 : 30!). Wir nannten sie immer v. 25 ist die geforderte Teilung, also t.

Wenn für die Zahlen die Buchstaben eingesetzt werden, so entsteht die einfache Gleichung

$$\boldsymbol{w = \frac{v}{t}}.$$

Nach dieser Formel werden wir jetzt die Wechselräder berechnen. Zu beachten ist, daß stets nur 1 Kurbelumdrehung nötig ist.

2. Beispiel: Teilzahl 55.

Lösung:

$$w = \frac{v}{t} = \frac{30}{55} = \frac{6}{11} = \frac{2 \cdot 3}{1 \cdot 11} = \frac{60 \cdot 32}{44 \cdot 80}.$$

60 = 1. treibendes Rad; Teilscheibenspindel!
44 = 1. getriebenes „ ; Stelleisen!
32 = 2. treibendes „ ; Stelleisen!
80 = 2. getriebenes „ ; Teilschneckenwelle!

Vergleiche damit die Angaben der Tabelle!
Es ist 1 volle Kurbelumdrehung nötig.

3. Beispiel: Teilzahl 98.

Lösung:

$$w = \frac{v}{t} = \frac{30}{98} = \frac{15}{49} = \frac{3 \cdot 5}{49 \cdot 1} = \frac{30 \cdot 40}{49 \cdot 80}.$$

30 = 1. treibendes Rad; Teilscheibenspindel!
usw.

Dazu 1 volle Kurbelumdrehung!

4. Beispiel: Teilzahl 14.

Lösung:

$$w = \frac{v}{t} = \frac{30}{14} = \frac{15}{7} = \frac{3 \cdot 5}{1 \cdot 7} = \frac{60 \cdot 30}{20 \cdot 42}.$$

Dazu 1 volle Kurbelumdrehung!

5. Beispiel: Teilzahl 246.

Lösung:

$$w = \frac{v}{t} = \frac{30}{246} = \frac{5}{41} = \frac{1 \cdot 5}{1 \cdot 41} = \frac{20 \cdot 20}{41 \cdot 80}.$$

Dazu 1 volle Kurbelumdrehung!

1. Aufgabe: Die Teilzahl heißt:

a) 125	d) 195	g) 300	k) 144
b) 48	e) 20	h) 21	l) 74
c) 100	f) 58	i) 270	m) 165

Berechne die Wechselräder!

Für die Zahlen 5 bis 29 verwendet die Reinecker-Tabelle mehrere volle Kurbelumdrehungen. Wie schon erwähnt, ist eine Berechnung, die auf mehrere Kurbelumdrehungen führt, nicht absolut nötig.

6. Beispiel: Teilzahl 25. (Vgl. 1. Beispiel!)

Lösung: Wir benutzen das 2fache der Teilzahl, also 50. $t_1 = 50$.

$$w = \frac{v}{t_1} = \frac{30}{50} = \frac{3}{5} = \frac{1 \cdot 3}{1 \cdot 5} = \frac{54 \cdot 40}{45 \cdot 80}.$$

Würden wir jedesmal 1 volle Kurbelumdrehung ausführen, so würde die Teilung gleich 50 sein. Sollen es nur 25 Teile werden, so dürfen wir nach 1 vollen Kurbelumdrehung nicht Halt machen, sondern haben noch eine 2. Umdrehung auszuführen, so daß jedesmal 1 Teilung übersprungen wird.

Bei Benutzung der Wechselräder 54, 45, 40, 80 sind demnach 2 volle Kurbelumdrehungen auszuführen.

7. Beispiel: Teilzahl 12.

Lösung: Wir benutzen das 3fache der Teilzahl, also 36. (Wir hätten auch das 2fache der Teilzahl, also 24, wählen können, oder das 4fache, also 48.) $t_1 = 36$.

$$w = \frac{v}{t_1} = \frac{30}{36} = \frac{5}{6} = \frac{1 \cdot 5}{2 \cdot 3} = \frac{80 \cdot 25}{40 \cdot 60}$$

und noch viele andere Möglichkeiten!

Bei Verwendung der Wechselräder 80, 40, 25, 60 würden wir 36 Teile erhalten, sollen es nur 12 werden, so müssen jedesmal 3 volle Kurbelumdrehungen ausgeführt werden, damit 2 Teilungen übersprungen werden.

Zusammenfassung für mehrere Kurbelumdrehungen:

1. Bilde von der geforderten Teilung ein Vielfaches, das in der Nähe von v (also 30) liegt.
2. Berechne die Wechselräder von t_1 in üblicher Weise.
3. Wende nun aber soviel Kurbelumdrehungen an, als der Faktor beträgt, mit dem die geforderte Teilung vervielfacht wurde.

8. Beispiel: Teilzahl 6.

Lösung: 1. 6 mit 5 vervielfacht $= 30$; $t_1 = 30$.

2. $$w = \frac{v}{t_1} = \frac{30}{30} = \frac{1}{1} = \frac{1 \cdot 1}{1 \cdot 1} = \frac{40 \cdot 45}{30 \cdot 60}.$$

3. Der Faktor, mit dem die 6 vervielfacht wurde, heißt 5; demnach sind 5 volle Kurbelumdrehungen nötig.

2. Aufgabe: Die Teilzahl heißt:

a) 21	c) 5	e) 16	g) 24
b) 10	d) 28	f) 8	h) 20

Führe die Berechnungen nach dem Muster des 8. Beispiels aus!

Tabelle 11.

Teiltabelle für das mittelbare (indirekte) Teilen durch den Reinecker-Universal-Teilkopf.

Innere Übersetzung 1 : 30.

Vorhandene Wechselräder: 2 × 20, 24, 25, 29, 30, 31, 32, 34, 37, 38, 40, 41, 42, 43, 44, 45, 46, 47, 48, 49, 50, 52, 54, 56, 60, 80, 100.

Teilzahl	Zahl der Kurbelumdrehungen	Rad auf Teilschneckenwelle	Räder auf dem Stelleisen		Rad auf Teilscheibenwelle	Teilzahl	Zahl der Kurbelumdrehungen	Rad auf Teilscheibenwelle	Räder auf dem Stelleisen		Rad auf Teilscheibenwelle
n	*t*	*a*	*b*	*c*	*d*	*n*	*t*	*a*	*b*	*c*	*d*
5	6	60	45	30	40	41	1	41	45	48	32
6	5	60	45	30	40	42	1	56	48	54	45
7	5	56	32	40	60	43	1	43	45	48	32
8	4	60	50	40	45	44	1	60	40	44	45
9	4	60	25	40	80	45	1	54	30	50	60
10	3	60	45	30	40	46	1	46	20	40	60
11	3	44	60	48	32	47	1	47	45	48	32
12	3	60	25	40	80	48	1	54	30	40	45
13	3	52	32	48	60	49	1	49	42	56	40
14	3	56	48	54	45	50	1	80	40	45	54
15	2	60	45	30	40	52	1	52	40	60	45
16	2	60	50	40	45	54	1	54	45	60	40
17	2	80	40	34	60	55	1	80	32	44	60
18	2	60	25	40	80	56	1	60	40	56	45
19	2	80	40	38	60	58	1	80	30	29	40
20	2	50	30	48	60	60	1	80	30	45	60
21	2	56	48	54	45	62	1	80	30	31	40
22	2	60	40	44	45	64	1	48	45	60	30
23	2	46	20	40	60	65	1	52	48	60	30
24	2	54	30	40	45	66	1	48	40	44	24
25	2	80	40	45	54	68	1	80	40	34	30
26	2	52	40	60	45	70	1	80	30	42	48
27	2	54	45	60	40	72	1	50	25	48	40
28	2	60	40	56	45	74	1	80	40	37	30
29	2	80	30	29	40	75	1	60	40	50	30
30	1	60	45	30	40	76	1	80	40	38	30
31	1	31	45	48	32	78	1	52	40	60	30
32	1	60	50	40	45	80	1	80	24	48	60
33	1	44	60	48	32	82	1	80	40	41	30
34	1	80	40	34	60	84	1	80	30	42	40
35	1	56	32	40	60	85	1	80	24	34	40
36	1	60	25	40	80	86	1	80	40	43	30
37	1	37	45	48	32	88	1	80	40	44	30
38	1	80	40	38	60	90	1	80	40	45	30
39	1	52	32	48	60	92	1	80	40	46	30
40	1	50	30	48	60	94	1	80	40	47	30

Tabelle 11 (Fortsetzung).

Teilzahl	Zahl der Kurbelumdrehungen	Rad auf Teilschneckenwelle	Räder auf dem Stelleisen		Rad auf Teilscheibenwelle	Teilzahl	Zahl der Kurbelumdrehungen	Rad auf Teilschneckenwelle	Räder auf dem Stelleisen		Rad auf Teilscheibenwelle
n	*t*	*a*	*b*	*c*	*d*	*n*	*t*	*a*	*b*	*c*	*d*
95	1	60	24	38	30	185	1	80	20	37	24
96	1	80	40	48	30	188	1	80	20	47	30
98	1	80	40	49	30	190	1	80	20	38	24
99	1	60	40	44	20	192	1	80	20	48	30
100	1	60	45	50	20	195	1	60	24	52	20
104	1	80	20	52	60	196	1	80	20	49	30
105	1	60	30	42	24	200	1	80	20	40	24
108	1	80	20	54	60	204	1	100	20	34	25
110	1	60	30	44	24	205	1	80	20	41	24
112	1	80	20	56	60	208	1	80	20	52	30
115	1	60	30	46	24	210	1	60	24	56	20
116	1	80	20	29	30	215	1	80	20	43	24
120	1	60	30	48	24	216	1	80	20	54	30
124	1	80	20	31	30	220	1	80	20	44	24
125	1	60	30	50	24	224	1	80	20	56	30
128	1	80	20	48	45	225	1	80	20	45	24
130	1	80	20	52	48	228	1	100	20	38	25
132	1	80	20	44	40	230	1	80	20	46	24
135	1	80	20	54	48	234	1	60	20	52	20
136	1	80	20	34	30	235	1	80	20	47	24
140	1	80	20	56	48	240	1	80	20	48	24
144	1	80	20	60	50	245	1	80	20	49	24
145	1	100	20	29	30	246	1	80	20	41	20
148	1	80	20	37	30	250	1	80	20	50	24
150	1	80	20	60	48	252	1	80	20	42	20
152	1	80	20	38	30	258	1	80	20	43	20
155	1	100	20	31	30	260	1	80	20	52	24
156	1	80	20	52	40	264	1	80	20	44	20
160	1	80	20	40	30	270	1	80	20	54	24
164	1	80	20	41	30	276	1	80	20	46	20
165	1	80	20	44	32	280	1	80	20	56	24
168	1	80	20	56	40	282	1	80	20	47	20
170	1	100	20	34	30	288	1	80	20	48	20
172	1	80	20	43	30	294	1	80	20	49	20
175	1	56	20	50	24	300	1	80	20	50	20
176	1	80	20	44	30	312	1	80	20	52	20
180	1	80	20	48	32	324	1	80	20	54	20
184	1	80	20	46	30	336	1	80	20	56	20

4. Das Differentialteilen.

Für die Primzahlen ist auch beim Reinecker-Teilkopf das Differentialteilen in Anwendung zu bringen. Es hat viel Ähnlichkeit mit dem Differentialteilen durch Teilköpfe, bei denen Lochkreise verwertet werden. Hier wie dort muß von einer Grundzahl (t_1) ausgegangen werden, um dann durch eine beschleunigend oder verzögernd wirkende Zusatzbewegung die richtige Teilzahl (t) zu erreichen.

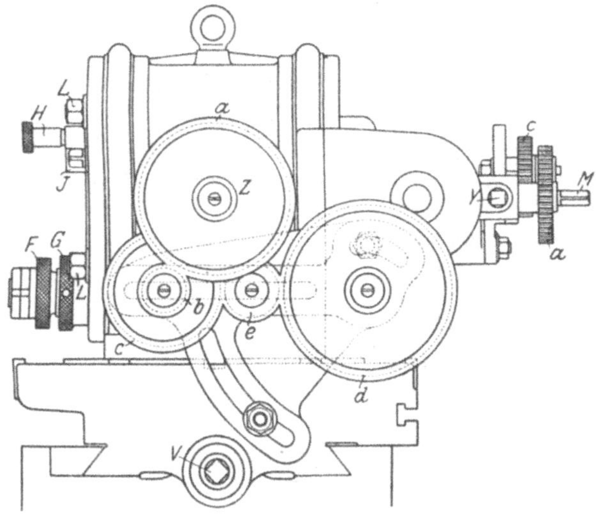

Abb. 69. Reinecker Universal-Teilkopf.

Diese Zusatzbewegung wird bei beiden Arten von Teilköpfen durch Wechselräder bewirkt.

Während aber bei den Teilköpfen, bei denen Lochkreise zur Verwendung kommen, die Wechselräder eine Verbindung zwischen Schneckenradspindel und Nabe für die Teilscheibenwelle herstellen (Abb. 54 und 55), regeln bei dem Reinecker-Teilkopf diese Wechselräder die Übersetzung zwischen Schneckenradspindel und der zur Schnecke führenden Spindel *m* (Abb. 68). Die Übertragung verläuft in folgender Weise:

Die Schneckenradspindel nimmt das Wechselrad *a* (Abb. 69) auf, das die Bewegung den beiden auf dem Stelleisen sitzenden

Wechselrädern *b* und *c* mitteilt. Von diesen empfängt das Wechselrad *d* die Bewegung. Ist eine Umkehrung der Drehungsrichtung nötig, so wird das Zwischenrad *e* eingefügt. Den weiteren Verlauf der Übersetzung verfolgen wir nach Abb. 67 und 68. Das Wechselrad *d* wird auf Welle *m* gesteckt und bringt dadurch den konischen Trieb *t* in Umdrehung, und zwar nach der einen oder der anderen Richtung, je nachdem ob das Zwischenrad *e* zur Verwendung kommt oder nicht. Da Trieb *l* mit Doppeltrieb *k* in Eingriff steht, kann auch diesem eine Drehungsrichtung nach beiden Seiten hin gegeben werden. Es kommt aber bereits eine andere Bewegung von der Teilscheibenwelle *r* aus über Wechselräder, Büchse um Welle *d*, Trieb *i*, Triebe *h h* und setzt Welle *d* in Umdrehung. Beide Bewegungen vereinigen sich nun und verzögern oder beschleunigen die ursprüngliche Umdrehungsgeschwindigkeit. Eine Beschleunigung ergibt sich dann, wenn Doppeltrieb *k* gleiche Bewegungsrichtung mit den Trieben *h h* hat; eine Verzögerung tritt ein, wenn die Bewegungsrichtungen entgegengesetzt sind.

1. Beispiel: Teilzahl 51.

Lösung:

1. Als Grundteilung nehmen wir 50 an. $t_1 \doteq 50$.
2. Wechselräder für die Grundteilung:

$$w = \frac{v}{t_1} = \frac{30}{50} = \frac{3}{5} \doteq \frac{1 \cdot 3}{1 \cdot 5} = \frac{54 \cdot 40}{45 \cdot 80}$$

und viele andere Möglichkeiten! (Siehe mittelbares Teilen!)

3. Wechselräder für die Zusatzbewegung:

Bei Benutzung der Wechselräder für die Grundteilung würde die Teilung statt 51 nur 50 werden. 1 Teil muß demnach durch die Zusatzbewegung gewonnen werden.

1 Teil von 50 Teilen ist $\frac{1}{50}$ der Grundteilung. Also $\frac{1}{50}$ der Grundteilung muß gewonnen werden.

Das kann nur dadurch geschehen, daß die Umdrehung des Schneckenrades um $\frac{1}{50}$ verzögert wird. Der Antrieb für die Zusatzbewegung geht von der Schneckenradwelle aus. An dem Zustandekommen der Bewegung wirken die Wechselräder und die innere Übersetzung, die in diesem Falle 1 : 60 (siehe Seite 182) beträgt, mit.

Innere Übersetzung × Wechselräder $= \frac{1}{50}$.

Kurz $\frac{1}{60} \cdot \frac{?}{?} = \frac{1}{50}$; folglich $\frac{?}{?} = \frac{1}{50} : \frac{1}{60} = \frac{1}{50} \cdot \frac{60}{1} = \frac{60 \cdot 1}{50 \cdot 1}$

$$= \frac{6}{5} = \frac{2 \cdot 3}{1 \cdot 5} = \frac{80 \cdot 60}{40 \cdot 100} \text{ oder auch } \frac{80 \cdot 45}{30 \cdot 100}.$$

Das Radverhältnis für die Wechselräderauswahl heißt $\frac{60 \cdot 1}{50 \cdot 1}$. (Siehe oben.)

Die Zahl 60 ist die größere Zahl von der inneren Übersetzung. Wir wollen sie V nennen. (Die Zahl 30 von der anderen inneren Übersetzung nannten wir v.)

Die Zahl 1 über dem Bruchstrich gibt die Differenz zwischen geforderter Teilung (51) und Grundteilung (50) an. Wir nennen sie d. Die Zahl 50 ist die Grundteilung, also t_1.

Die Zahl 1 unter dem Bruchstrich ist wiederum ohne Bedeutung, wie bereits früher nachgewiesen wurde, und kann fortgelassen werden. Für die Wechselräder wollen wir diesmals w_2 sagen, um sie von den Wechselrädern für die Grundteilung (w) zu unterscheiden. Setzen wir die Buchstaben für die Zahlen ein, so entsteht folgende Formel:

$$\boldsymbol{w_2 = \frac{V \cdot d}{t_1}}.$$

Sie gilt für Berechnung der Wechselräder, die die Zusatzbewegung zu bewirken haben.

4. In vorstehendem Beispiele muß die Zusatzbewegung eine Verzögerung der Schneckenradumdrehung bewirken. Das geschieht dann, wenn der Doppeltrieb k entgegengesetzte Bewegungsrichtung zu den Trieben hh bekommt. (Siehe weiter vorn!) Das aber tritt ein, wenn das Zwischenrad e nicht zur Verwendung kommt.

Zusammenfassung:

1. Festsetzung der Grundzahl (t_1).

2. Berechnung der Wechselräder für die Grundzahl nach der Formel $w = \frac{v}{t_1}$

3. Berechnung der Wechselräder für die Zusatzbewegung nach der Formel $w_2 = \frac{V \cdot d}{t_1}$.

4. Bestimmung der Notwendigkeit des Zwischenrades e. Merke dabei:

Müssen Teile gewonnen werden, dann ist das Zwischenrad nicht nötig. Warum?

Müssen Teile verloren gehen, dann kommt das Zwischenrad in Anwendung. Warum?

2. Beispiel: Teilzahl 162.

Lösung:

1. Grundteilung: 160 ($t_1 = 160$); $d = 162 - 160 = 2$.
2. Wechselräder für die Grundteilung:

$$w = \frac{v}{t_1} = \tfrac{30}{160} = \tfrac{3}{16} = \frac{3 \cdot 1}{4 \cdot 4} = \frac{30 \cdot 20}{40 \cdot 80}.$$

3. Wechselräder für die Zusatzbewegung:

$$w_2 = \frac{V \cdot d}{t_1} = \frac{60 \cdot 2}{160} = \frac{3 \cdot 1}{4} = \tfrac{3}{4} = \frac{1 \cdot 3}{2 \cdot 2} = \frac{50 \cdot 48}{40 \cdot 80}$$

und andere Möglichkeiten!

4. Es müssen 2 Teile gewonnen werden, folglich ohne Zwischenrad e.

3. Beispiel: Teilzahl 227.

Lösung:

1. Grundteilung: 220; $d = 7$.
2. Wechselräder für die Grundteilung:

$$w = \frac{v}{t_1} = \tfrac{30}{220} = \tfrac{3}{22} = \frac{3 \cdot 1}{11 \cdot 2} = \frac{24 \cdot 20}{44 \cdot 80}$$

und viele andere Möglichkeiten!

3. Wechselräder für die Zusatzbewegung:

$$w_2 = \frac{V \cdot d}{t_1} = \frac{60 \cdot 7}{220} = \frac{3 \cdot 7}{11} = \frac{7 \cdot 3}{1 \cdot 11} = \frac{70 \cdot 24}{10 \cdot 88} = \frac{70 \cdot 48}{20 \cdot 88}.$$

4. Es müssen 7 Teile gewonnen werden, folglich ohne Zwischenrad e.

4a. Beispiel: Teilzahl 341.

Lösung:

1. Grundteilung: 336. (Aber auch andere Möglichkeiten! Siehe Beispiel 4b.) $d = 5$.
2. Wechselräder für die Grundteilung:

$$w = \frac{v}{t_1} = \tfrac{30}{336} = \tfrac{5}{56} = \frac{5 \cdot 1}{7 \cdot 8} = \frac{20 \cdot 20}{56 \cdot 80}.$$

Tabelle 12.

Teiltabelle für das Teilen der Primzahlen mittels des Reinecker-Universal-Teilkopfes.

Übersetzung für die Grundteilung = 1 : 30. ($v = 30$).
Übersetzung für die Zusatzbewegung = 1 : 60. ($V = 60$).
Wechselräder für die Grundteilung: Siehe Tabelle 11, Seite 187.
Wechselräder für die Zusatzbewegung: 20, 24, 25, 30, 32, 40, 45, 48, 50, 60, 65, 70, 80, 88, 100, 120.

Teilung	Grundteilung	Rad an der Teilspindel	Rad am Stelleisen		Rad zur Schnecke	Zwischenrad	Teilung	Grundteilung	Rad an der Teilspindel	Rad am Stelleisen		Rad zur Schnecke	Zwischenrad
			vorn	hinten						vorn	hinten		
t	t_1	a	b	c	d	e	t	t_1	a	b	c	d	e
51	50	80	30	45	100	0	131	130	40	65	60	80	0
53	54	100	45	40	80	1	133	130	60	30	45	65	0
57	60	80	24	45	50	1	134	130	80	40	60	65	0
59	60	60	30	40	80	1	137	140	60	30	45	70	1
61	60	60	30	40	80	0	138	140	80	40	30	70	1
63	60	80	24	45	50	0	139	140	40	60	45	70	1
67	70	80	20	45	70	1	141	140	40	60	45	70	0
69	70	80	40	30	70	1	142	140	80	40	30	70	0
71	70	80	40	30	70	0	143	140	60	30	45	70	0
73	70	80	20	45	70	0	146	150	80	20	40	100	1
77	80	80	32	45	50	1	147	150	80	20	30	100	1
79	80	50	40	60	100	1	149	150	80	50	30	120	1
81	80	50	40	60	100	0	151	150	80	50	30	120	0
83	80	80	32	45	50	0	153	150	80	20	30	100	0
87	90	80	30	45	60	1	154	150	80	20	40	100	0
89	90	60	45	40	80	1	157	160	60	30	45	80	1
91	90	60	45	40	80	0	158	160	50	40	48	80	1
93	90	80	30	45	60	0	159	160	40	60	45	80	1
97	100	45	50	60	30	1	161	160	40	60	45	80	0
101	100	60	50	40	80	0	162	160	50	40	48	80	0
103	100	80	40	45	50	0	163	160	60	30	45	80	0
106	110	80	25	60	88	1	166	160	80	32	45	50	0
107	110	60	20	48	88	1	167	160	70	20	60	80	0
109	110	80	50	30	88	1	169	168	40	70	50	80	0
111	110	80	50	30	88	0	171	180	80	24	45	50	1
113	110	60	20	48	88	0	173	180	70	40	60	45	1
114	110	80	25	60	88	0	174	180	80	30	45	60	1
117	120	45	60	80	40	1	177	180	80	40	30	60	1
118	120	60	30	40	80	1	178	180	60	45	40	80	1
119	120	60	45	30	80	1	179	180	40	60	50	100	1
121	120	60	45	30	80	0	181	180	40	60	50	100	0
122	120	60	30	40	80	0	182	180	60	45	40	80	0
123	120	45	60	80	40	0	183	180	80	40	30	60	0
126	130	80	40	60	65	1	186	180	80	30	45	60	0
127	130	60	30	45	65	1	187	180	70	40	60	45	0
129	130	40	65	60	80	1	189	180	80	24	45	50	0

Tabelle 12 (Fortsetzung).

Teilung	Grund-teilung	Rad an der Teilspindel	Rad am Stelleisen vorn	Rad am Stelleisen hinten	Rad zur Schnecke	Zwischenrad	Teilung	Grund-teilung	Rad an der Teilspindel	Rad am Stelleisen vorn	Rad am Stelleisen hinten	Rad zur Schnecke	Zwischenrad
t	t_1	a	b	c	d	e	t	t_2	a	b	c	d	e
191	200	120	20	45	100	1	222	220	32	88	60	40	0
193	200	45	50	70	30	1	223	220	60	40	48	88	0
194	200	45	50	60	30	1	226	220	60	20	48	88	0
197	200	60	40	48	80	1	227	220	70	20	48	88	0
198	200	40	50	45	60	1	229	220	120	25	45	88	0
199	200	40	60	45	100	1	231	240	100	25	45	80	1
201	200	40	60	45	100	0	232	240	80	30	45	60	1
202	200	40	50	45	60	0	233	240	70	30	45	60	1
203	200	60	40	48	80	0	236	240	80	40	30	60	1
206	200	45	50	60	30	0	237	240	80	32	30	100	1
207	200	45	50	70	30	0	238	240	60	45	30	80	1
209	200	120	20	45	100	0	239	240	40	60	30	80	1
211	220	120	25	45	88	1	241	240	40	60	30	80	0
212	220	100	25	48	88	1	242	240	60	45	30	80	0
213	220	70	20	48	88	1	243	240	80	32	30	100	0
214	220	60	20	48	88	1	244	240	80	40	30	60	0
217	220	60	40	48	88	1	247	240	70	30	45	60	0
218	220	32	88	60	40	1	248	240	80	30	45	60	0
219	220	40	80	48	88	1	249	240	100	25	45	80	0
221	220	40	80	48	88	0							

3. Wechselräder für die Zusatzbewegung:

$$w_2 = \frac{V \cdot d}{t_1} = \frac{60 \cdot 5}{336} = \frac{5 \cdot 5}{26} = \frac{5 \cdot 5}{2 \cdot 13} = \frac{80 \cdot 25}{40 \cdot 52}.$$

4. Es müssen 5 Teile g e w o n n e n werden, folglich o h n e Zwischenrad e.

4b. Beispiel: Teilzahl 341.

Lösung:

1. Grundteilung: 360; $d = 19$.
2. Wechselräder für die Grundteilung:

$$w = \frac{v}{t_1} = \frac{30}{360} = \frac{1}{12} = \frac{1 \cdot 1}{3 \cdot 4} = \frac{20 \cdot 25}{60 \cdot 100}.$$

3. Wechselräder für die Zusatzbewegung:

$$w_2 = \frac{V \cdot d}{t_1} = \frac{60 \cdot 19}{360} = \frac{1 \cdot 19}{6} = \frac{1 \cdot 19}{2 \cdot 3} = \frac{20 \cdot 38}{40 \cdot 6} = \frac{100 \cdot 38}{40 \cdot 30}.$$

4. Es müssen 19 Teile verloren gehen, folglich mit Zwischenrad e.

Aufgabe: Die geforderte Teilung sei:

a) 121	d) 187	g) 218	k) 287
b) 89	e) 109	h) 249	l) 301
c) 211	f) 158	i) 171	m) 329

Löse nach vorstehenden Mustern!

18. Zusammenstellung der entwickelten Formeln.

a) Fräserwerkzeug.

1. $U = z \cdot t$ (Seite 53).
2. $d = \frac{U}{\pi}$ („ 53).
3. $d = \frac{z \cdot t}{\pi}$ („ 53).
4. $z = \frac{d\pi}{t}$ („ 54).
5. $t = \frac{d\pi}{z}$ („ 54).
6. $t = 1{,}2\sqrt{d}$ (Seite 55).
7. $z = 8 + \left(\frac{d-20}{7}\right)$ („ 58).
8. $h = \frac{2}{3}t$ („ 58).
9. $z = 7 + \left(\frac{d-20}{9}\right)$ („ 59).
10. $t = 0{,}78\sqrt{d}$ („ 59).
11. $z = \frac{d}{9} + 7$ („ 59).

Es bedeuten:
U = Umfang des Fräsers; z = Zähnezahl;
d = Durchmesser des Fräsers; h = Höhe des Zahnes.
t = Teilung;

b) Gewindefräsen.

$$\operatorname{tang} x = \frac{S}{D\pi} \quad \text{(Seite 84)}.$$

Es bedeuten:
x = Steigungswinkel; D = Durchmesser des Werkstückes; S = Gewindesteigung.

c) Spiralarbeiten.

1) $\operatorname{tang} y = \frac{D\pi}{L}$ (Seite 88); 2) $L = \frac{D\pi}{\operatorname{tang} y}$ (Seite 98).

Es bedeuten:
y = Einstellwinkel; L = Spiralsteigung.

d) Teilarbeiten.

Mittelbares (indirektes) Teilen.

1) $k = \frac{v}{t}$ (Seite 120); 2) $v = k \cdot t$ (Seite 127).

Es bedeuten:

k = Kurbelumdrehungen; t = Teilung; v = die große Verhältniszahl aus der inneren Übersetzung des Teilkopfes.

Differentialteilen (Wanderer-Teilkopf).

1. Methode:

1) $k = \frac{v}{t_1}$ (Seite 159); 2) $w = k \cdot d$ (Seite 164).

Es bedeuten:

k und v (wie oben angegeben); t_1 = angenommene Teilung (statt der geforderten t); d = Differenz zwischen geforderter und angenommener Teilung; w = Wechselräder.

Oder 2. Methode:

3) $w = \frac{d}{1}$ (Seite 167); 4) $k = \frac{v_1}{t}$ (Seite 167).

Es bedeuten:

w, k, t (wie oben angegeben); v_1 = angenommene Verhältniszahl für das Schneckenrad (die wirkliche Verhältniszahl = v); d = Differenz zwischen v und v_1.

Differentialteilen (Reinecker-Teilkopf).

1) $w = \frac{v}{t}$ (Seite 184); 2) $w_2 = \frac{V \cdot d}{t_1}$ (Seite 191).

Es bedeuten:

v, d, t, t_1 (wie oben angegeben); w = Wechselräder zwischen Teilschneckenwelle und Teilscheibenwelle. (Für Grundteilung.) w_2 = Wechselräder zwischen Teilspindel und Welle zur Schnecke. (Für Zusatzbewegung.) V = inneres Verhältnis 1 : 60.

III. Anhang.

19. Zoll = Millimeter.

a) Selbständige Ausrechnungen.

1. Umrechnungen von Zoll in Millimeter.

$1'' = 25{,}399541$ mm; abgerundet $= 25{,}4$ mm.

$2'' = 2 \cdot 25{,}4 = 50{,}8$ mm.

$16'' = 16 \cdot 25{,}4 = 406{,}4$ mm.

$$\tfrac{7}{8}'' = \tfrac{7}{8} \cdot 25{,}4 = \frac{7 \cdot 25{,}4}{8} = \frac{177{,}8}{8} = 22{,}225 \text{ mm.}$$

$$25\tfrac{1}{4}'' = 25\tfrac{1}{4} \cdot 25{,}4 = 25{,}25 \cdot 25{,}4 = 641{,}35 \text{ mm.}$$

$$3\tfrac{9}{16}'' = 3\tfrac{9}{16} \cdot 25{,}4 = \tfrac{57}{16} \cdot 25{,}4 = \frac{57 \cdot 25{,}4}{16} = \frac{1447{,}8}{16}$$

$$= 1447{,}8 : 16 = 90{,}48 \text{ mm.}$$

Merke: Zoll werden in Millimeter verwandelt, indem man mit 25,4 malnimmt.

1. Aufgabe: Verwandle in Millimeter

a) $28''$	d) $\tfrac{7}{16}''$	g) $29\tfrac{1}{16}''$	k) $56\tfrac{1}{2}''$
b) $14\tfrac{1}{2}''$	e) $\tfrac{11}{16}''$	h) $2\tfrac{13}{16}''$	l) $78''$
c) $9\tfrac{7}{8}''$	f) $1\tfrac{3}{4}''$	i) $\tfrac{1}{8}''$	m) $1\tfrac{11}{16}''$

2. Umrechnungen von Millimetern in Zoll.

$25{,}4$ mm $= 1''$; folglich sind

$50{,}8$ „ $= 50{,}8 : 25{,}4 = 508 : 254 = 2''$;

$304{,}8$ mm $= 304{,}8 : 25{,}4 = 3048 : 254 = 12''$;

$1{,}587$ „ $= 1{,}587 : 25{,}4 = 15{,}87 : 254 = 0{,}06248''$;

$752{,}46$ „ $= 752{,}46 : 25{,}4 = 7524{,}6 : 254 = 29{,}625''$;

60 „ $= 60 : 25{,}4 = 600 : 254 = 2{,}362''$.

Merke: Millimeter werden in Zoll verwandelt, indem man durch 25,4 teilt.

Es werden sehr häufig Dezimalbrüche entstehen (wie bei den drei letzten Aufgaben). Handelt es sich um genaue Berechnungen, so benutzt man diese Dezimalbrüche. Ist größte Genauigkeit nicht nötig, so kann man die Dezimalbrüche in gemeine Brüche umwandeln, und zwar in $\frac{}{2}$, $\frac{}{4}$, $\frac{}{8}$, $\frac{}{16}$, $\frac{}{32}$; denn es ist üblich, für die Zollmaße diese Brüche zu benutzen.

Tabelle

Englische Zoll

1 engl. Zoll

Zoll	0	$\frac{1}{16}$	$\frac{1}{8}$	$\frac{3}{16}$	$\frac{1}{4}$	$\frac{5}{16}$	$\frac{3}{8}$	$\frac{7}{16}$
0	0,000	1,587	3,175	4,762	6,350	7,937	9,525	11,112
1	25,400	26,987	28,574	30,162	31,749	33,337	34,924	36,512
2	50,799	52,387	53,974	55,561	57,149	58,736	60,324	61,911
3	76,199	77,786	79,374	80,961	82,549	84,136	85,723	87,311
4	101,60	103,19	104,77	106,36	107,95	109,54	111,12	112,71
5	127,00	128,59	130,17	131,76	133,35	134,94	136,52	138,11
6	152,40	153,98	155,57	157,16	158,75	160,33	161,92	163,51
7	177,80	179,38	180,97	182,56	184,15	185,73	187,32	188,91
8	203,20	204,78	206,37	207,96	209,55	211,13	212,72	214,31
9	228,60	230,18	231,77	233,36	234,95	236,53	238,12	239,71
10	254,00	255,58	257,17	258,76	260,35	261,93	263,52	265,11
11	279,39	280,98	282,57	284,16	285,74	287,33	288,92	290,51
12	304,79	306,38	307,97	309,56	311,14	312,73	314,32	315,91
13	330,19	331,78	333,37	334,96	336,54	338,13	339,72	341,31
14	355,59	357,18	358,77	360,36	361,94	363,53	365,12	366,71
15	380,99	382,58	384,17	385,76	387,34	388,93	390,52	392,11
16	406,39	407,98	409,57	411,16	412,74	414,33	415,92	417,50
17	431,79	433,38	434,97	436,55	438,14	439,73	441,32	442,90
18	457,19	458,78	460,37	461,95	463,54	465,13	466,72	468,30
19	482,59	484,18	485,77	487,35	488,94	490,53	492,12	493,70
20	507,99	509,58	511,17	512,75	514,34	515,93	517,52	519,10
21	533,39	534,98	536,57	538,15	539,74	541,33	542,92	544,50
22	558,79	560,38	561,96	563,55	565,14	566,73	568,31	569,90
23	584,19	585,78	587,36	588,95	590,54	592,13	593,71	595,30
24	609,59	611,18	612,78	614,35	615,94	617,53	619,11	620,70
25	634,99	636,58	638,16	639,75	641,34	642,93	644,51	646,10
26	660,39	661,98	663,56	665,15	666,74	668,33	669,91	671,50
27	685,79	687,38	688,96	690,55	692,14	693,72	695,31	696,90
28	711,19	712,77	714,36	715,95	717,54	719,12	720,71	722,30
29	736,59	738,17	739,76	741,35	742,94	744,52	746,11	747,70
30	761,99	763,57	765,16	766,75	768,34	769,92	771,51	773,10
31	787,39	788,97	790,56	792,15	793,74	795,32	796,91	798,50
32	812,79	814,37	815,96	817,55	819,44	820,72	822,31	823,90
33	838,18	839,77	841,36	842,95	844,53	846,12	847,71	849,30
34	863,58	865,17	866,76	868,35	869,93	871,52	873,11	874,70
35	888,98	890,57	892,16	893,75	895,33	896,92	898,51	900,10
36	914,38	915,97	917,56	919,15	920,73	922,32	923,91	925,50
37	939,78	941,37	942,96	944,55	946,13	947,72	949,31	950,90
38	965,18	966,77	968,36	969,94	971,53	973,12	974,71	976,29
39	990,58	992,17	993,76	995,34	996,93	998,52	1000,1	1001,7
Zoll	0	$\frac{1}{16}$	$\frac{1}{8}$	$\frac{3}{16}$	$\frac{1}{4}$	$\frac{5}{16}$	$\frac{3}{8}$	$\frac{7}{16}$

13.

= Millimeter.

= 25,399541 mm.

½	9/16	5/8	11/16	¾	13/16	7/8	15/16	Zoll
12,700	14,287	15,875	17,462	19,050	20,637	22,225	23,812	**0**
38,099	39,687	41,274	42,862	44,449	46,037	47,624	49,212	**1**
63,499	65,086	66,674	68,261	69,849	71,436	73,024	74,611	**2**
88,898	90,486	92,073	93,661	95,248	96,836	98,423	100,01	**3**
114,30	115,89	117,47	119,06	120,65	122,24	123,82	125,41	**4**
139,70	141,28	142,87	144,46	146,05	147,63	149,22	150,81	**5**
165,10	166,68	168,27	169,86	171,45	173,03	174,62	176,21	**6**
190,50	192,08	193,67	195,26	196,85	198,43	200,02	201,61	**7**
215,90	217,48	219,07	220,66	222,25	223,83	225,42	227,01	**8**
241,30	242,88	244,47	246,06	247,65	249,23	250,82	252,41	**9**
266,70	268,28	269,87	271,46	273,05	274,63	276,22	277,81	**10**
292,09	293,68	295,27	296,86	298,44	300,03	301,62	303,21	**11**
317,49	319,08	320,67	322,26	323,84	325,43	327,02	328,61	**12**
342,89	344,48	346,07	347,66	349,24	350,83	352,42	354,01	**13**
368,29	369,88	371,47	373,06	374,64	376,23	377,82	379,41	**14**
393,69	395,28	396,87	398,46	400,04	401,63	403,22	404,81	**15**
419,09	420,68	422,27	423,85	425,44	427,03	428,62	430,20	**16**
444,49	446,08	447,67	449,25	450,84	452,43	454,02	455,60	**17**
469,89	471,48	473,07	474,65	476,24	477,83	479,42	481,00	**18**
495,29	496,88	498,47	500,05	501,64	503,23	504,82	506,40	**19**
520,69	522,28	523,87	525,45	527,04	528,63	530,22	531,80	**20**
546,09	547,68	549,27	550,85	552,44	554,03	555,61	557,20	**21**
571,49	573,08	574,66	576,25	577,84	579,43	581,01	582,60	**22**
596,89	598,48	600,06	601,65	603,24	604,83	606,41	608,00	**23**
622,29	623,88	625,46	627,05	628,64	630,23	631,81	633,40	**24**
647,69	649,28	650,86	652,45	654,04	655,63	657,21	658,80	**25**
673,09	674,68	676,26	677,85	679,44	681,03	682,61	684,20	**26**
698,49	700,07	701,66	703,25	704,84	706,42	708,01	709,60	**27**
723,89	725,47	727,06	728,65	730,24	731,82	733,41	735,00	**28**
749,29	750,87	752,46	754,05	755,64	757,22	758,81	760,40	**29**
774,69	776,27	777,86	779,45	781,04	782,62	784,21	785,80	**30**
800,09	801,67	803,26	804,85	806,44	808,02	809,61	811,20	**31**
825,49	827,07	828,66	830,25	831,83	833,42	835,01	836,60	**32**
850,88	852,47	854,06	855,65	857,23	858,82	860,41	862,00	**33**
876,28	877,87	879,46	881,05	882,63	884,22	885,81	887,40	**34**
901,68	903,27	904,86	906,45	908,03	909,62	911,21	912,80	**35**
927,08	928,67	930,26	931,85	933,43	935,02	936,61	938,20	**36**
952,48	954,07	955,66	957,25	958,83	960,42	962,01	963,60	**37**
977,88	979,47	981,06	982,64	984,23	985,82	987,41	988,99	**38**
1003,3	1004,9	1006,5	1008,0	1009,6	1011,2	1012,8	1014,4	**39**
½	9/16	5/8	11/16	¾	13/16	7/8	15/16	Zoll

$\frac{1}{16}''$	oder	0,0625″;	$\frac{9}{16}''$	oder	0,5625″;
$\frac{1}{8}''$	,,	0,125 ″;	$\frac{5}{8}''$	,,	0,625 ″;
$\frac{3}{16}''$	,,	0,1875″;	$\frac{11}{16}''$	,,	0,6875″;
$\frac{1}{4}''$	,,	0,25 ″;	$\frac{3}{4}''$	,,	0,75 ″;
$\frac{5}{16}''$	,,	0,3125″;	$\frac{13}{16}''$	,,	0,8125″;
$\frac{3}{8}''$	,,	0,375 ″;	$\frac{7}{8}''$	,,	0,875 ″;
$\frac{7}{16}''$	,,	0,4375″;	$\frac{15}{16}''$	,,	0,9375″;
$\frac{1}{2}''$	,,	0,5 ″;	1″	,,	1,000 ″.

Im drittletzten Beispiel haben wir 0,06248 ausgerechnet. Nächstliegender Wert 0,0625″ oder $\frac{1}{16}''$.

Ergebnis des vorletzten Beispiels = 29,625. Für den Dezimalbruch 0,625 können wir $\frac{5}{8}$ sagen; also 29,625″ oder $29\frac{5}{8}''$.

Ergebnis des letzten Beispiels = 2,362″. Die Dezimalstellen heißen 0,362. Nächstliegender Wert 0,375″ oder $\frac{3}{8}''$; also 2,362″ oder $2\frac{3}{8}''$.

2. Aufgabe: Verwandle in Zoll

a)	14,287 mm	d)	300 mm	g)	64 mm	k)	980 mm
b)	520,69 ,,	e)	96,4 ,,	h)	1250 ,,	l)	520 ,,
c)	888,98 ,,	f)	110,2 ,,	i)	2000 ,,	m)	68,5 ,,

Bringe das Ergebnis in Form eines Dezimalbruches und eines gemeinen Bruches!

b) Wie benutzt man die Tabelle? (Seite 198).

In der 1. Längsspalte stehen die ganzen Zoll, in der obersten Querspalte die Bruchteile eines Zolles. Die fünfstelligen Zahlen in den übrigen Spalten bedeuten die Umrechnungen in Millimeter.

1. Zoll sind gegeben; Millimeter werden gesucht.

16″ = ? mm.

In der 1. Längsspalte suchen wir die Zahl 16 auf. Daneben finden wir die Zahl 406,39. **Also 16″ = 406,39 mm.**

3. Aufgabe: Wieviel Millimeter sind 8″, 12″, 24″, 15″, 30″?

$8\frac{7}{16}''$ = ? mm.

In der 1. Längsspalte suchen wir die 8 auf. Diese Reihe gehen wir quer nach rechts bis zu der Spalte, über welcher $\frac{7}{16}$ steht. An dieser Stelle lesen wir die Zahl 214,31 ab; also $\mathbf{8\frac{7}{16}''}$ **= 214,31 mm.**

$\frac{3}{4}''$ = ? mm.

In der 1. Längsspalte suchen wir 0 Ganze auf (1. Reihe). Diese Reihe quer bis zur Spalte, über der $\frac{3}{4}$ steht. Dort finden wir die Zahl 19,05. Also $\frac{3}{4}''$ = **19,05 mm.**

4. Aufgabe: Verwandle mittels Tabelle in Millimeter

a) $9\frac{1}{2}''$	d) $\frac{9}{16}''$	g) $20\frac{3}{4}''$	k) $8\frac{1}{8}''$
b) $5\frac{3}{16}''$	e) $24\frac{1}{4}''$	h) $1\frac{7}{16}''$	l) $16\frac{1}{4}''$
c) $14\frac{1}{16}''$	f) $13''$	i) $3\frac{15}{16}''$	m) $\frac{3}{16}''$

2. Millimeter sind gegeben; Zoll werden gesucht.

396,87 mm = ? Zoll.

Die Zahl 396,87 suchen wir in den Millimeterspalten auf. Diese Reihe verfolgen wir quer nach links bis zur 1. Spalte und lesen dort 15″ ab. Ferner verfolgen wir die Spalte, in der 396,87 steht, nach oben und lesen dort $\frac{5}{8}$ ab. Also **396,87 mm = $15\frac{5}{8}''$.**

700 mm = ? Zoll.

Die Zahl 700 finden wir nicht; dann wird die nächstliegende Zahl genommen, das ist 700,07. Für diese Zahl lesen wir aus der 1. Längs- und der 1. Querspalte $27\frac{9}{16}''$ ab.

5. Aufgabe: Verwandle mittels Tabelle in Zoll

a) 141,28 mm	c) 17,462 mm	e) 48 mm	g) 268 mm
b) 484,18 „	d) 39,5 „	f) 600 „	h) 125,4 „

20. Tabelle der Quadrate, Quadratwurzeln und Kreisumfänge.

Die 1. Spalte der Tabelle bringt die Zahlen von 1 bis 1000.

a) In der 2. Spalte stehen die Quadrate dieser Zahlen (siehe Seite 8). Will ich z. B. wissen, wie das Quadrat von 46 heißt (also 46 · 46), so suche ich in der 1. Spalte die 46 auf. Rechts neben der 46 lese ich dann aus der 2. Spalte das Ergebnis 2116 ab. Folglich

$$46^2 \text{ oder } 46 \cdot 46 = 2116.$$

Oder: Wie heißt das Quadrat von 874?

Suche in der 1. Spalte die 874 auf! Lies aus der 2. Spalte das Ergebnis ab! 874^2 oder $874 \cdot 874 = 763876$.

1. Aufgabe: Suche aus der Tabelle die Quadrate zu

a) 39	c) 815	e) 914	g) 155
b) 253	d) 483	f) 293	h) 63

b) Die 3. Spalte bringt die Quadratwurzeln der in der 1. Spalte genannten Zahlen. (Über Quadratwurzel siehe Seite **9**.)

Z. B.: Wie heißt die Quadratwurzel aus 375 $(\sqrt{375})$?

Suche in der 1. Spalte 375 auf! Lies aus der 3. Spalte rechts von der Zahl 375 das Ergebnis ab! = 19,3649.

Also $\sqrt{375} = 19{,}3649$.

Ebenso $\sqrt{208} = 14{,}4222$ oder $\sqrt{17} = 4{,}1231$.

2. Aufgabe: Bestimme aus der Tabelle die Quadratwurzeln aus

a) 104	c) 602	e) 19	g) 5
b) 873	d) 681	f) 915	h) 345

c) Die 4. Spalte bringt das Produkt von der in der 1. Spalte genannten Zahl mal 3,1416.

Also $24 \cdot 3{,}1416$ oder $905 \cdot 3{,}1416$ oder $129 \cdot 3{,}1416$ usw.

Diese Multiplikation einer Zahl mit 3,1416 (oder abgekürzt 3,14) kommt sehr häufig vor. Siehe Berechnungen der Fräserwerkzeuge Seite **54**; Spiralberechnungen Seite 65 usw.; ebenso Touren- und Zeitberechnung im „Dreher als Rechner" § 35 und 36; Konusberechnung § 38 usw.

Beispiel: $261 \cdot 3{,}1416 =$

Lösung: Suche in der 1. Spalte 261 auf! Lies aus der 4. Spalte das Ergebnis ab! = **819,96.**

Beispiel: $58 \cdot 3{,}1416 =$

Lösung: Suche in der 1. Spalte 58 auf! Lies aus der 4. Spalte das Ergebnis ab! = **182,21.**

3. Aufgabe: Nimm mit π, d. h. mit 3,1416, mal

a) 173	c) 215	e) 321	g) 705
b) 641	d) 85	f) 940	h) 58

Die angeführten Fälle erschöpfen die Anwendungsmöglichkeiten der Tabelle bei weitem noch nicht. Einige der einfachsten, aber wichtigsten Fälle sollen noch Erwähnung finden

d) $9,8^2 =$

Lösung: $9,8^2 = 9,8 \cdot 9,8 = 98 \cdot 98$ und von diesem Ergebnis 2 Stellen abstreichen. (Siehe Multiplikation von Dezimalbrüchen „Dreher als Rechner“ § 12.)

$98 \cdot 98$ laut Tabelle $= 9604$; folglich $9,8 \cdot 9,8 = 96,04$.

$0,725^2 =$

Lösung: $0,725^2 = 0,725 \cdot 0,725 = 725 \cdot 725$ und vor dem Ergebnis 6 Stellen abstreichen.

$725 \cdot 725$ laut Tabelle $= 525625$; folglich $0,725 \cdot 0,725 = 0,525625$.

4. Aufgabe: Bilde die Quadrate von

a) 7,9	d) 56,4	g) 83,4	k) 3,48
b) 14,2	e) 6,2	h) 90,6	l) 3,14
c) 0,86	f) 0,72	i) 12,5	m) 0,144

e) $7,2 \cdot 3,1416 =$

Wir rechnen zunächst $72 \cdot 3,1416 =$

Das ist laut Tabelle (4. Spalte) $= 226,19$. Der eine Faktor heißt aber nicht 72, sondern 7,2. Er ist demnach 10mal kleiner; folglich muß das Ergebnis auch 10mal kleiner sein. Es heißt nicht 226,19, sondern 22,619.

$9,08 . 3,1416 =$

$908 \cdot 3,1416$ laut Tabelle $= 2852,6$; folglich

$9,08 \cdot 3,1416 = 28,526$; denn es müssen 2 weitere Stellen abgestrichen werden.

$0,0763 \cdot 3,1416 =$

$763 \cdot 3,1416$ laut Tabelle $= 2397,0$; folglich

$0,0763 \cdot 3,1416 = 0,23970$; denn es müssen 4 weitere Stellen abgestrichen werden.

5. Aufgabe: Nimm folgende Zahlen mit **3,1416** mal

a) 5,2	d) 0,85	g) 0,984	k) 26,1
b) 9,5	e) 25,6	h) 9,84	l) 48,6
c) 1,44	f) 10,4	i) 98,4	m) 75,8

Tabelle 14.

Tabelle der Quadrate, Quadratwurzeln und Kreisumfänge.

1—1000.

x	x^2	$\sqrt{x}$	$x \cdot \pi$	x	x^2	$\sqrt{x}$	$x \cdot \pi$
1	1	1,0000	3,1416	46	2116	6,7823	144,51
2	4	1,4142	6,2832	47	2209	6,8557	147,65
3	9	1,7321	9,4248	48	2304	6,9282	150,80
4	16	2,0000	12,566	49	2401	7,0000	153,94
5	25	2,2361	15,708	50	2500	7,0711	157,08
6	36	2,4495	18,850	51	2601	7,1414	160,22
7	49	2,6458	21,991	52	2704	7,2111	163,36
8	64	2,8284	25,133	53	2809	7,2801	166,50
9	81	3,0000	28,274	54	2916	7,3485	169,65
10	100	3,1623	31,416	55	3025	7,4162	172,79
11	121	3,3166	34,558	56	3136	7,4833	175,93
12	144	3,4641	37,699	57	3249	7,5498	179,07
13	169	3,6056	40,481	58	3364	7,6158	182,21
14	196	3,7417	43,982	59	3481	7,6811	185,35
15	225	3,8730	47,124	60	3600	7,7460	188,50
16	256	4,0000	50,265	61	3721	7,8102	191,64
17	289	4,1231	53,407	62	3844	7,8740	194,78
18	324	4,2426	56,549	63	3969	7,9373	197,92
19	361	4,3589	59,690	64	4096	8,0000	201,06
20	400	4,4721	62,832	65	4225	8,0623	204,20
21	441	4,5826	65,973	66	4356	8,1240	207,35
22	484	4,6904	69,115	67	4489	8,1854	210,49
23	529	4,7958	72,257	68	4624	8,2462	213,63
24	576	4,8990	75,398	69	4761	8,3066	216,77
25	625	5,0000	78,540	70	4900	8,3666	219,91
26	676	5,0990	81,681	71	5041	8,4261	223,05
27	729	5,1962	84,823	72	5184	8,4853	226,19
28	784	5,2915	87,965	73	5329	8,5440	229,34
29	841	5,3852	91,106	74	5476	8,6023	232,48
30	900	5,4772	94,248	75	5625	8,6603	235,62
31	961	5,5678	97,389	76	5776	8,7178	238,76
32	1024	5,6569	100,53	77	5929	8,7750	241,90
33	1089	5,7446	103,67	78	6084	8,8318	245,04
34	1156	5,8310	106,81	79	6241	8,8882	248,19
35	1225	5,9161	109,96	80	6400	8,9443	251,33
36	1296	6,0000	113,10	81	6561	9,0000	254,47
37	1369	6,0828	116,24	82	6724	9,0554	257,61
38	1444	6,1644	119,38	83	6889	9,1104	260,75
39	1521	6,2450	122,52	84	7056	9,1652	263,89
40	1600	6,3246	125,66	85	7225	9,2195	267,04
41	1681	6,4031	128,81	86	7396	9,2736	270,18
42	1764	6,4807	131,95	87	7569	9,3274	273,32
43	1849	6,5574	135,09	88	7744	9,3808	276,46
44	1936	6,6332	138,23	89	7921	9,4340	279,60
45	2025	6,7082	141,37	90	8100	9,4868	282,74

Tabelle 14 (Fortsetzung).

x	x^2	$\sqrt{x}$	$x \cdot \pi$	x	x^2	$\sqrt{x}$	$x \cdot \pi$
91	8281	9,5394	285,88	139	19321	11,7898	436,68
92	8464	9,5917	289,03	140	19600	11,8322	439,82
93	8649	9,6437	292,17	141	19881	11,8743	442,96
94	8836	9,6954	295,31	142	20164	11,9164	446,11
95	9025	9,7468	298,45	143	20449	11,9583	449,25
96	9216	9,7980	301,59	144	20736	12,0000	452,39
97	9409	9,8489	304,73	145	21025	12,0416	455,53
98	9604	9,8995	307,88	146	21316	12,0830	458,67
99	9801	9,9499	311,02	147	21609	12,1244	461,81
100	10000	10,0000	314,16	148	21904	12,1655	464,96
101	10201	10,0499	317,30	149	22201	12,2066	468,10
102	10404	10,0995	320,44	150	22500	12,2474	471,24
103	10609	10,1489	323,58	151	22801	12,2882	474,38
104	10816	10,1980	326,73	152	23104	12,3288	477,52
105	11025	10,2470	329,87	153	23409	12,3693	480,66
106	11236	10,2956	333,01	154	23716	12,4097	483,81
107	11449	10,3441	336,15	155	24025	12,4499	486,95
108	11664	10,3923	339,29	156	24336	12,4900	490,09
109	11881	10,4403	342,43	157	24649	12,5300	493,23
110	12100	10,4881	345,58	158	24964	12,5698	496,37
111	12321	10,5357	348,72	159	25281	12,6095	499,51
112	12544	10,5830	351,86	160	25600	12,6491	502,65
113	12769	10,6301	355,00	161	25921	12,6886	505,80
114	12996	10,6771	358,14	162	26244	12,7279	508,94
115	13225	10,7238	361,28	163	26569	12,7671	512,08
116	13456	10,7703	364,42	164	26896	12,8062	515,22
117	13689	10,8167	367,57	165	27225	12,8452	518,36
118	13924	10,8628	370,71	166	27556	12,8841	521,50
119	14161	10,9087	373,85	167	27889	12,9228	524,65
120	14400	10,9545	376,99	168	28224	12,9615	527,79
121	14641	11,0000	380,13	169	28561	13,0000	530,93
122	14884	11,0454	383,27	170	28900	13,0384	534,07
123	15129	11,0905	386,42	171	29241	13,0767	537,21
124	15376	11,1355	389,56	172	29584	13,1149	540,35
125	15625	11,1803	392,70	173	29929	13,1529	543,50
126	15876	11,2250	395,84	174	30276	13,1909	546,64
127	16129	11,2694	398,98	175	30625	13,2288	549,78
128	16384	11,3137	402,12	176	30976	13,2665	552,92
129	16641	11,3578	405,27	177	31329	13,3041	556,06
130	16900	11,4018	408,41	178	31684	13,3417	559,20
131	17161	11,4455	411,55	179	32041	13,3791	562,35
132	17424	11,4891	414,69	180	32400	13,4164	565,49
133	17689	11,5326	417,83	181	32761	13,4536	568,63
134	17956	11,5758	420,97	182	33124	13,4907	571,77
135	18225	11,6190	424,12	183	33489	13,5277	574,91
136	18496	11,6619	427,26	184	33856	13,5647	578,05
137	18769	11,7047	430,40	185	34225	13,6015	581,19
138	19044	11,7473	433,54	186	34596	13,6382	584,34

Tabelle 14 (Fortsetzung).

x	x^2	$\sqrt{x}$	$x \cdot \pi$	x	x^2	$\sqrt{x}$	$x \cdot \pi$
187	34969	13,6748	587,48	235	55225	15,3297	738,27
188	35344	13,7113	590,62	236	55696	15,3623	741,42
189	35721	13,7477	593,76	237	56169	15,3948	744,56
190	36100	13,7840	596,90	238	56644	15,4272	747,70
191	36481	13,8203	600,04	239	57121	15,4596	750,84
192	36864	13,8564	603,19	240	57600	15,4919	753,98
193	37249	13,8924	606,33	241	58081	15,5242	757,12
194	37636	13,9284	609,47	242	58564	15,5563	760,27
195	38025	13,9642	612,61	243	59049	15,5885	763,41
196	38416	14,0000	615,75	244	59536	15,6205	766,55
197	38809	14,0357	618,89	245	60025	15,6525	769,69
198	39204	14,0712	622,04	246	60516	15,6844	772,83
199	39601	14,1067	625,18	247	61009	15,7162	775,97
200	40000	14,1421	628,32	248	61504	15,7480	779,11
201	40401	14,1774	631,46	249	62001	15,7797	782,26
202	40804	14,2127	634,60	250	62500	15,8114	785,40
203	41209	14,2478	637,74	251	63001	15,8430	788,54
204	41616	14,2829	640,88	252	63504	15,8745	791,68
205	42025	14,3178	644,03	253	64009	15,9060	794,82
206	42436	14,3527	647,17	254	64516	15,9374	797,96
207	42849	14,3875	650,31	255	65025	15,9687	801,11
208	43264	14,4222	653,45	256	65536	16,0000	804,25
209	43681	14,4568	656,59	257	66049	16,0312	807,39
210	44100	14,4914	659,73	258	66564	16,0624	810,53
211	44521	14,5258	662,88	259	67081	16,0935	813,67
212	44944	14,5602	666,02	260	67600	16,1245	816,81
213	45369	14,5945	669,16	261	68121	16,1555	819,96
214	45796	14,6287	672,30	262	68644	16,1864	823,10
215	46225	14,6629	675,44	263	69169	16,2173	826,24
216	46656	14,6969	678,58	264	69696	16,2481	829,38
217	47089	14,7309	681,73	265	70225	16,2788	832,52
218	47524	14,7648	684,87	266	70756	16,3095	835,66
219	47961	14,7986	688,01	267	71289	16,3401	838,81
220	48400	14,8324	691,15	268	71824	16,3707	841,95
221	48841	14,8661	694,29	269	72361	16,4012	845,09
222	49284	14,8997	697,43	270	72900	16,4317	848,23
223	49729	14,9332	700,58	271	73441	16,4621	851,37
224	50176	14,9666	703,72	272	73984	16,4924	854,51
225	50625	15,0000	706,86	273	74529	16,5227	857,66
226	51076	15,0333	710,00	274	75076	16,5529	860,80
227	51529	15,0665	713,14	275	75625	16,5831	863,94
228	51984	15,0997	716,28	276	76176	16,6132	867,08
229	52441	15,1327	719,42	277	76729	16,6433	870,22
230	52900	15,1658	722,57	278	77284	16,6733	873,36
231	53361	15,1987	725,71	279	77841	16,7033	876,50
232	53824	15,2315	728,85	280	78400	16,7332	879,65
233	54289	15,2643	731,99	281	78961	16,7631	882,79
234	54756	15,2971	735,13	282	79524	16,7929	885,93

Tabelle 14 (Fortsetzung).

x	x^2	$\sqrt{x}$	$x \cdot \pi$	x	x^2	$\sqrt{x}$	$x \cdot \pi$
283	80089	16,8226	889,07	331	109561	18,1934	1039,9
284	80656	16,8523	892,21	332	110224	18,2209	1043,0
285	81225	16,8819	895,35	333	110889	18,2483	1046,2
286	81796	16,9115	898,50	334	111556	18,2757	1049,3
287	82369	16,9411	901,64	335	112225	18,3030	1052,4
288	82944	16,9706	904,78	336	112896	18,3303	1055,6
289	83521	17,0000	907,92	337	113569	18,3576	1058,7
290	84100	17,0294	911,06	338	114244	18,3848	1061,9
291	84681	17,0587	914,20	339	114921	18,4120	1065,0
292	85264	17,0880	917,35	340	115600	18,4391	1068,1
293	85849	17,1172	920,49	341	116281	18,4662	1071,3
294	86436	17,1464	923,63	342	116964	18,4932	1074,4
295	87025	17,1756	926,77	343	117649	18,5203	1077,6
296	87616	17,2047	929,91	344	118336	18,5472	1080,7
297	88209	17,2337	933,05	345	119025	18,5742	1083,8
298	88804	17,2627	936,19	346	119716	18,6011	1087,0
299	89401	17,2916	939,34	347	120409	18,6279	1090,1
300	90000	17,3205	942,48	348	121104	18,6548	1093,3
301	90601	17,3494	945,62	349	121801	18,6815	1096,4
302	91204	17,3781	948,76	350	122500	18,7083	1099,6
303	91809	17,4069	951,90	351	123201	18,7350	1102,7
304	92416	17,4356	955,04	352	123904	18,7617	1105,8
305	93025	17,4642	958,19	353	124609	18,7883	1109,0
306	93636	17,4929	961,33	354	125316	18,8149	1112,1
307	94249	17,5214	964,47	355	126025	18,8414	1115,3
308	94864	17,5499	967,61	356	126736	18,8680	1118,4
309	95481	17,5784	970,75	357	127449	18,8944	1121,5
310	96100	17,6068	973,89	358	128164	18,9209	1124,7
311	96721	17,6352	977,04	359	128881	18,9473	1127,8
312	97344	17,6635	980,18	360	129600	18,9737	1131,0
313	97969	17,6918	983,32	361	130321	19,0000	1134,1
314	98596	17,7200	986,46	362	131044	19,0263	1137,3
315	99225	17,7482	989,60	363	131769	19,0526	1140,4
316	99856	17,7764	992,74	364	132496	19,0788	1143,5
317	100489	17,8045	995,88	365	133225	19,1050	1146,7
318	101124	17,8326	999,03	366	133956	19,1311	1149,8
319	101761	17,8606	1002,2	367	134689	19,1572	1153,0
320	102400	17,8885	1005,3	368	135424	19,1833	1156,1
321	103041	17,9165	1008,5	369	136161	19,2094	1159,2
322	103684	17,9444	1011,6	370	136900	19,2354	1162,4
323	104329	17,9722	1014,7	371	137641	19,2614	1165,5
324	104976	18,0000	1017,9	372	138384	19,2873	1168,7
325	105625	18,0278	1021,0	373	139129	19,3132	1171,8
326	106276	18,0555	1024,2	374	139876	19,3391	1175,0
327	106929	18,0831	1027,3	375	140625	19,3649	1178,1
328	107584	18,1108	1030,4	376	141376	19,3907	1181,2
329	108241	18,1384	1033,6	377	142129	19,4165	1184,4
330	108900	18,1659	1036,7	378	142884	19,4422	1187,5

Tabelle 14 (Fortsetzung).

x	x^2	$\sqrt{x}$	$x \cdot \pi$	x	x^2	$\sqrt{x}$	$x \cdot \pi$
379	143641	19,4679	1190,7	427	182329	20,6640	1341,5
380	144400	19,4936	1193,8	428	183184	20,6882	1344,6
381	145161	19,5192	1196,9	429	184041	20,7123	1347,7
382	145924	19,5448	1200,1	430	184900	20,7364	1350,9
383	146689	19,5704	1203,2	431	185761	20,7605	1354,0
384	147456	19,5959	1206,4	432	186624	20,7846	1357,2
385	148225	19,6214	1209,5	433	187489	20,8087	1360,3
386	148996	19,6469	1212,7	434	188356	20,8327	1363,5
387	149769	19,6723	1215,8	435	189225	20,8567	1366,6
388	150544	19,6977	1218,9	436	190096	20,8806	1369,7
389	151321	19,7231	1222,1	437	190969	20,9045	1372,9
390	152100	19,7484	1225,2	438	191844	20,9284	1376,0
391	152881	19,7737	1228,4	439	192721	20,9523	1379,2
392	153664	19,7990	1231,5	440	193600	20,9762	1382,3
393	154449	19,8242	1234,6	441	194481	21,0000	1385,4
394	155236	19,8494	1237,8	442	195364	21,0238	1388,6
395	156025	19,8746	1240,9	443	196249	21,0476	1391,7
396	156816	19,8997	1244,1	444	197136	21,0713	1394,9
397	157609	19,9249	1247,2	445	198025	21,0950	1398,0
398	158404	19,9499	1250,4	446	198916	21,1187	1401,2
399	159201	19,9750	1253,5	447	199809	21,1424	1404,3
400	160000	20,0000	1256,6	448	200704	21,1660	1407,4
401	160801	20,0250	1259,8	449	201601	21,1896	1410,6
402	161604	20,0499	1262,9	450	202500	21,2132	1413,7
403	162409	20,0749	1266,1	451	203401	21,2368	1416,9
404	163216	20,0998	1269,2	452	204304	21,2603	1420,0
405	164025	20,1246	1272,3	453	205209	21,2838	1423,1
406	164836	20,1494	1275,5	454	206116	21,3073	1426,3
407	165649	20,1742	1278,6	455	207025	21,3307	1429,4
408	166464	20,1990	1281,8	456	207936	21,3542	1432,6
409	167281	20,2237	1284,9	457	208849	21,3776	1435,7
410	168100	20,2485	1288,1	458	209764	21,4009	1438,8
411	168921	20,2731	1291,2	459	210681	21,4243	1442,0
412	169744	20,2978	1294,3	460	211600	24,4476	1445,1
413	170569	20,3224	1297,5	461	212521	21,4709	1448,3
414	171396	20,3470	1300,6	462	213444	21,4942	1451,4
415	172225	20,3715	1303,8	463	214369	21,5174	1454,6
416	173056	20,3961	1306,9	464	215296	21,5407	1457,7
417	173889	20,4206	1310,0	465	216225	21,5639	1460,8
418	174724	20,4450	1313,2	466	217156	21,5870	1464,0
419	175561	20,4695	1316,3	467	218089	21,6102	1467,1
420	176400	20,4939	1319,5	468	219024	21,6333	1470,3
421	177241	20,5183	1322,6	469	219961	21,6564	1473,4
422	178084	20,5426	1325,8	470	220900	21,6795	1476,5
423	178929	20,5670	1328,9	471	221841	21,7025	1479,7
424	179776	20,5913	1332,0	472	222784	21,7256	1482,8
425	180625	20,6155	1335,2	473	223729	21,7486	1486,0
426	181476	20,6398	1338,3	474	224676	21,7715	1489,1

Tabelle 14 (Fortsetzung).

x	x^2	$\sqrt{x}$	$x \cdot \pi$	x	x^2	$\sqrt{x}$	$x \cdot \pi$
475	225625	21,7945	1492,3	523	273529	22,8692	1643,1
476	226576	21,8174	1495,4	524	274576	22,8910	1646,2
477	227529	21,8403	1498,5	525	275625	22,9129	1649,3
478	228484	21,8632	1501,7	526	276676	22,9347	1652,5
479	229441	21,8861	1504,8	527	277729	22,9565	1655,6
480	230400	21,9089	1508,0	528	278784	22,9783	1658,8
481	231361	21,9317	1511,1	529	279841	23,0000	1661,9
482	232324	21,9545	1514,2	530	280900	23,0217	1665,0
483	233289	21,9773	1517,4	531	281961	23,0434	1668,2
484	234256	22,0000	1520,5	532	283024	23,0651	1671,3
485	235225	22,0227	1523,7	533	284089	23,0868	1674,5
486	236196	22,0454	1526,8	534	285156	23,1084	1677,6
487	237169	22,0681	1530,0	535	286225	23,1301	1680,8
488	238144	22,0907	1533,1	536	287296	23,1517	1683,9
489	239121	22,1133	1536,2	537	288369	23,1733	1687,0
490	240100	22,1359	1539,4	538	289444	23,1948	1690,2
491	241081	22,1585	1542,5	539	290521	23,2164	1693,3
492	242064	22,1811	1545,7	540	291600	23,2379	1696,5
493	243049	22,2036	1548,8	541	292681	23,2594	1699,6
494	244036	22,2261	1551,9	542	293764	23,2809	1702,7
495	245025	22,2486	1555,1	543	294849	23,3024	1705,9
496	246016	22,2711	1558,2	544	295936	23,3238	1709,0
497	247009	22,2935	1561,4	545	297025	23,3452	1712,2
498	248004	22,3159	1564,5	546	298116	23,3666	1715,3
499	249001	22,3383	1567,7	547	299209	23,3880	1718,5
500	250000	22,3607	1570,8	548	300304	23,4094	1721,6
501	251001	22,3830	1573,9	549	301401	23,4307	1724,7
502	252004	22,4054	1577,1	550	302500	23,4521	1727,9
503	253009	22,4277	1580,2	551	303601	23,4734	1731,0
504	254016	22,4499	1583,4	552	304704	23,4947	1734,2
505	255025	22,4722	1586,5	553	305809	23,5160	1737,3
506	256036	22,4944	1589,6	554	306916	23,5372	1740,4
507	257049	22,5167	1592,8	555	308025	23,5584	1743,6
508	258064	22,5389	1595,9	556	309136	23,5797	1746,7
509	259081	22,5610	1599,1	557	310249	23,6008	1749,9
510	260100	22,5832	1602,2	558	311364	23,6220	1753,0
511	261121	22,6053	1605,4	559	312481	23,6432	1756,2
512	262144	22,6274	1608,5	560	313600	23,6643	1759,3
513	263169	22,6495	1611,6	561	314721	23,6854	1762,4
514	264196	22,6716	1614,8	562	315844	23,7065	1765,6
515	265225	22,6936	1617,9	563	316969	23,7276	1768,7
516	266256	22,7156	1621,1	564	318096	23,7487	1771,9
517	267289	22,7376	1624,2	565	319225	23,7697	1775,0
518	268324	22,7596	1627,3	566	320356	23,7908	1778,1
519	269361	22,7816	1630,5	567	321489	23,8118	1781,3
520	270400	22,8035	1633,6	568	322624	23,8328	1784,4
521	271441	22,8254	1636,8	569	323761	23,8537	1787,6
522	272484	22,8473	1639,9	570	324900	23,8747	1790,7

Tabelle 14 (Fortsetzung).

x	x^2	$\sqrt{x}$	$x \cdot \pi$	x	x^2	$\sqrt{x}$	$x \cdot \pi$
571	326041	23,8956	1793,8	619	383161	24,8797	1944,6
572	327184	23,9165	1797,0	620	384400	24,8998	1947,8
573	328329	23,9374	1800,1	621	385641	24,9199	1950,9
574	329476	23,9583	1803,3	622	386884	24,9399	1954,1
575	330625	23,9792	1806,4	623	388129	24,9600	1957,2
576	331776	24,0000	1809,6	624	389376	24,9800	1960,4
577	332929	24,0208	1812,7	625	390625	25,0000	1963,5
578	334084	24,0416	1815,8	626	391876	25,0200	1966,6
579	335241	24,0624	1819,0	627	393129	25,0400	1969,8
580	336400	24,0832	1822,1	628	394384	25,0599	1972,9
581	337561	24,1039	1825,3	629	395641	25,0799	1976,1
582	338724	24,1247	1828,4	630	396900	25,0998	1979,2
583	339889	24,1454	1831,6	631	398161	25,1197	1982,3
584	341056	24,1661	1834,7	632	399424	25,1396	1985,5
585	342225	24,1868	1837,8	633	400689	25,1595	1988,6
586	343396	24,2074	1841,0	634	401956	25,1794	1991,8
587	344569	24,2281	1844,1	635	403225	25,1992	1994,9
588	345744	24,2487	1847,3	636	404496	25,2190	1998,1
589	346921	24,2693	1850,4	637	405769	25,2389	2001,2
590	348100	24,2899	1853,5	638	407044	25,2587	2004,3
591	349281	24,3105	1856,7	639	408321	25,2784	2007,5
592	350464	24,3311	1859,8	640	409600	25,2982	2010,6
593	351649	24,3516	1863,0	641	410881	25,3180	2013,8
594	352836	24,3721	1866,1	642	412164	25,3377	2016,9
595	354025	24,3926	1869,2	643	413449	25,3574	2020,0
596	355216	24,4131	1872,4	644	414736	25,3772	2023,2
597	356409	24,4336	1875,5	645	416025	25,3969	2026,3
598	357604	24,4540	1878,7	646	417316	25,4165	2029,5
599	358801	24,4745	1881,8	647	418609	25,4362	2032,6
600	360000	24,4949	1885,0	648	419904	25,4558	2035,8
601	361201	24,5153	1888,1	649	421201	25,4755	2038,9
602	362404	24,5357	1891,2	650	422500	25,4951	2042,0
603	363609	24,5561	1894,4	651	423801	25,5147	2045,2
604	364816	24,5764	1897,5	652	425104	25,5343	2048,3
605	366025	24,5967	1900,7	653	426409	25,5539	2051,5
606	367236	24,6171	1903,8	654	427716	25,5734	2054,6
607	368449	24,6374	1906,9	655	429025	25,5930	2057,8
608	369664	24,6577	1910,1	656	430336	25,6125	2060,9
609	370881	24,6779	1913,2	657	431649	25,6320	2064,0
610	372100	24,6982	1916,4	658	432964	25,6515	2067,2
611	373321	24,7184	1919,5	659	434281	25,6710	2070,3
612	374544	24,7386	1922,7	660	435600	25,6905	2073,5
613	375769	24,7588	1925,8	661	436921	25,7099	2076,6
614	376996	24,7790	1928,9	662	438244	25,7294	2079,7
615	378225	24,7992	1932,1	663	439569	25,7488	2082,9
616	379456	24,8193	1935,2	664	440896	25,7682	2086,0
617	380689	24,8395	1938,4	665	442225	25,7876	2089,2
618	381924	24,8596	1941,5	666	443556	25,8070	2092,3

Tabelle 14 (Fortsetzung).

x	x^2	$\sqrt{x}$	$x \cdot \pi$	x	x^2	$\sqrt{x}$	$x \cdot \pi$
667	444889	25,8263	2095,4	715	511225	26,7395	2246,2
668	446224	25,8457	2098,6	716	512656	26,7582	2249,4
669	447561	25,8650	2101,7	717	514089	26,7769	2252,5
670	448900	25,8844	2104,9	718	515524	26,7955	2255,7
671	450241	25,9037	2108,0	719	516961	26,8142	2258,8
672	451584	25,9230	2111,2	720	518400	26,8328	2261,9
673	452929	25,9422	2114,3	721	519841	26,8514	2265,1
674	454276	25,9615	2117,4	722	521284	26,8701	2268,2
675	455625	25,9808	2120,6	723	522729	26,8887	2271,4
676	456976	26,0000	2123,7	724	524176	26,9072	2274,5
677	458329	26,0192	2126,9	725	525625	26,9258	2277,7
678	459684	26,0384	2130,0	726	527076	26,9444	2280,8
679	461041	26,0576	2133,1	727	528529	26,9629	2283,9
680	462400	26,0768	2136,3	728	529984	26,9815	2287,1
681	463761	26,0960	2139,4	729	531441	27,0000	2290,2
682	465124	26,1151	2142,6	730	532900	27,0185	2293,4
683	466489	26,1343	2145,7	731	534361	27,0370	2296,5
684	467856	26,1534	2448,9	732	535824	27,0555	2299,6
685	469225	26,1725	2152,0	733	537289	27,0740	2302,8
686	470596	26,1916	2155,1	734	538756	27,0924	2305,9
687	471969	26,2107	2158,3	735	540225	27,1109	2309,1
688	473344	26,2298	2161,4	736	541696	27,1293	2312,2
689	474721	26,2488	2164,6	737	543169	27,1477	2315,4
690	476100	26,2679	2167,7	738	544644	27,1662	2318,5
691	477481	26,2869	2170,8	739	546121	27,1846	2321,6
692	478864	26,3059	2174,0	740	547600	27,2029	2324,8
693	480249	26,3249	2177,1	741	549081	27,2213	2327,9
694	481636	26,3439	2180,3	742	550564	27,2397	2331,1
695	483025	26,3629	2183,4	743	552049	27,2580	2334,2
696	484416	26,3818	2186,5	744	553536	27,2764	2337,3
697	485809	26,4008	2189,7	745	555025	27,2947	2340,5
698	487204	26,4197	2192,8	746	556516	27,3130	2343,6
699	488601	26,4386	2196,0	747	558009	27,3313	2346,8
700	490000	26,4575	2199,1	748	559504	27,3496	2349,9
701	491401	26,4764	2202,3	749	561001	27,3679	2353,1
702	492804	26,4953	2205,4	750	562500	27,3861	2356,2
703	494209	26,5141	2208,5	751	564001	27,4044	2359,3
704	495616	26,5330	2211,7	752	565504	27,4226	2362,5
705	497025	26,5518	2214,8	753	567009	27,4408	2365,6
706	498436	26,5707	2218,0	754	568516	27,4591	2368,8
707	499849	26,5895	2221,1	755	570025	27,4773	2371,9
708	501264	26,6083	2224,2	756	571536	27,4955	2375,0
709	502681	26,6271	2227,4	757	573049	27,5136	2378,2
710	504100	26,6458	2230,5	758	574564	27,5318	2381,3
711	505521	26,6646	2233,7	759	576081	27,5500	2384,5
712	506944	26,6833	2236,8	760	577600	27,5681	2387,6
713	508369	26,7021	2240,0	761	579121	27,5862	2390,8
714	509796	26,7208	2243,1	762	580644	27,6043	2393,9

Tabelle 14 (Fortsetzung).

x	x^2	$\sqrt{x}$	$x \cdot \pi$	x	x^2	$\sqrt{x}$	$x \cdot \pi$
763	582169	27,6225	2397,0	811	657721	28,4781	2547,8
764	583696	27,6405	2400,2	812	659344	28,4956	2551,0
765	585225	27,6586	2403,3	813	660969	28,5132	2554,1
766	586756	27,6767	2406,5	814	662596	28,5307	2557,3
767	588289	27,6948	2409,6	815	664225	28,5482	2560,4
768	589824	27,7128	2412,7	816	665856	28,5657	2563,5
769	591361	27,7308	2415,9	817	667489	28,5832	2566,7
770	592900	27,7489	2419,0	818	669124	28,6007	2569,8
771	594441	27,7669	2422,2	819	670761	28,6182	2573,0
772	595984	27,7849	2425,3	820	672400	28,6356	2576,1
773	597529	27,8029	2428,8	821	674041	28,6531	2579,2
774	599076	27,8209	2431,6	822	675684	28,6705	2582,4
775	600625	27,8388	2434,7	823	677329	26,6880	2585,5
776	602176	27,8568	2437,9	824	678976	28,7054	2588,7
777	603729	27,8747	2441,0	825	680625	28,7228	2591,8
778	605284	27,8927	2444,2	826	682276	28,7402	2595,0
779	606841	27,9106	2447,3	827	683929	28,7576	2598,1
780	608400	27,9285	2450,4	828	685584	28,7750	2601,2
781	609961	27,9464	2453,6	829	687241	28,7924	2604,4
782	611524	27,9643	2456,7	830	688900	28,8097	2607,5
783	613089	27,9821	2459,9	831	690561	28,8271	2610,7
784	614656	28,0000	2463,0	832	692224	28,8444	2613,8
785	616225	28,0179	2466,2	833	693889	28,8617	2616,9
786	617796	28,0357	2469,3	834	695556	28,8791	2620,1
787	619369	28,0535	2472,4	835	697225	28,8964	2623,2
788	620944	28,0713	2475,6	836	698896	28,9137	2626,4
789	622521	28,0891	2478,7	837	700569	28,9310	2629,5
790	624100	28,1069	2481,9	838	702244	28,9482	2632,7
791	625681	28,1247	2485,0	839	703921	28,9655	2635,8
792	627264	28,1425	2488,1	840	705600	28,9828	2638,9
793	628849	28,1603	2491,3	841	707281	29,0000	2642,1
794	630436	28,1780	2494,4	842	708964	29,0172	2645,2
795	632025	28,1957	2497,6	843	710649	29,0345	2648,4
796	633616	28,2135	2500,7	844	712336	29,0517	2651,5
797	635209	28,2312	2503,8	845	714025	29,0689	2654,6
798	636804	28,2489	2507,0	846	715716	29,0861	2657,8
799	638401	28,2666	2510,1	847	717409	29,1033	2660,9
800	640000	28,2843	2513,3	848	719104	29,1204	2664,1
801	641601	28,3019	2516,4	849	720801	29,1376	2667,2
802	643204	28,3196	2519,6	850	722500	29,1548	2670,4
803	644809	28,3373	2522,7	851	724201	29,1719	2673,5
804	646416	28,3549	2525,8	852	725904	29,1890	2676,6
805	648025	28,3725	2529,0	853	727609	29,2062	2679,8
806	649636	28,3901	2532,1	854	729316	29,2233	2682,9
807	651249	28,4077	2535,3	855	731025	29,2404	2686,1
808	652864	28,4253	2538,4	856	732736	29,2575	2689,2
809	654481	28,4429	2541,5	857	734449	29,2746	2692,3
810	656100	28,4605	2544,7	858	736164	29,2916	2695,5

Tabelle 14 (Fortsetzung).

x	x^2	$\sqrt{x}$	$x \cdot \pi$	x	x^2	$\sqrt{x}$	$x \cdot \pi$
859	737881	29,3087	2698,6	907	822649	30,1164	2849,4
860	739600	29,3258	2701,8	908	824464	30,1330	2852,6
861	741321	29,3428	2704,9	909	826281	30,1496	2855,7
862	743044	29,3598	2708,1	910	828100	30,1662	2858,8
863	744769	29,3769	2711,2	911	829921	30,1828	2862,0
864	746496	29,3939	2714,3	912	831744	30,1993	2865,1
865	748225	29,4109	2717,5	913	833569	30,2159	2868,3
866	749956	29,4279	2720,6	914	835396	30,2324	2871,4
867	751689	29,4449	2723,8	915	837225	30,2490	2874,6
868	753424	29,4618	2726,9	916	839056	30,2655	2877,7
869	755161	29,4788	2730,0	917	840889	30,2820	2880,8
870	756900	29,4958	2733,2	918	842724	30,2985	2884,0
871	758641	29,5127	2736,3	919	844561	30,3150	2887,1
872	760384	29,5296	2739,5	920	846400	30,3315	2890,3
873	762129	29,5466	2742,6	921	848241	30,3480	2893,4
874	763876	29,5635	2745,8	922	850084	30,3645	2896,5
875	765625	29,5804	2748,9	923	851929	30,3809	2899,7
876	767376	29,5973	2752,0	924	853776	30,3974	2902,8
877	769129	29,6142	2755,2	925	855625	30,4138	2906,0
878	770884	29,6311	2758,3	926	857476	30,4302	2909,1
879	772641	29,6479	2761,5	927	859329	30,4467	2912,3
880	774400	29,6648	2764,6	928	861184	30,4631	2915,4
881	776161	29,6816	2767,7	929	863041	30,4795	2918,5
882	777924	29,6985	2770,9	930	864900	30,4959	2921,7
883	779689	29,7153	2774,0	931	866761	30,5123	2924,8
884	781456	29,7321	2777,2	932	868624	30,5287	2928,0
885	783225	29,7489	2780,3	933	870489	30,5450	2931,1
886	784996	29,7658	2783,5	934	872356	30,5614	2934,2
887	786769	29,7825	2786,6	935	874225	30,5778	2937,4
888	788544	29,7993	2789,7	936	876096	30,5941	2940,5
889	790321	29,8161	2792,0	937	877969	30,6105	2943,7
890	792100	29,8329	2796,0	938	879844	30,6268	2946,8
891	793881	29,8496	2799,2	939	881721	30,6431	2950,0
892	795664	29,8664	2802,3	940	883600	30,6594	2953,1
893	797449	29,8831	2805,4	941	885481	30,6757	2956,2
894	799236	29,8998	2808,6	942	887364	30,6920	2959,4
895	801025	29,9166	2811,7	943	889249	30,7083	2962,5
896	802816	29,9333	2814,9	944	891136	30,7246	2965,7
897	804609	29,9500	2818,0	945	893025	30,7409	2968,8
898	806404	29,9666	2821,2	946	894916	30,7571	2971,9
899	808201	29,9833	2824,3	947	896809	30,7734	2975,1
900	810000	30,0000	2827,4	948	898704	30,7896	2978,2
901	811801	30,0167	2830,6	949	900601	30,8058	2981,4
902	813604	30,0333	2833,7	950	902500	30,8221	2984,5
903	815409	30,0500	2836,9	951	904401	30,8383	2987,7
904	817216	30,0666	2840,0	952	906304	30,8545	2990,8
905	819025	30,0832	2843,1	953	908209	30,8707	2993,9
906	820836	30,0998	2846,3	954	910116	30,8869	2997,1

Tabelle 14 (Fortsetzung).

x	x^2	$\sqrt{x}$	$x \cdot \pi$	x	x^2	$\sqrt{x}$	$x \cdot \pi$
955	912025	30,9031	3000,2	978	956484	31,2730	3072,5
956	913936	30,9192	3003,4	979	958441	31,2890	3075,6
957	915849	30,9354	3006,5	980	960400	31,3050	3078,8
958	917764	30,9516	3009,6	981	962361	31,3209	3081,9
959	919681	30,9677	3012,8	982	964324	31,3369	3085,0
960	921600	30,9839	3015,9	983	966289	31,3528	3088,2
961	923521	31,0000	3019,1	984	968256	31,3688	3091,3
962	925444	31,0161	3022,2	985	970225	31,3847	3094,5
963	927369	31,0322	3025,4	986	972196	31,4006	3097,6
964	929296	31,0483	3028,5	987	974169	31,4166	3100,8
965	931225	31,0644	3031,6	988	976144	31,4325	3103,9
966	933156	31,0805	3034,8	989	978121	31,4484	3107,0
967	935089	31,0966	3037,9	990	980100	31,4643	3110,2
968	937024	31,1127	3041,1	991	982081	31,4802	3113,3
969	938961	31,1288	3044,2	992	984064	31,4960	3116,5
970	940900	31,1448	3047,3	993	986049	31,5119	3119,6
971	942841	31,1609	3050,5	994	988036	31,5278	3122,7
972	944784	31,1769	3053,6	995	990025	31,5436	3125,9
973	946729	31,1929	3056,8	996	992016	31,5595	3129,0
974	948676	31,2090	3059,9	997	994009	31,5753	3132,2
975	950625	31,2250	3063,1	998	996004	31,5911	3135,3
976	952576	31,2410	3066,2	999	998001	31,6070	3138,5
977	954529	31,2570	3069,3	1000	1000000	31,6238	3141,6

Druck der Spamerschen Buchdruckerei in Leipzig.

Der Dreher als Rechner

Wechselräder-, Touren-, Zeit- und Konusberechnung in einfachster und anschaulichster Darstellung, darum zum Selbstunterricht wirklich geeignet.

Von **E. Busch**

Mit 28 Textfiguren. 1919. Gebunden Preis M. 8.40

Aus den zahlreichen Besprechungen:

Nach der Überschrift hat der Verfasser sich das Ziel gesteckt, namentlich in der Wechselräder- und Konusberechnung Dreher ohne jede Vorkenntnisse in so einfacher Darstellung zu unterweisen, daß das Buch wirklich zum Selbstunterricht geeignet ist, und man wird ohne Einschränkung anerkennen können, daß er das Ziel erreicht hat. Der Verfasser hat sich dabei die Erfahrungen, die er im Privatunterricht im Rechnen für Dreher und Schlosser gesammelt hat, voll zunutze gemacht und führt seinen Leser in vorbildlicher Weise von den Anfangsgründen des Bruchrechnens und der Proportion zum Berechnen der Wechselräder. Auch die nebenher dabei auftretenden Aufgaben, wie der Übergang von Millimetersteigung zur Steigung in Zoll oder Steigung in Modul (bei Schnecken) werden ebenso klar gelöst. Auch die Grundlagen der Tourenberechnung und der Zeitkalkulation und das Berechnen von Konussen werden berücksichtigt. So kann das Buch wirklich für den Selbstunterricht und auch als Muster für den Unterricht an Fortbildungs- und Abendschulen empfohlen werden.

Technische Blätter Nr. 26, 1920.

. . . Der Verfasser hat, wie er sagt, bei seiner Tätigkeit als Privatlehrer öfter Gelegenheit gehabt, den Wunsch nach einem zum Selbstunterricht geeigneten Buche zu hören, und hat deshalb in dem vorliegenden Buche einen vollständigen Lehrgang herausgegeben.

Er macht ganze Arbeit und beginnt daher, um auch möglichst gar nichts an Vorkenntnissen vorauszusetzen, mit einem ausführlichen Lehrgang über die Bruchrechnung, woran sich die Lehre von den Verhältnissen und Proportionalen schließt. Die dafür aufgewendeten 46 Seiten dürften dem aufmerksamen und ausdauernden Lernenden nicht am wenigsten von Nutzen sein.

Von der folgenden Lehre der Wechselradberechnung ist zu sagen, daß sie in leicht faßlicher Form sich sehr gut der einfachen Anschauungsweise des Praktikers anpaßt und daß sie, um so mehr, da nur in Beispielen gerechnet wird, ein leichtes Begreifen ermöglicht.

Um auch das Interesse an anschließenden Gebieten anzuregen, ist ein weiterer Abschnitt der Touren- und Zeitberechnung bzw. der Lohnkalkulation gewidmet, ein weiterer Absatz befaßt sich mit anderen ähnlichen Einzelheiten, die einem Dreher von Nutzen sind, wie z. B. Konusberechnung, dem konischen Drehen durch Reitstock- oder Spindelkastenverstellung usw. *Dinglers Polytechnisches Journal Nr. 21, 1920.*

Planimetrie mit einem Abriß über die Kegelschnitte. Ein Lehr- und Übungsbuch zum Gebrauche an technischen Mittelschulen. Von Dr. **Adolf Heß,** Professor am Kantonalen Technikum in Winterthur. Zweite Auflage. Mit 207 Textfiguren. 1920. Preis M. 6.60

Trigonometrie für Maschinenbauer und Elektrotechniker. Ein Lehr- und Aufgabenbuch für den Unterricht und zum Selbststudium. Von Dr. **Adolf Heß,** Professor am Kantonalen Technikum in Winterthur. Vierte, unveränderte Auflage. Mit 112 Textfiguren. 1922. Preis M. 20.—

Lehrbuch der Mathematik. Für mittlere technische Fachschulen der Maschinenindustrie. Von Professor Dr. **R. Neuendorff,** Oberlehrer an der Staatlichen höheren Schiff- und Maschinenbauschule, Privatdozent an der Universität Kiel. Zweite, verbesserte Auflage. Mit 262 Textfiguren. 1919. Gebunden Preis M. 12.—

Die Berechnung der Drehschwingungen und ihre Anwendung im Maschinenbau. Von **Heinrich Holzer,** Oberingenieur der Maschinenfabrik Augsburg-Nürnberg. Mit vielen praktischen Beispielen und 48 Textfiguren. 1921. Preis M. 60.—; gebunden M. 68.—

Hierzu Teuerungszuschläge

GPSR Compliance

The European Union's (EU) General Product Safety Regulation (GPSR) is a set of rules that requires consumer products to be safe and our obligations to ensure this.

If you have any concerns about our products, you can contact us on ProductSafety@springernature.com

In case Publisher is established outside the EU, the EU authorized representative is:

Springer Nature Customer Service Center GmbH
Europaplatz 3
69115 Heidelberg, Germany

Batch number: 10682421

Printed by Printforce, the Netherlands